职业教育任务引领型规划教材

建筑施工图识读

万东颖　主编
桑　辉　主审

中国建筑工业出版社

图书在版编目（CIP）数据

建筑施工图识读/万东颖主编. —北京：中国建筑工业出版社，2011.7（2022.11重印）
职业教育任务引领型规划教材
ISBN 978-7-112-13377-2

Ⅰ.①建… Ⅱ.①万… Ⅲ.①建筑制图-识别 Ⅳ.①TU204

中国版本图书馆 CIP 数据核字（2011）第 141401 号

责任编辑：张　晶　李　明
责任设计：赵明霞
责任校对：陈晶晶　王雪竹

职业教育任务引领型规划教材
建筑施工图识读
万东颖　主编
桑　辉　主审
*
中国建筑工业出版社出版、发行（北京西郊百万庄）
各地新华书店、建筑书店经销
北京红光制版公司制版
北京建筑工业印刷厂印刷
*
开本：787×1092毫米　1/16　印张：8½　插页：18　字数：285千字
2011年8月第一版　2022年11月第八次印刷
定价：**20.00**元
ISBN 978-7-112-13377-2
（21120）

前　　言

本教材在编写模式上改变过去依学科体系编写的思路，转而以“任务引领”为原则的思路，内容体现实用性。本教材以够用、实用为目标，以一套实际工程的土建图作为载体，通过具体的工作任务来学习相关理论知识，通过学习，使学生熟悉各图所表示的内容及识读方法；熟悉相关的专业术语及标准图集；能根据施工、预算要求准确识读建筑施工图；最终使学生具备按图进行施工、预算的能力。

全书共设有三部分：建筑识图基础知识（第一部分），其中包括建筑识图基础知识的学习（任务1）、建筑构造概述（任务2）；建筑施工图的识读（第二部分），其中包括施工图首页的识读（任务1）、建筑总平面图的识读（任务2）、建筑平面图的识读（任务3）、建筑立面图的识读（任务4）、建筑剖面图的识读（任务5）、建筑详图的识读（任务6）；其他构造知识的学习（第三部分），其中有基础构造知识的学习（任务1）、地下室构造知识的学习（任务2）、隔墙和砌块墙构造知识的学习（任务3）。

本教材由河北城乡建设学校万东颖担任主编。教材中的过程6.17建筑详图的特点及作用和过程6.2墙身详图的识读由李军编写，1建筑识图基础知识、任务4建筑立面图的识读和过程6.3楼梯详图的识读由沈际编写；其他内容由万东颖编写。本书由桑辉任主审。

河北城乡建设学校陈俊兰老师和崔葛芹老师对本书的第二稿提出了宝贵的修改意见，在此表示衷心的感谢。

由于编者水平有限，加之编写时间较紧，书中难免存在缺点，敬请各位老师及读者多提宝贵意见，以利于教材的改进与完善。

目录

CONTENTS

建筑施工图识读

JIANZHU SHIGONGTU SHIDU

引　　言

在建筑工程中，为了正确地表达建筑物的形状、大小、材料和做法等内容，需要将建筑物按照投影的方法和按照国家制图统一标准表达在图纸上，称为工程图。设计人员要通过工程图来表达设计思想和要求，施工人员则要以工程图作为施工的依据，因此，工程图被喻为工程界的技术语言。识读工程图纸是每一个工程技术人员和技术工人必须具备的基本素质。

1　建筑识图基础知识

任务 1

建筑识图基础知识的学习

过程 1.1　了解房屋施工图的产生

房屋的建筑设计程序，一般分为 3 个阶段。

1. 初步设计

设计人员按建设单位（甲方）的要求和任务书，经过调查研究，收集资料，设计出建筑总平面图，平、立、剖面图确定房屋的形状及主要尺寸，构配件的选定，房间的布置和各项经济指标，报送上级主管部门审批。

2. 技术设计

技术设计是在经过审批后的初步设计的基础上进一步进行细部构造设计，确定各部分尺寸关系，选定建筑构配件、设备的规格、结构计算及解决水、暖、电等各工种之间的矛盾，为下一段工作提供资料。

3. 施工图设计

在技术设计的基础上，根据结构方案和构造方案绘制出一套完整的施工图。

过程 1.2 熟悉房屋施工图的内容

1. 建筑施工图可简称为“建施”，它主要表示建筑物建成后的外形轮廓、各部分构造和尺寸关系及材料做法，其中包括首页、建筑总平面图、建筑平面图、建筑立面图、建筑剖面图和建筑详图。

2. 结构施工图可简称“结施”，它主要反映房屋建筑各承重构件（如基础、承重墙、柱、梁、板、楼梯等）的布置、形状、大小、材料、构造及其相互关系。

3. 设备施工图可简称“设施”，其中有给水排水施工图、供暖通风施工图、电气设备施工图等。它主要表示建筑物室内的上水、下水、暖气、天然气、强电、弱电等设备的布置、安装及制作要求。

过程 1.3 熟悉房屋施工图的有关规定

为了确保制图质量，提高效率，并做到统一规范、便于阅读，我国制订了《房屋建筑制图统一标准》（GB/T 50001——2010）。在绘制施工图时，必须严格遵守国家标准中的规定。

1.3.1 图线

在施工图中，须采用不同线型和线宽来表示不同的内容，并使图形层次分明、便于阅读。图线的线型和线宽的选用见表 1-1-1。

线型和线宽 表 1-1-1

名称		线型	线宽	用途
实线	粗	————	b	主要可见轮廓线
	中粗	————	$0.7b$	可见轮廓线
	中	————	$0.5b$	可见轮廓线、尺寸线、变更云线
	细	————	$0.25b$	图例填充线、家具线
虚线	粗	— — — —	b	见各有关专业制图标准
	中粗	— — — —	$0.7b$	不可见轮廓线
	中	— — — —	$0.5b$	不可见轮廓线、图例线
	细	— — — —	$0.25b$	图例填充线、家具线
单点长画线	粗	—·—·—	b	见各有关专业制图标准
	中	—·—·—	$0.5b$	见各有关专业制图标准
	细	—·—·—	$0.25b$	中心线、对称线、轴线等

续表

名称		线型	线宽	用途
双点长画线	粗		b	见各有关专业制图标准
	中		$0.5b$	见各有关专业制图标准
	细		$0.25b$	假想轮廓线、成型前原始轮廓线
折断线	细		$0.25b$	断开界线
波浪线	细		$0.25b$	断开界线

注：摘自《房屋建筑制图统一标准》GB/T 50001—2010——编者。

1.3.2 尺寸

尺寸是施工的依据，必须标注正确、全面、清晰和整齐。

1.3.2.1 尺寸的组成

工程图上的尺寸，包括尺寸界限、尺寸线、尺寸起止符号和尺寸数值（图1-1-1）。

1.3.2.2 尺寸的单位

除建筑总平面图以米为单位外，其余一律以毫米为单位。

1.3.2.3 尺寸的种类(图 1-1-2)

在施工图中按尺寸的功能分为总尺寸、定位尺寸和定形尺寸。

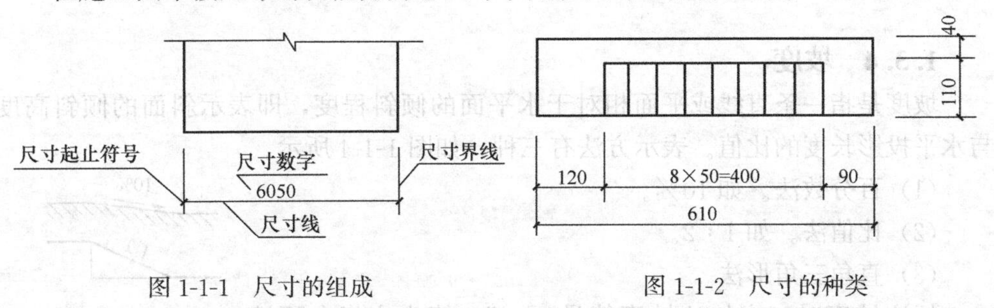

图 1-1-1 尺寸的组成　　图 1-1-2 尺寸的种类

1. 定形尺寸　确定建筑物中各构配件基本形状大小的尺寸称为定形尺寸。如图所示矩形分格宽 50mm、高 110mm。

2. 定位尺寸　确定建筑物中各构配件的位置关系的尺寸称为定位尺寸。如图所示矩形分格的位置距左边 120mm、距右边 90mm、距顶面 40mm。

3. 总尺寸　确定建筑物外形轮廓的总长、总宽、总高的尺寸称为总尺寸。如图所示整个构件总长 610mm。

1.3.3 标高

标高是一个水平面相对于另一个水平面的高度值，在施工图中标高是标注建筑物各部分的竖向位置的另一种形式。

1. 标高的数值单位为米（m）。

2. 标高的种类　根据在工程中应用场合的不同，标高共有四种。

(1) 绝对标高：是以山东青岛海洋观测站平均海平面定为零点，其他各地标高都以它为基准算起的高度值。绝对标高用于表示地貌的起伏变化，如北京市区绝对标高在40m左右，珠峰顶为8844.43m，在建筑施工图总平面图中的标高为绝对标高，其数值精确至小数点后两位。

(2) 相对标高：不以山东青岛海洋观测站平均海平面定为零点算起的高度值是相对标高，在房屋工程图中相对标高用于表示建筑物各水平面的高低变化，其数值精确至小数点后三位。对于一栋建筑物，通常以首层主要房间地面为零点，注写成±0.000。如窗台的相对标高为1.000m，窗顶的相对标高为2.500m，室外地坪的相对标高为−1.100m（图1-1-3）。

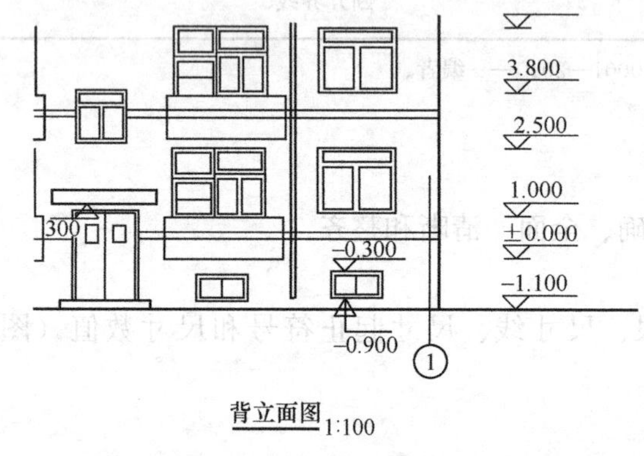

图1-1-3　标高的标注

(3) 建筑标高：建筑物及构配件在完成装修后表面的相对标高。如±0.000即首层地面面层上表面的标高。

(4) 结构标高：建筑物及构配件在没有装修前表面的相对标高。结构标高通常标在结构施工图中，如钢筋混凝土楼板上表面的标高。

1.3.4　坡度

坡度是指一条直线或平面相对于水平面的倾斜程度，即表示斜面的倾斜高度与水平投影长度的比值。表示方法有三种，如图1-1-4所示。

(1) 百分数法。如10%。

(2) 比值法。如1∶2。

(3) 直角三角形法。

标注坡度时，应加注坡度符号“→”，箭头应指向下坡方向。

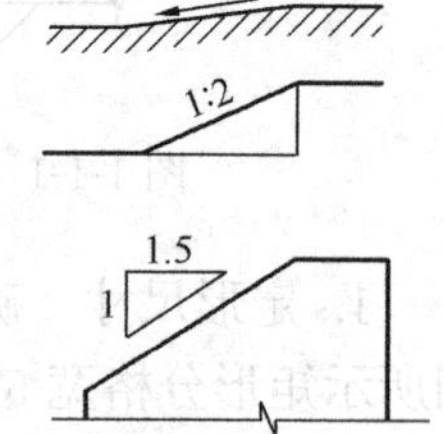

图1-1-4　坡度的表示

1.3.5　比例

图形中所绘线段长度与实际线段长度的比值称为图样的比例。如1∶100是指图形中线段1mm表示实际100mm，图形中线段5mm表示实际500mm。

比例中比值大于1的称为放大的比例，如5∶1；比值小于1的称为缩小的比例，如1∶100。建筑工程图常用缩小的比例，各种图样常用的比例见表1-1-2。

建筑施工图的比例 表 1-1-2

图　　名	比　　例
总平面图	1∶500、1∶1000、1∶2000
建筑物的平面图、立面图、剖面图	1∶50、1∶100、1∶150、1∶200、1∶300
建筑物的局部放大图	1∶10、1∶20、1∶25、1∶30、1∶50
构造详图	1∶1、1∶2、1∶5、1∶10、1∶15、1∶20、1∶25、1∶30、1∶50

1.3.6 定位轴线（图 1-1-5）

定位轴线是确定建筑物的墙、柱等主要承重构件位置的基准线，是施工定位、放线的重要依据。在建筑平面中，与建筑物长轴方向平行的定位轴线称为纵向定位轴线，与建筑物短轴方向平行的定位轴线称为横向定位轴线。

根据“国标”规定，定位轴线采用细单点长画线表示，并进行编号，以便于施工时定位放线和查阅图纸。轴线编号的圆圈用细实线绘制，直径为 8～10mm。横向编号采用阿拉伯数字，从左向右顺序编写（图 1-1-5 中的 1 到 5）；竖向编号应用大写拉丁字母，从下至上顺序编写（图 1-1-5 中的 A、B），其中 I、O、Z 不用。

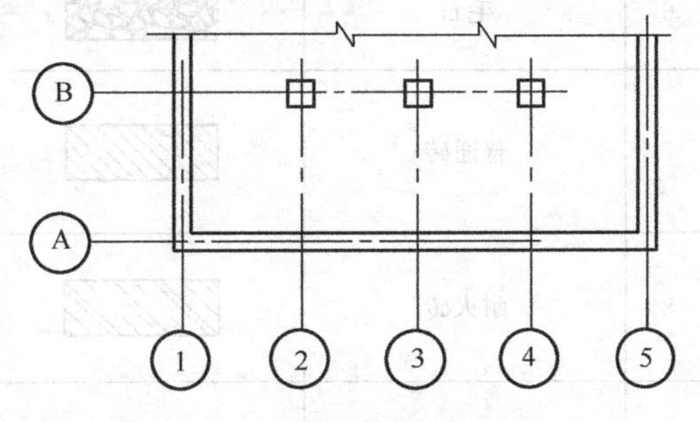

图 1-1-5　定位轴线的编号

在两轴线之间，有的需要用附加轴线表示。附加轴线应以分数形式表示，分母表示前一轴线的编号（其中 1 号轴线或 A 号轴线之前的附加轴线的分母应以 01 或 0A 表示），分子表示附加轴线的编号，编号宜用阿拉伯数字顺序编写（图 1-1-6）。

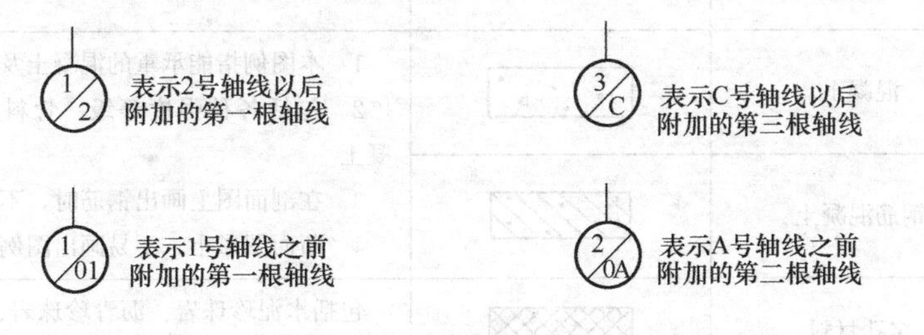

图 1-1-6　附加轴线的编号

1.3.7 常用的建筑材料图例

材料图例是特定的简化图形，用来表示不同种类的材料。“国标”对材料图例作了规定，见表 1-1-3（选自《房屋建筑制度统一标准》GB/T 50001—2010）。

常用的建筑材料图例　　表 1-1-3

序号	名称	图例	备注
1	自然土壤		包括各种自然土壤
2	夯实土壤		—
3	砂、灰土		—
4	砂砾石、碎砖三合土		—
5	石材		—
6	毛石		—
7	普通砖		包括实心砖、多孔砖、砌块等砌体。断面较窄不易绘出图例线时，可涂红，并在图纸备注中加注说明，画出该材料图例
8	耐火砖		包括耐酸砖等砌体
9	空心砖		指非承重砖砌体
10	饰面砖		包括铺地砖、面砖、马赛克、陶瓷锦砖、人造大理石等
11	焦渣、矿渣		包括与水泥、石灰等混合而成的材料
12	混凝土		1　本图例指能承重的混凝土及钢筋混凝土 2　包括各种强度等级、骨料、外加剂的混凝土 3　在剖面图上画出钢筋时，不画图例线 4　断面图形小，不易画出图例线时，可涂黑
13	钢筋混凝土		
14	多孔材料		包括水泥珍珠岩、沥青珍珠岩、泡沫混凝土、非承重加气混凝土、软木、蛭石制品等
15	纤维材料		包括矿棉、岩棉、玻璃棉、麻丝、木丝板、纤维板等
16	泡沫塑料材料		包括聚苯乙烯、聚乙烯、聚氨酯等多孔聚合物类材料

续表

序号	名称	图　例	备　注
17	木材		1　上图为横断面，左上图为垫木、木砖或木龙骨 2　下图为纵断面
18	胶合板		应注明为×层胶合板
19	石膏板		包括圆孔、方孔石膏板、防水石膏板、硅钙板、防火板等
20	金属		1　包括各种金属 2　图形小时，可涂黑
21	网状材料		1　包括金属、塑料网状材料 2　应注明具体材料名称
22	液体		应注明具体液体名称
23	玻璃		包括平板玻璃、磨砂玻璃、夹丝玻璃、钢化玻璃、中空玻璃、夹层玻璃、镀膜玻璃等
24	橡胶		
25	塑料		包括各种软、硬塑料及有机玻璃等
26	防水材料		构造层次多或比例大时，采用上图例
27	粉刷		本图例采用较稀的点

注：1. 序号 1、2、5、7、8、13、14、16、17、18 图例中的斜线、短斜线、交叉斜线等均为 45°。
2. 此图例摘自《房屋建筑制图统一标准》GB/T 50001—2010——编者。

1.3.8　引出线

在施工图中，常把小尺寸、索引符号、文字说明等用引出线引到图外注明，引出线应用水平线或与水平方向成 30°、45°、60°、90°倾角的细实线。

多层构造引出线的文字说明宜注写在横线的上方，也可注写在横线的端部，说明的顺序应由下至上的文字说明表达从下至上的构造层次；如层次为横向排列，

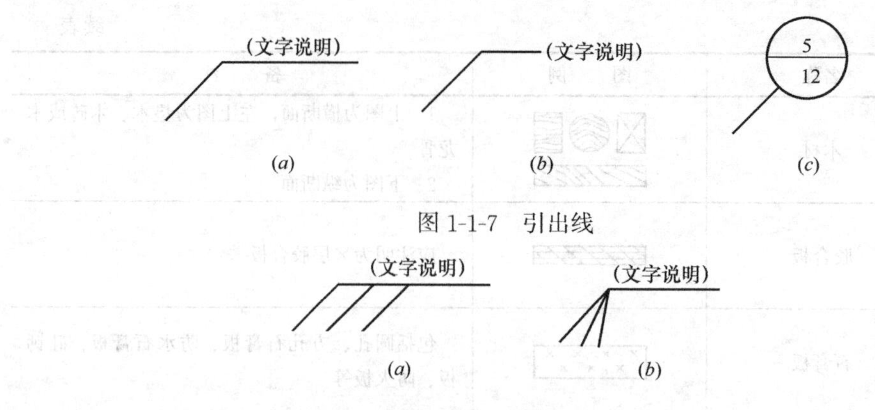

图 1-1-7　引出线

图 1-1-8　共用引出线

则由上至下的文字说明顺序表达从左至右构造层次，如图 1-1-9。

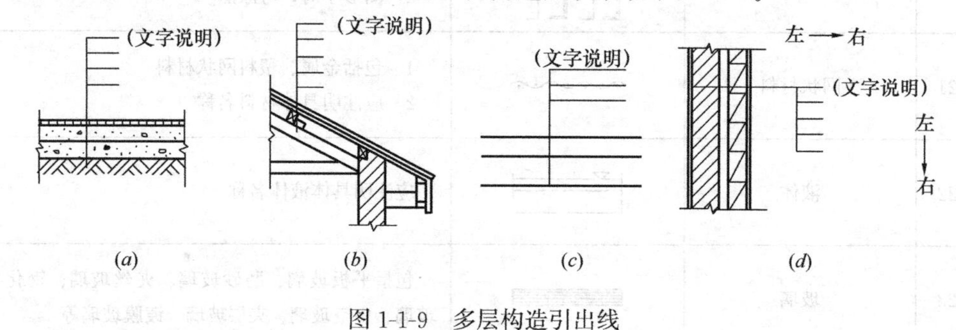

图 1-1-9　多层构造引出线

1.3.9　其他符号

(1) 对称符号　对称符号由对称线和两对平行线组成。对称线用细单点长画线绘制；平行线用细实线绘制，其长度宜为 6～10mm，每对的间距宜为 2～3mm；对称线垂直平分两对平行线，两端超出平行线宜为 2～3mm（图 1-1-10）。

(2) 连接符号　连接符号应以折断线表示需连接的部位。两部位相距过远时，折断线两端靠图样一侧应标注大写拉丁字母表示连接编号，两个被连接的图样必须用相同的字母编号（图 1-1-11）。

(3) 指北针　指北针的形状宜如图 1-1-12 所示，其圆的直径宜为 24mm，用细实线绘制；指针尾部的宽度宜为 3mm，指针头部应注“北”或“N”字。需用较大直径绘制指北针时，指针尾部的宽度宜为直径的 1/8（图 1-1-12）。

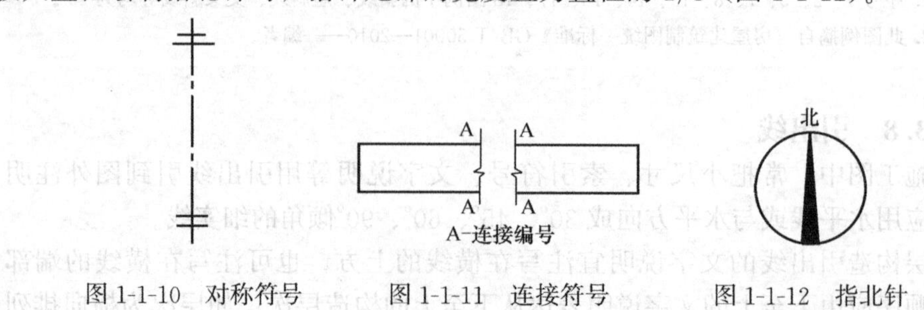

图 1-1-10　对称符号　　图 1-1-11　连接符号　　图 1-1-12　指北针

过程 1.4　了解钢筋混凝土的基本知识

1.4.1　了解混凝土相关知识

混凝土是由水泥、石子、砂子和水按一定的比例拌合后，架设模板，浇捣成型，在适当的温、湿度条件下经过一定时间养护而成的人造石材。特点是抗压强度高，抗拉强度小。

混凝土的强度等级是根据混凝土立方体抗压强度标准值的大小分为 C15、C20、C25、C30、C35、C40、C45、C50、C55、C60、C65、C70、C75、C80 共 14 级。其中符号 C 表示混凝土，C 后面的数字表示混凝土立方体抗压强度标准值。数字越大说明其强度越高。

1.4.2　了解钢筋的相关知识

建筑工程用的钢筋，需具有较高的强度，良好的塑性，便于加工和焊接，并应与混凝土之间具有足够的粘结力。热轧钢筋按其产品种类不同，分别给予不同符号，以便标注和识别，如表 1-1-4 所示。

常用钢筋符号　　　　**表 1-1-4**

外　形	种　类	强度等级	符　　号
光圆钢筋	HPB235	Ⅰ	Φ
变形钢筋	HRB335	Ⅱ	Φ̲
	HRB400	Ⅲ	Ф̲
	RRB400		
	HRB500	Ⅳ	Φ̳

1.4.3　了解钢筋混凝土的相关知识

指配有一定数量钢筋的混凝土称为钢筋混凝土。其特点是抗拉强度和抗压强度都很高。用钢筋混凝土制成的梁、板、柱、基础等构件，称为钢筋混凝土构件。

钢筋混凝土构件按施工方法分：现浇钢筋混凝土构件和预制装配式钢筋混凝土构件。

(1) 现浇钢筋混凝土构件：是在施工现场架设模板、绑扎钢筋、浇灌混凝土，经过养护达到一定强度后，拆除模板而成的构件。

(2) 预制装配式钢筋混凝土构件：是先把钢筋混凝土构件在预制厂或施工现场预制好，然后安装到建筑物中去的构件。

任务 2

建筑构造概述

过程 2.1　了解建筑的含义

建筑一般是指供人们进行生产、生活或活动的房屋、场所、设施，通常认为是建筑物和构筑物的总称。建筑物是指直接供人们使用的建筑，如住宅、学校、办公楼、影剧院、体育馆等。构筑物是指间接供人们使用的建筑，如水塔、蓄水池、烟囱、贮油罐等。

过程 2.2　了解建筑的分类和分级

2.2.1　建筑的分类

2.2.1.1　按功能分

1. 民用建筑：指供人们居住和进行公共活动的建筑的总称。

(1) 居住建筑：供人们生活、起居使用的建筑物，如住宅、宿舍及公寓。

(2) 公共建筑：供人们进行各种公共活动的建筑，如办公楼、教学楼、医院、火车站、体育馆等。

2. 工业建筑：为工业生产服务的生产车间及为生产服务的辅助车间、动力用房、仓储等。

3. 农业建筑：指供农（牧）业生产和加工用的建筑，如种子库、温室、畜禽饲养场、农副产品加工厂、农机修理厂（站）等。

2.2.1.2 民用建筑按地上层数或高度分

1. 住宅建筑按层数分类：一层至三层为低层住宅，四层至六层为多层住宅，七层至九层为中高层住宅，十层及十层以上为高层住宅；

2. 除住宅建筑之外的民用建筑高度不大于 24m 者为单层和多层建筑，大于 24m 者为高层建筑（不包括建筑高度大于 24m 的单层公共建筑）；

3. 建筑高度大于 100m 的民用建筑为超高层建筑。

2.2.1.3 按建筑结构形式分

1. 墙体承重：由墙体承受建筑的全部荷载，并把荷载传递给基础的建筑。

2. 骨架承重：由梁柱骨架承受建筑的全部荷载，墙体只起围护、分隔作用的建筑。

3. 内骨架承重：建筑内部由梁柱骨架承重，外侧由墙体承重的建筑。

4. 空间结构承重：由钢筋混凝土或钢材组成空间结构承受建筑的全部荷载，如网架、悬索、壳体等。

2.2.1.4 按承重结构的材料分

1. 砖混结构：用砖墙（柱）、钢筋混凝土楼板及屋面板作为主要承重结构的建筑，属于墙体承重结构体系。

2. 钢筋混凝土结构：主要承重构件全部采用钢筋混凝土材料的建筑。

3. 钢结构：主要承重结构全部采用钢材的建筑。

2.2.1.5 按规模和数量分

1. 大量性建筑：建造量多、规模不大的建筑，如学校、住宅、医院、商店等。

2. 大型性建筑：单体量大而数量少的公共建筑。如大型体育馆、航空港等。

2.2.1.6 民用建筑按设计使用年限分类

民用建筑的设计使用年限应符合表 1-2-1 的规定。

设计使用年限分类 **表 1-2-1**

类　别	设计使用年限（年）	示　例
1	5	临时性建筑
2	25	易于替换结构构件的建筑
3	50	普通建筑物和构筑物
4	100	纪念性建筑和特别重要的建筑

2.2.2 建筑的分级

现行《建筑设计防火规范》规定：普通建筑的耐火等级划分成四级（表 1-2-2），高层建筑耐火等级分为二级（表 1-2-3）。

普通建筑构件的燃烧性能和耐火极限 表 1-2-2

构件名称		耐火等级			
		一级	二级	三级	四线
墙	防火墙	非燃烧体 4.00h	非燃烧体 4.00h	非燃烧体 4.00h	非燃烧体 4.00h
	承重墙、楼梯间、电梯井的墙	非燃烧体 3.00h	非燃烧体 2.50h	非燃烧体 2.50h	难燃烧体 0.50h
	非承重外墙、疏散走道两侧的隔墙	非燃烧体 1.00h	非燃烧体 1.00h	非燃烧体 0.50h	难燃烧体 2.25h
	房间隔墙	非燃烧体 0.75h	非燃烧体 0.50h	难燃烧体 0.50h	难燃烧体 0.25h
柱	支承多层的柱	非燃烧体 3.00h	非燃烧体 2.50h	非燃烧体 2.50h	难燃烧体 0.50h
	支承单层的柱	非燃烧体 2.50h	非燃烧体 2.00h	非燃烧体 2.00h	燃烧体
梁		非燃烧体 2.00h	非燃烧体 1.50h	非燃烧体 1.00h	难燃烧体 0.50h
楼板		非燃烧体 1.50h	非燃烧体 1.00h	非燃烧体 0.50h	难燃烧体 0.25h
屋顶承重构件		非燃烧体 1.50h	非燃烧体 0.50h	燃烧体	燃烧体

燃烧性能：指建筑构件在明火或高温作用下是否燃烧，以及燃烧的难易程度。建筑构件按燃烧性能分为非燃烧体、难燃烧体及燃烧体。

耐火极限：在耐火实验中，从构件受到火的作用时起，到构件失去支持能力或完整性被破坏或失去隔火作用时为止的这段时间，就是该构件的耐火极限，用小时表示。

高层民用建筑构件的燃烧性能及耐火极限 表 1-2-3

构件名称		一级	二级
墙	防火墙	非燃烧体 3.00h	非燃烧体 3.00h
	承重墙、楼梯间、电梯间和住宅单元之间的墙	非燃烧体 2.00h	非燃烧体 2.00h
	非承重外墙、疏散过道两侧的墙	非燃烧体 1.00h	非燃烧体 1.00h
	房间隔墙	非燃烧体 0.75h	非燃烧体 0.50h
柱		非燃烧体 3.00h	非燃烧体 2.50h
梁		非燃烧体 2.00h	非燃烧体 1.50h
楼板、疏散楼梯、屋顶的承重构件		非燃烧体 1.50h	非燃烧体 1.00h
吊顶（包括吊顶搁栅）		非燃烧体 0.25h	难燃烧体 0.25h

过程 2.3　了解民用建筑的构造组成

民用建筑是供人们居住、生活和从事各种社会活动的建筑。一般民用建筑由基础、墙或柱、楼板层及地坪层、楼梯、屋顶、门窗等构配件组成（图 1-2-1）。

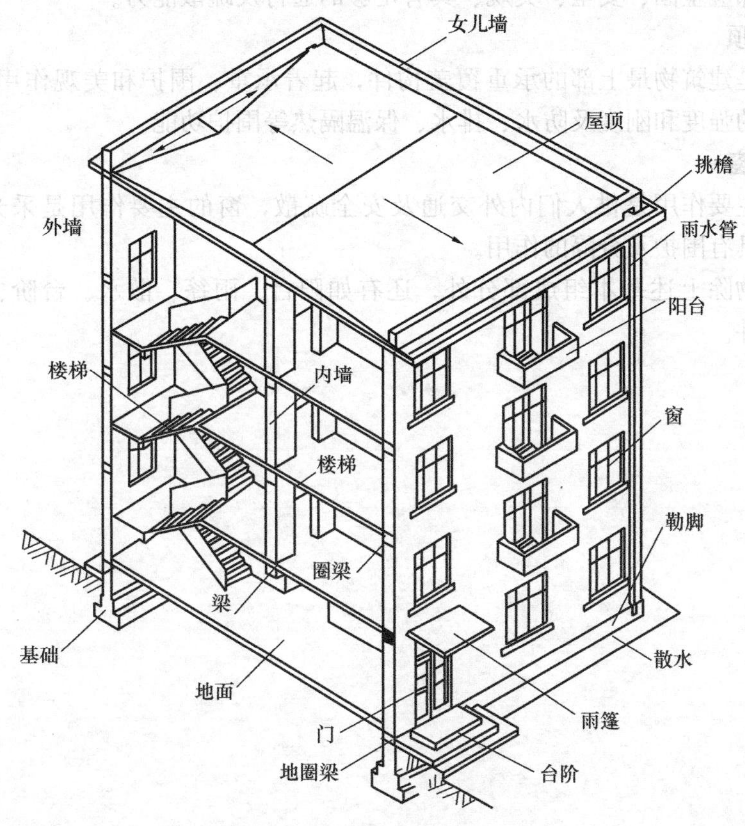

图 1-2-1　建筑的构造组成

1. 基础

基础是建筑物的墙或柱埋在地下的扩大部分，它承受建筑物的全部荷载，并将荷载传给地基。

基础应坚固、稳定，且能抵抗冰冻、地下水和化学侵蚀等。

2. 墙和柱

墙体是建筑物的承重和围护构件，内墙还起着分隔房间创造室内舒适环境的作用。墙体应具有足够的强度、稳定性、保温、隔热、隔声、防水、防火等功能以及具有一定的经济性和耐久性。

柱也是建筑物的承重构件，除不具备围护和分隔的作用外，其他与墙体相差不多。

3. 楼板层及地坪层

楼板层是建筑物水平方向的承重构件，起水平分隔、水平承重和水平支撑作用。楼板层应具有足够的强度、刚度及隔声、防水、防潮等功能。

地坪层承受底层房间的荷载。应满足耐磨、防潮、防水和保温等功能要求。

4. 楼梯

楼梯是建筑物中联系上下各层的垂直交通设施，供人们上下楼层及紧急疏散使用。楼梯应坚固、安全、美观、具有足够的通行及疏散能力。

5. 屋顶

屋顶是建筑物最上部的承重覆盖构件，起着承重、围护和美观作用。屋顶应具有足够的强度和刚度及防水、排水、保温隔热等围护功能。

6. 门窗

门的主要作用是供人们内外交通及安全疏散，窗的主要作用是采光、通风。门窗同时具有围护及分隔的作用。

建筑物除上述基本组成部分外，还有如阳台、雨篷、散水、台阶、通风道、勒脚等配件。

2　建筑施工图的识读

任务 1
施工图首页的识读

施工图首页一般包括图纸目录、建筑设计说明、工程做法、门窗表等。

过程 1.1　图纸目录的识读

图纸目录是查阅图纸的主要依据，包括图纸的序号、类别、编号、图名、规格以及备注等栏目。图纸目录一般包括整套图纸的目录，有建筑施工图目录、结构施工图目录、设备施工图目录。由表 2-1-1、表 2-1-2 可知，此套工程图中建筑施工图共 18 张，结构施工图共 17 张。每张图纸的内容从目录中都可查阅。

建筑施工图目录　　　　表 2-1-1

<table>
<tr><td colspan="5">×××建筑设计有限公司</td></tr>
<tr><td colspan="2" rowspan="4">图纸资料目录</td><td rowspan="4">河北城乡建设学校
实训楼</td><td colspan="2">设计编号 2007-12</td></tr>
<tr><td colspan="2">专业　建筑</td></tr>
<tr><td colspan="2">共 1 页　第 1 页</td></tr>
<tr><td colspan="2">日期：2007.08</td></tr>
<tr><td>序号</td><td>图号</td><td>名　称</td><td>规格</td><td>备　注</td></tr>
<tr><td>1</td><td>JS-01</td><td>总平面图</td><td>A2</td><td></td></tr>
<tr><td>2</td><td>JS-02</td><td>建筑设计总说明</td><td>A2+1/2</td><td></td></tr>
<tr><td>3</td><td>JS-03</td><td>门窗表　门窗详图　工程做法</td><td>A2</td><td></td></tr>
</table>

续表

序号	图号	名　　称	规格	备　　注
4	JS-04	一层平面图	A2+1/2	
5	JS-05	二层平面图	A2+1/2	
6	JS-06	三层平面图	A2+1/2	
7	JS-07	四、五层平面图	A2+1/2	
8	JS-08	六层平面图	A2+1/2	
9	JS-09	屋顶平面图	A2+1/2	
10	JS-10	南立面图	A2+1/2	
11	JS-11	北立面图	A2+1/2	
12	JS-12	东立面图　西立面图	A2+1/2	
13	JS-13	1-1 剖面图	A2	
14	JS-14	楼梯详图	A2	
15	JS-15	厕所详图　普通教室详图	A2+1/4	
16	JS-16	墙身大样一　墙身大样二	A2	
17	JS-17	墙身大样三　墙身大样四	A2	
18	JS-18	墙身大样五　墙身大样六	A2	

结构施工图目录　　**表 2-1-2**

<table>
<tr><td colspan="5">×××建筑设计有限公司</td></tr>
<tr><td colspan="2" rowspan="4">图纸资料目录</td><td rowspan="4">河北城乡建设学校
实训楼</td><td colspan="2">设计编号 2007-12</td></tr>
<tr><td colspan="2">专业　结构</td></tr>
<tr><td colspan="2">共 1 页　第 1 页</td></tr>
<tr><td colspan="2">日期：2007.08</td></tr>
<tr><td>序号</td><td>图号</td><td>名　　称</td><td>规格</td><td>备　　注</td></tr>
<tr><td>0</td><td></td><td>目录</td><td>A4</td><td></td></tr>
<tr><td>1</td><td>GS-01</td><td>框架结构设计总说明</td><td>A2+1/4</td><td></td></tr>
<tr><td>2</td><td>GS-02</td><td>基础平面图</td><td>A2+1/2</td><td></td></tr>
<tr><td>3</td><td>GS-03</td><td>基础平详图</td><td>A2</td><td></td></tr>
<tr><td>4</td><td>GS-04</td><td>框架柱配筋平面图</td><td>A2+1/2</td><td></td></tr>
</table>

续表

序号	图号	名　　称	规格	备　注
5	GS-05	二层结构平面图	A2+1/2	
6	GS-06	二层梁配筋平面图	A2+1/2	
7	GS-07	三层结构平面图	A2+1/2	
8	GS-08	三层梁配筋平面图	A2+1/2	
9	GS-09	四、五层结构平面图	A2+1/2	
10	GS-10	四、五层梁配筋平面图	A2+1/2	
11	GS-11	六层结构平面图	A2+1/2	
12	GS-12	六层梁配筋平面图	A2+1/2	
13	GS-13	屋顶结构平面图	A2+1/2	
14	GS-14	屋顶梁配筋平面图	A2+1/2	
15	GS-15	水箱间、电梯机房屋顶结构平面图 水箱间、电梯机房屋顶梁配筋平面图	A2	
16	GS-16	楼梯一详图	A2+1/4	
17	GS-17	楼梯二详图	A2+1/4	

过程 1.2　建筑设计说明的识读

建筑设计说明是施工图样的必要补充，主要是对图样中未能表达清楚的内容加以详细的说明，通常包括工程概况、建筑设计的依据、采用的标准图集、构造要求、施工要求及建筑节能措施等。

1.2.1　准备知识的学习

1.2.1.1　建筑装修

为了改善建筑使用环境、保护建筑构件，延长建筑使用寿命、美化建筑，提高艺术效果需要对墙体、楼板、楼梯等构件进行装修处理。

1. 墙面装修

墙体表面的修饰称为墙面装修，有外墙面装修和内墙面装修之分。

外墙面装修主要是保护外墙不受外界侵蚀，提高墙体防水、防潮、防风化、抗老化、保温、隔热的能力，增强墙体的坚固性和耐久性，同时可增加立面的美观。

内墙面装修主要在于改善室内卫生条件，提高墙体的隔声能力，增加室内美观，改善室内采光效果。对有水作用的房间，内装修可保护墙身不受潮。

墙面装修根据所用材料及施工方法大致可归纳为：清水墙（勾缝）、抹灰类、涂料类、饰面砖（板）铺贴类、裱糊类、镶钉类及幕墙等。

(1) 清水墙（勾缝）

仅限于砌体基层的墙面。墙体砌好后，用水泥砂浆勾缝（图 2-1-1）。为提高装饰性可在砂浆中掺入颜料。

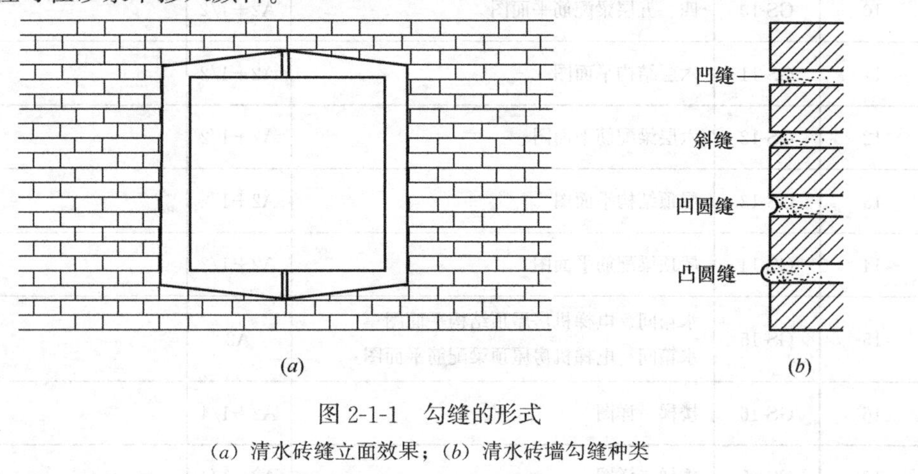

图 2-1-1　勾缝的形式

(a) 清水砖缝立面效果；(b) 清水砖墙勾缝种类

(2) 抹灰类

墙面抹灰类装修是以水泥、石灰或石膏为胶凝材料，加入砂或石渣，用水拌合成砂浆或石渣浆作为墙面的饰面层。为保证抹灰牢固，平整，颜色均匀和面层不开裂、脱落，施工时应分层操作，且每层不宜抹得太厚。分层构造一般分为底层、中层和面层（图 2-1-2）。

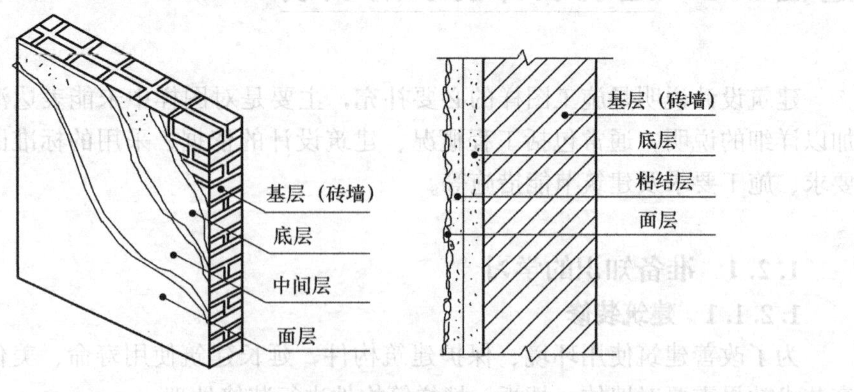

图 2-1-2　抹灰层组成

抹灰类装修有纸筋灰墙面、水泥砂浆墙面、石灰砂浆墙面、水泥石灰砂浆墙面、水刷石墙面、干粘石墙面等。常见抹灰类做法见表 2-1-3。

常用抹灰做法举例 **表 2-1-3**

名称	用料做法	附注
石灰砂浆墙面	1. 18厚1：3石灰砂浆 2. 2厚麻刀（或纸筋）石灰面	适用于内墙
水泥砂浆墙面（一）	1. 15厚1：3水泥砂浆 2. 5厚1：2水泥砂浆	
水泥砂浆墙面（二）	1. 刷建筑胶素水泥浆一遍，配合比为建筑胶：水＝1：4 2. 15厚2：1：8水泥石灰砂浆，分两次抹 3. 5厚1：2水泥砂浆	适用于加气混凝土墙
水刷石外墙面	1. 刷建筑胶素水泥浆一遍，配合比为建筑胶：水＝1：4 2. 15厚2：1：8水泥石灰砂浆，分两次抹 3. 刷素水泥浆一遍 4. 10厚1：1.5水泥石子，水刷表面	适用于加气混凝土墙
斩假石外墙面	1. 15厚1：3水泥砂浆 2. 刷素水泥浆一遍 3. 10厚1：1.5水泥石子，垛斧斩毛	斩假石又称剁斧石
混合砂浆墙面	1. 18厚1：3：9水泥石灰砂浆，分两次抹 2. 2厚麻刀（或纸筋）石灰面	

在内墙面抹灰中，对于经常受到碰撞的内墙阳角，应用 1：2 水泥砂浆做护角，护角高不小于 2m，每侧宽度应不小于 50mm（图 2-1-3）。

（3）涂料类

涂料类装修墙面是将各种涂料涂刷于基层表面而形成牢固的保护膜从而达到保护和装修墙面的目的。它具有造价低、操作简单、功效高、维修方便等优点，是一种最有发展前途的装修做法。

涂料类装修按使用工具可分为刷涂（即用毛刷蘸浆）、弹涂（即用弹浆器弹射）和滚涂（即用滚子滚压）、喷涂（即用喷浆机喷射）。图 2-1-4 所示。

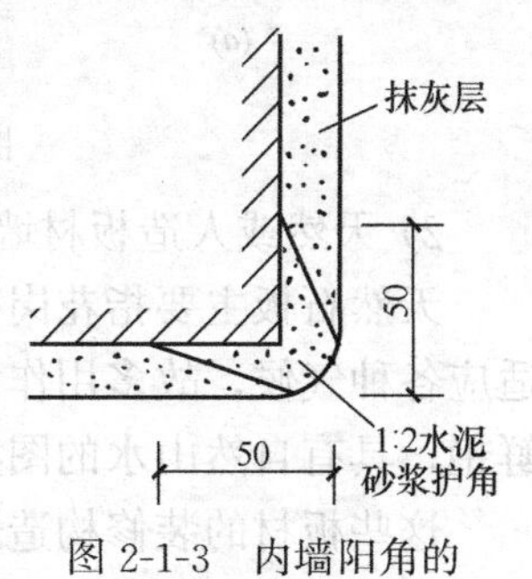

图 2-1-3 内墙阳角的护角构造

（4）贴面类

贴面类墙面装修可用于室内和室外。此装修是利用天然或人造板材、块材直接粘贴于基层表面或通过构造连接固定于基层上的装修做法。它具有耐久性强、防水、易清洗、装修效果好等优点。常用的贴面材料有面

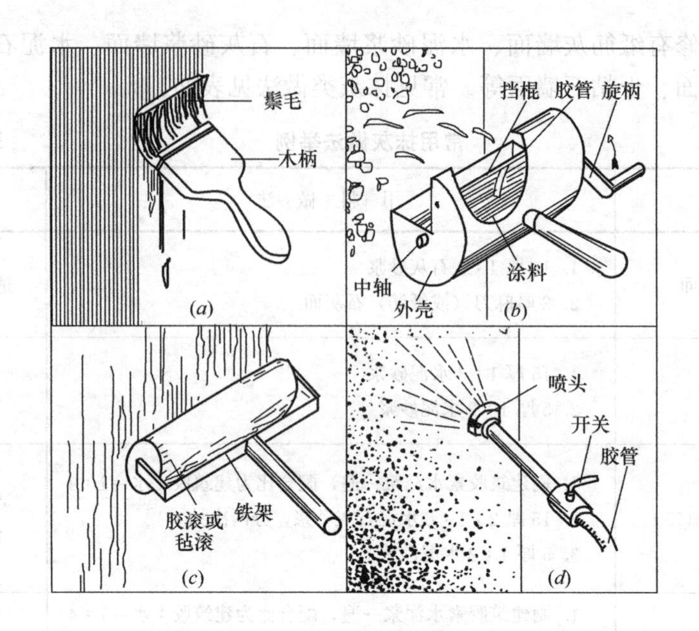

图 2-1-4　涂料类装修示意
(a) 刷涂；(b) 弹涂；(c) 滚涂；(d) 喷涂

砖、瓷砖、石质板材（如大理石、花岗石）等。

1) 面砖、瓷砖、陶瓷锦砖墙面装修

这三种贴面材料可直接粘贴于基层上。具体做法是：将墙面清理干净后，先抹 15mm1：3 水泥砂浆打底，再抹 3～5mm1：1 水泥砂浆粘贴面层材料（图 2-1-5）。

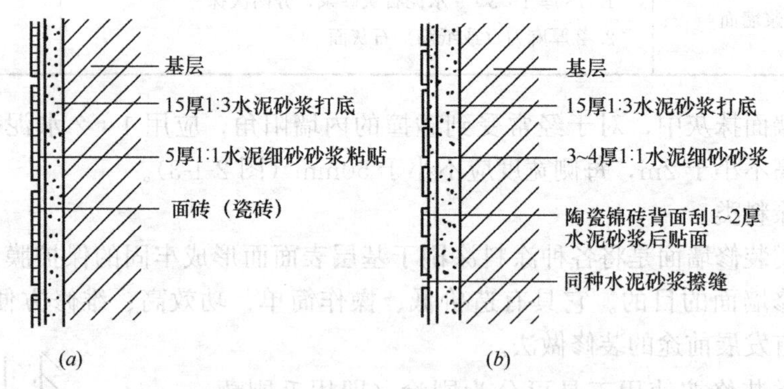

图 2-1-5　面砖、瓷砖、陶瓷锦砖墙面

2) 天然或人造板材墙面装修

天然石板主要指花岗石板和大理石板，花岗石板质地坚硬，不易风化，且能适应各种气候，故多用作室外装修，大理石的表面经磨光后，其纹理雅致，色彩鲜艳，具有自然山水的图案，但抗风化能力差，故多用作室内装修。

这些板材的装修构造通常有湿挂（即栓结与砂浆粘结结合）和干挂两种方法（图 2-1-6、图 2-1-7）。

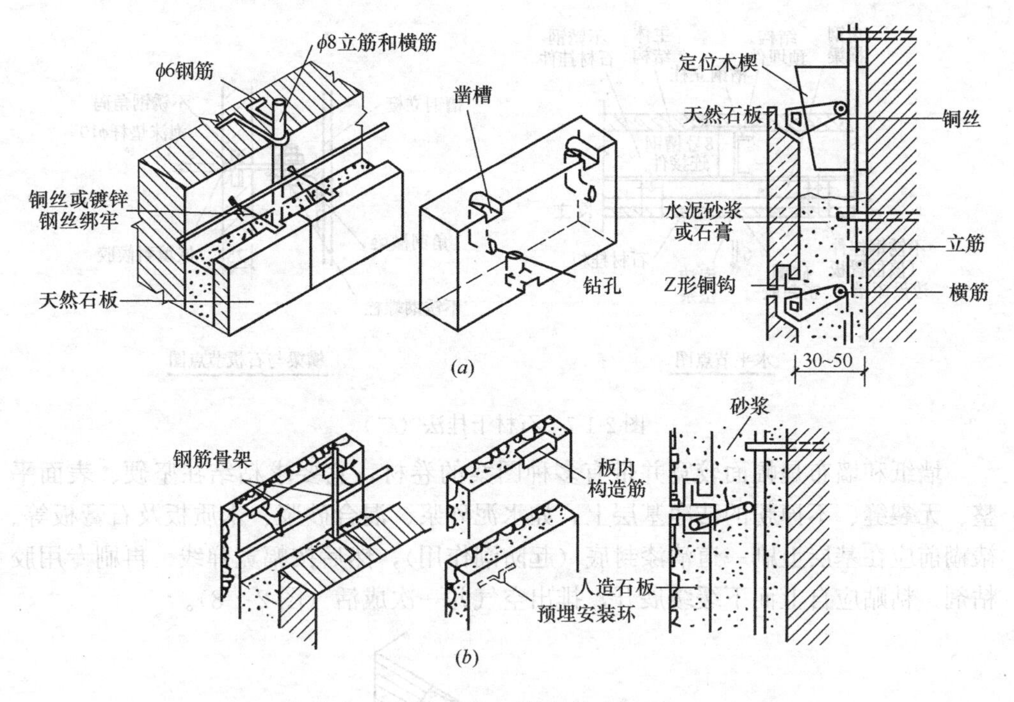

图 2-1-6　石材湿挂法

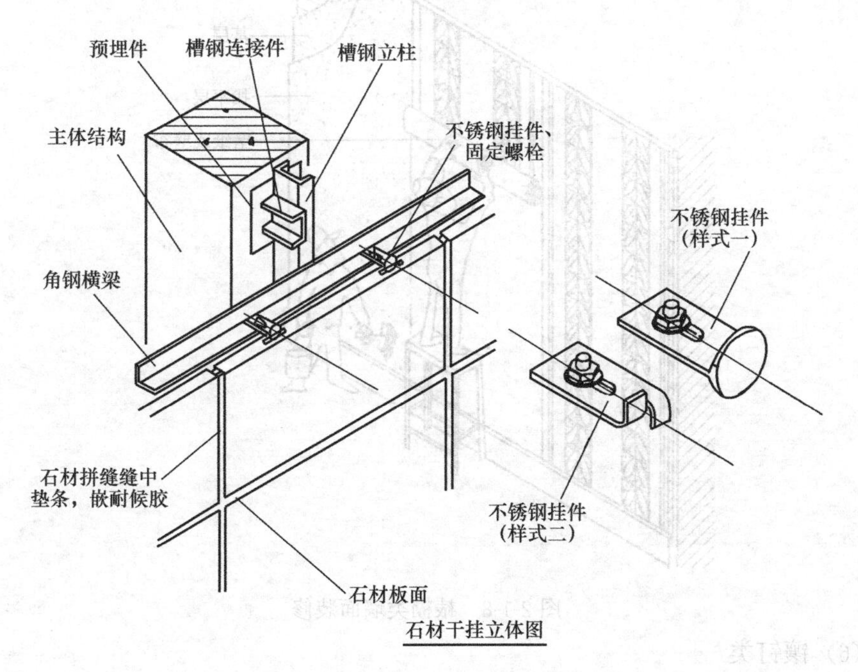

图 2-1-7　石材干挂法（一）

（5）裱糊类

裱糊类装修是将各种装饰性的墙纸、墙布等卷材用胶粘剂裱糊在墙面上形成饰面的做法。

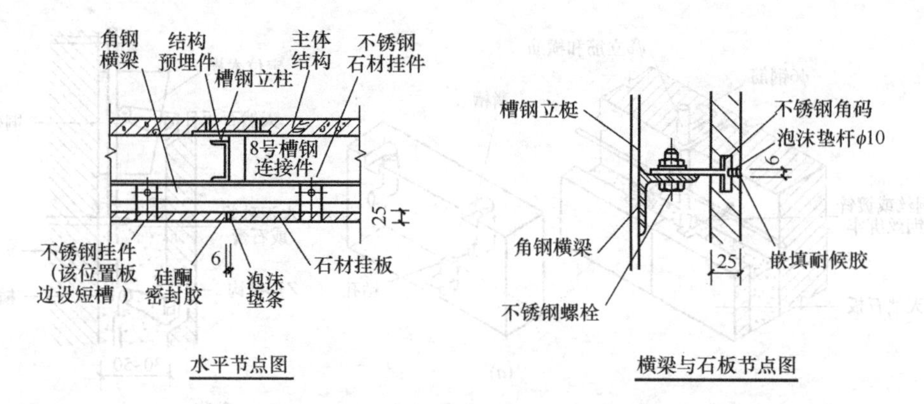

图 2-1-7　石材干挂法（二）

墙纸和墙布是幅面较宽并带有多种图案的卷材，它要求粘结在坚硬、表面平整、无裂缝、不掉粉的洁净基层上，如水泥砂浆、混合砂浆、木质板及石膏板等。裱糊前应在基层上刷一道清漆封底（起防潮作用），然后按幅宽弹线，再刷专用胶粘剂。粘贴应自上而下缓缓展开，排出空气并一次成活（图 2-1-8）。

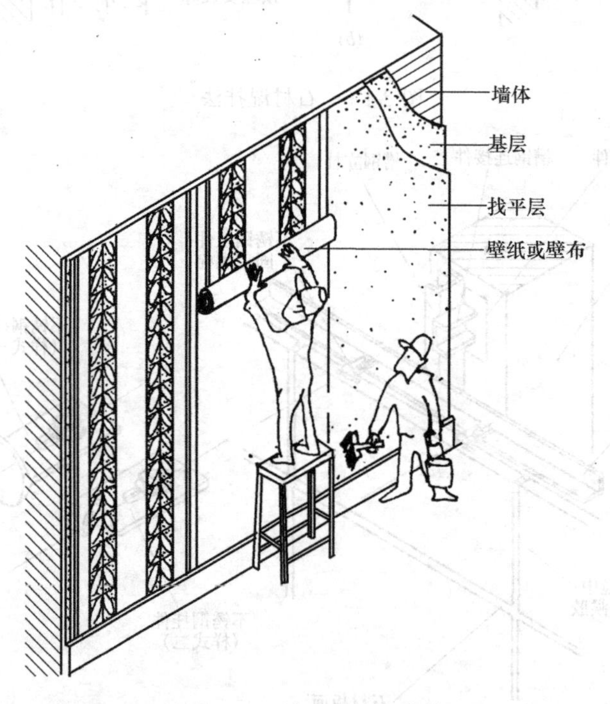

图 2-1-8　裱糊类墙面装修

（6）镶钉类

镶钉类装修是将各种人造薄板铺订或胶粘在墙体的龙骨上，形成装修层的做法。

镶钉装修的墙面由龙骨和面板组成，龙骨骨架有木骨架和金属骨架，面板有硬木板、胶合板（包括薄木饰面板）、纤维板、石膏板、铝塑板等。

图 2-1-9 是常见的镶钉木墙面的装修构造。

(7) 建筑幕墙

建筑幕墙由金属构架与板材组成的，不承担主体结构荷载与作用的建筑外围护结构。按照幕墙板材的不同，有玻璃幕墙、金属幕墙、石材幕墙等。玻璃幕墙一般有结构框架、填衬材料和幕墙玻璃组成。按其组合形式和构造方式分有框架外露系列、框架隐藏系列和有玻璃做肋的无框架系列。

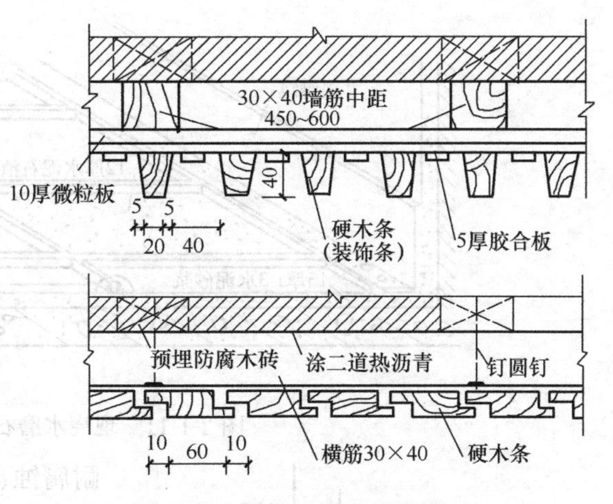

图 2-1-9 镶钉木墙面装修构造

2. 楼地面构造

楼板层中的面层称为楼面；地坪层中的面层称为地面。可统称为地面。地面直接承受各种物理和化学作用，应满足坚固、耐磨、平整、光洁、不起尘、易清洗、防水、防火等使用要求。

(1) 地面的类型及构造

地面的名称是以面层的材料来命名的。根据面层的材料和施工工艺不同，将地面分为现浇整体地面、块材镶铺地面、卷材类地面及木地面等。

1) 现浇整体式地面

整体式地面是采用在现场拌合的湿料，经浇抹形成的面层。主要有水泥砂浆地面（图 2-1-10）和现浇水磨石地面（图 2-1-11）。

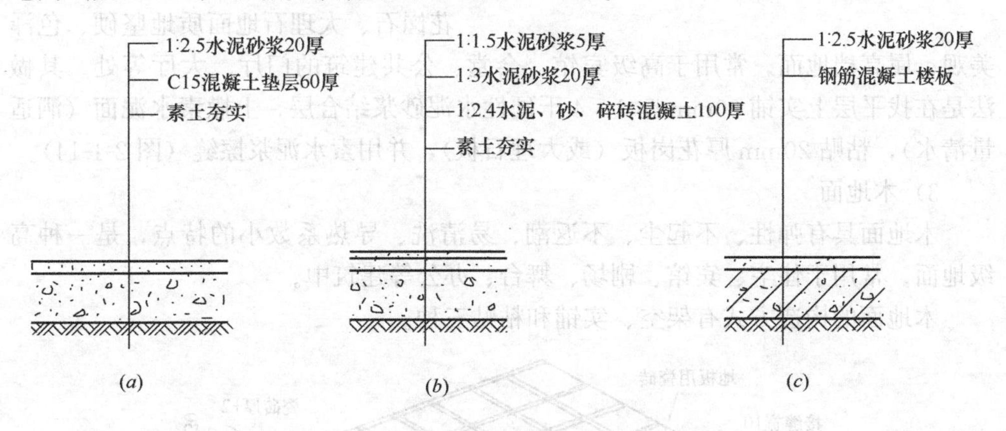

图 2-1-10 水泥砂浆地面

(*a*) 单层做法；(*b*) 双层做法；(*c*) 楼层地面

2) 块材地面

块材地面是利用各种天然或人造的预制块材或板材，通过铺贴形成面层的楼地面。

① 陶瓷锦砖地面

陶瓷锦砖又称陶瓷马赛克。其质地坚硬、经久耐用、装饰效果好，且防水、

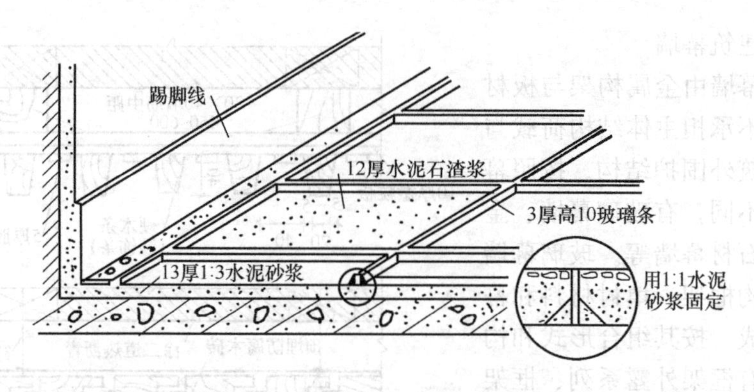

图 2-1-11　现浇水磨石地面

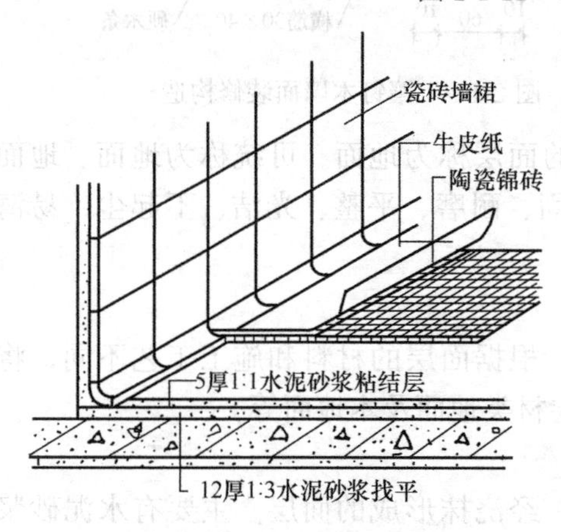

图 2-1-12　陶瓷锦砖地面

耐腐蚀、易清洁，适用于有水、有腐蚀性液体作用的地面。其构造见图 2-1-12。

② 地砖地面

地砖地面具有表面平整细致、质地坚硬、耐磨、耐酸碱、吸水率小、色彩丰富等特点，适用于各类公共场所及家庭地面。其做法是在找平层上实铺 20～30mm 厚 1：4 干硬性水泥砂浆结合层，上撒素水泥面（洒适量清水），粘贴地砖（图 2-1-13）。

③ 花岗石、大理石地面

花岗石、大理石地面质地坚硬、色泽美观，属高档地面，常用于高级宾馆、会堂、公共建筑的门厅、大厅等处。其做法是在找平层上实铺 30mm 厚 1：4 干硬性水泥砂浆结合层，上撒素水泥面（洒适量清水），粘贴 20mm 厚花岗板（或大理石板），并用素水泥浆擦缝（图 2-1-14）。

3）木地面

木地面具有弹性、不起尘、不返潮、易清洗、导热系数小的特点，是一种高级地面。常用于住宅、宾馆、剧场、舞台、办公等建筑中。

木地面的构造方式有架空、实铺和粘贴三种。

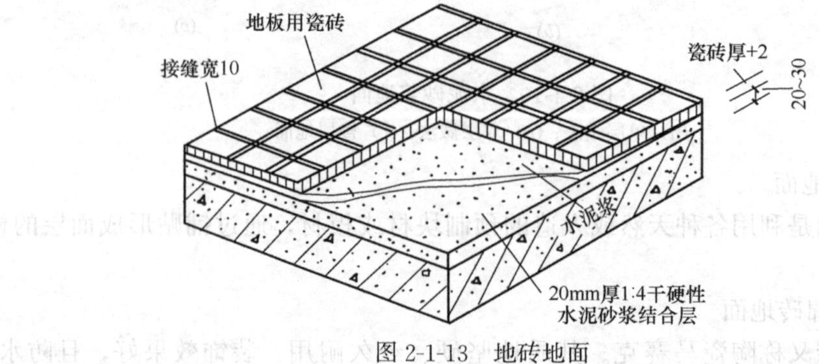

图 2-1-13　地砖地面

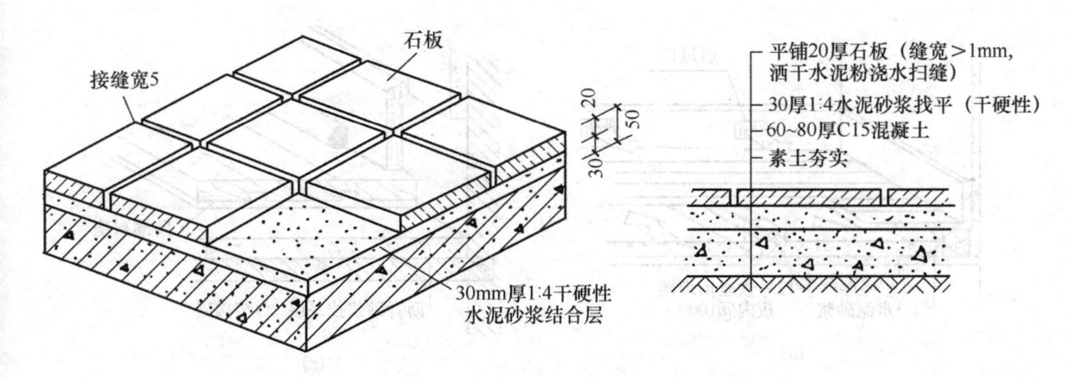

图 2-1-14　花岗石、大理石地面

① 架空式木地面是将木地面架空铺设，常用于底层地面，主要用于舞台、运动场等有弹性要求的地面（图 2-1-15）。

② 实铺木地面

实铺木地面是在混凝土垫层或钢筋混凝土楼板上设置小断面的木龙骨，在龙骨上钉木板的地面。龙骨一般用预埋在结构层内的 U 形铁件嵌固，或用钢钉固定。为防潮可在垫层或结构层上设防潮衬垫。木地面有单层和双层两种做法（图 2-1-16（*a*）、（*b*））。

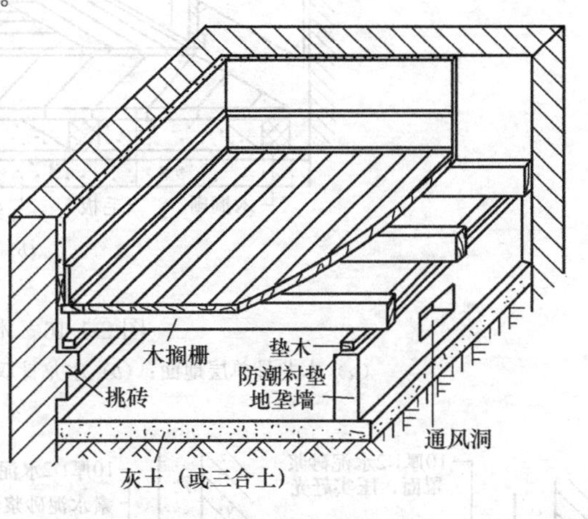

图 2-1-15　架空式木地面

③ 粘贴式木地面

粘贴式木地面是将木地板直接粘贴在找平层上的地面（图 2-1-16（*c*））。

（2）踢脚和墙裙

踢脚是地面与墙面交接处的构造处理。其主要作用是遮盖墙面与地面的接缝，并保护墙身，防止外界的碰撞损坏和清洗地面时的污染。踢脚可看作是楼地面在墙面上的延伸，高度一般为 120～150mm。常用的踢脚有水泥砂浆、水磨石、地砖、木板等（图 2-1-17）。

墙裙是踢脚向上的延伸。一般房间内的墙裙，主要起装饰作用，常用木板、面砖、大理石等，高度为 900～1200mm。卫生间、浴室、厨房的墙裙，作用是防水和便于清洗，多用水泥砂浆、瓷砖等，高度大于 1800mm。

3. 顶棚

顶棚又称天花板或天棚，是楼板层或屋顶下面的装修层。按其构造方式有直接式顶棚和悬吊式顶棚两种。

（1）直接式顶棚

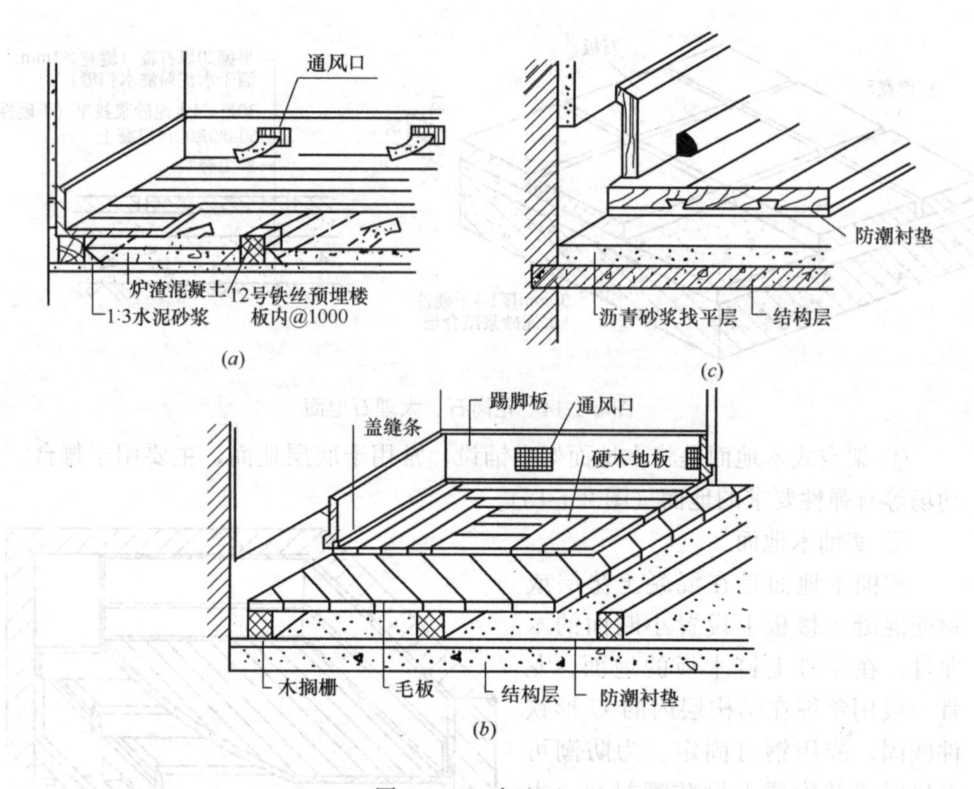

图 2-1-16　木地面

(a) 木龙骨单层地面；(b) 木龙骨双层地面；(c) 粘贴式木地面

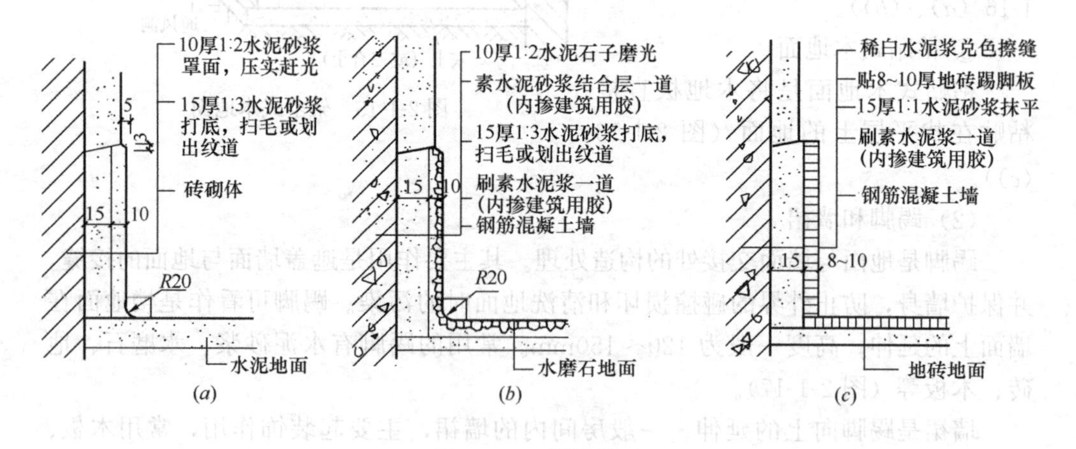

图 2-1-17　踢脚构造

(a) 水泥砂浆踢脚；(b) 现浇水磨石踢脚；(c) 地砖踢脚

直接式顶棚是直接在结构层下喷刷、抹灰或粘贴饰面材料的构造做法。常用以下几种：

1）直接喷、刷涂料顶棚

当楼板底面平整、室内装饰要求不高时，直接在楼板底面喷或刷石灰浆、大白浆或涂料。

2）直接抹灰顶棚

当楼板底面不够平整、室内装饰要求较高时，可在板底先抹灰再喷刷各种涂料（图 2-1-18（*a*）、（*b*））。

3）直接贴面顶棚

对某些有保温、隔热、吸声要求的房间，及顶棚装饰要求较高的房间，可在楼板底面直接粘贴装饰墙纸、泡沫塑料板、岩棉板、铝塑板等（图 2-1-18（*c*））。

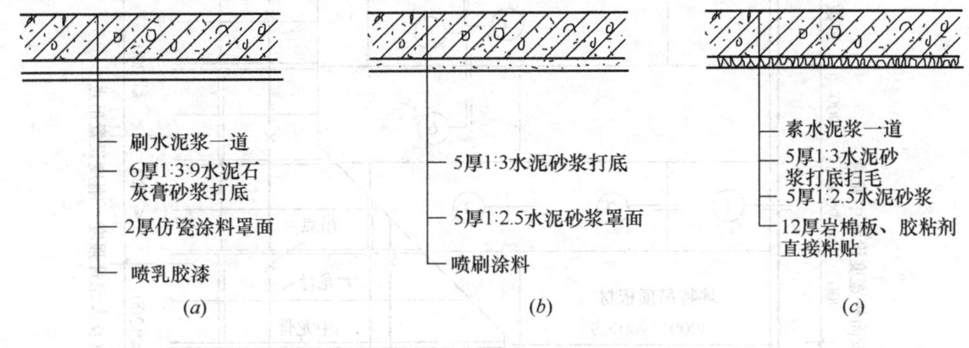

图 2-1-18 直接式顶棚构造

（2）悬吊式顶棚

当楼板底部需隐蔽管道，或有特殊的功能要求、艺术处理，或为降低局部顶棚高度时，常将顶棚悬吊于房屋屋顶或楼板结构下，形成吊顶。

吊顶由基层和面层两部分组成。

1）基层

基层即吊顶的龙骨，由大龙骨、中龙骨和小龙骨组成，其主要作用是承受顶棚荷载并将荷载由吊杆传给结构层。龙骨材料有木龙骨和金属龙骨（轻型钢、铝合金）两类。大龙骨用吊杆固定在结构层上（图 2-1-19），大龙骨和中龙骨、中龙骨和小龙骨之间用配套的连接件相连。

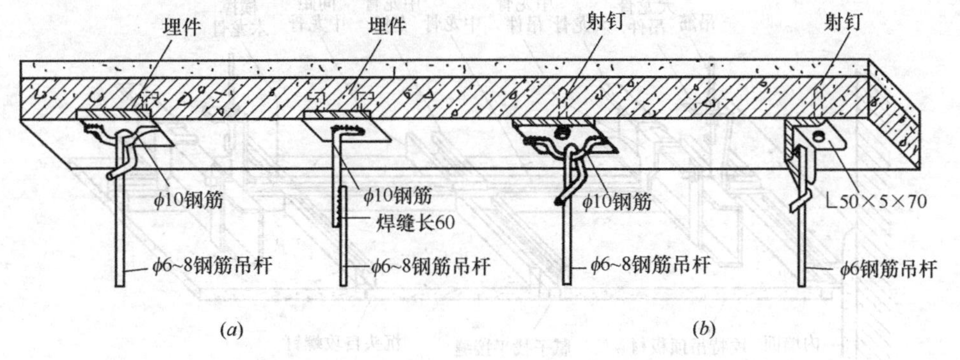

图 2-1-19 吊杆与楼板的连接

（*a*）现浇板预埋铁件的两种做法；（*b*）现浇板射钉安装铁件的两种做法

2）面层

面层的作用是装饰室内，并满足室内的吸声、光线放射等特殊要求。一般有抹灰类、板材类和格栅类等。

3）吊顶构造举例

① 大型板材吊顶（图 2-1-20）

② 小型板材吊顶（图 2-1-21）

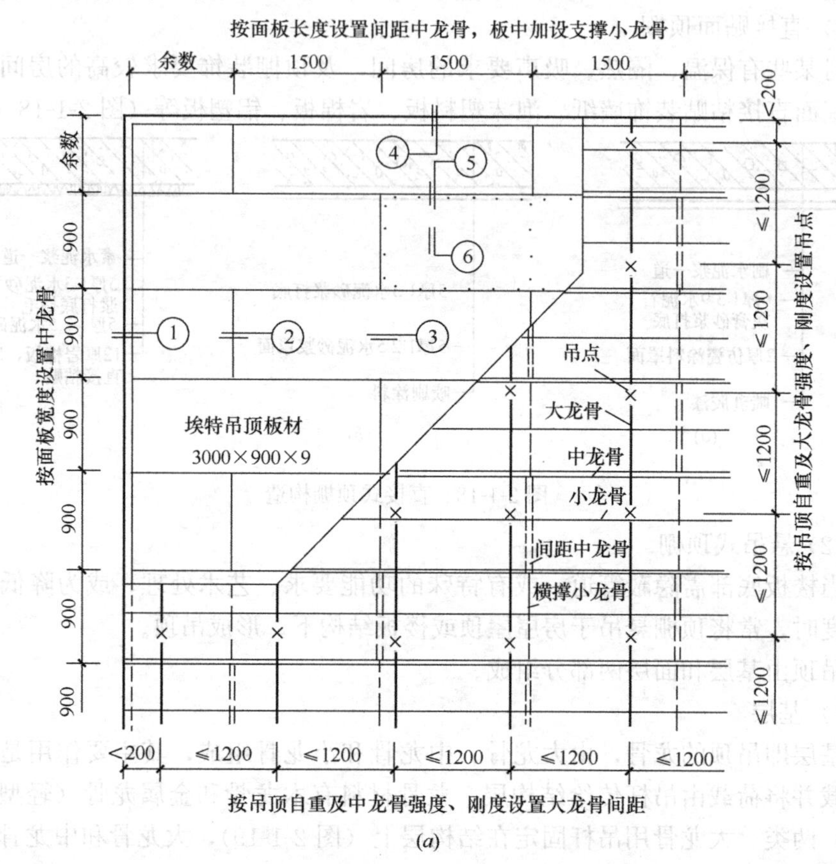

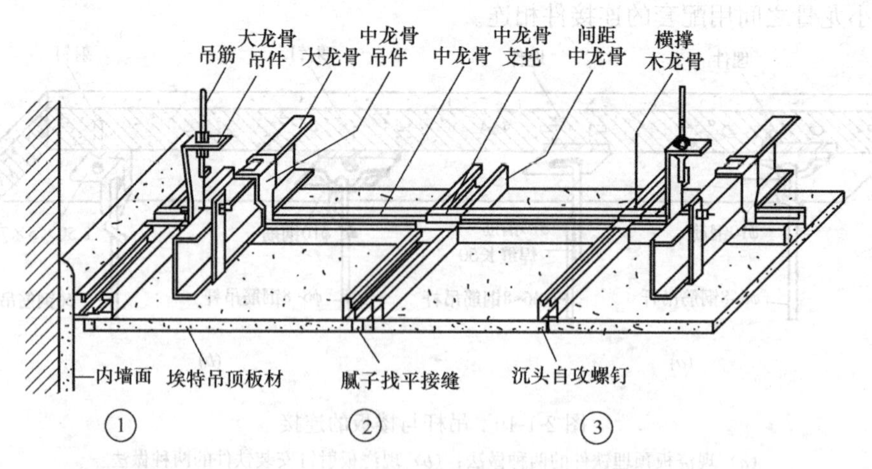

图 2-1-20　U 形双层轻钢龙骨大型板材吊顶构造（一）

(a) U 形双层轻钢龙骨埃特板吊顶仰视平面图

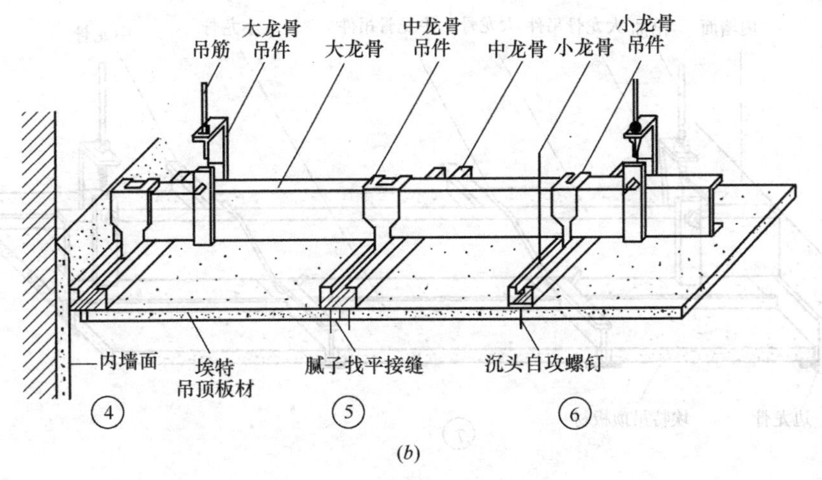

图 2-1-20　U形双层轻钢龙骨大型板材吊顶构造（二）

(*b*) 节点示意图

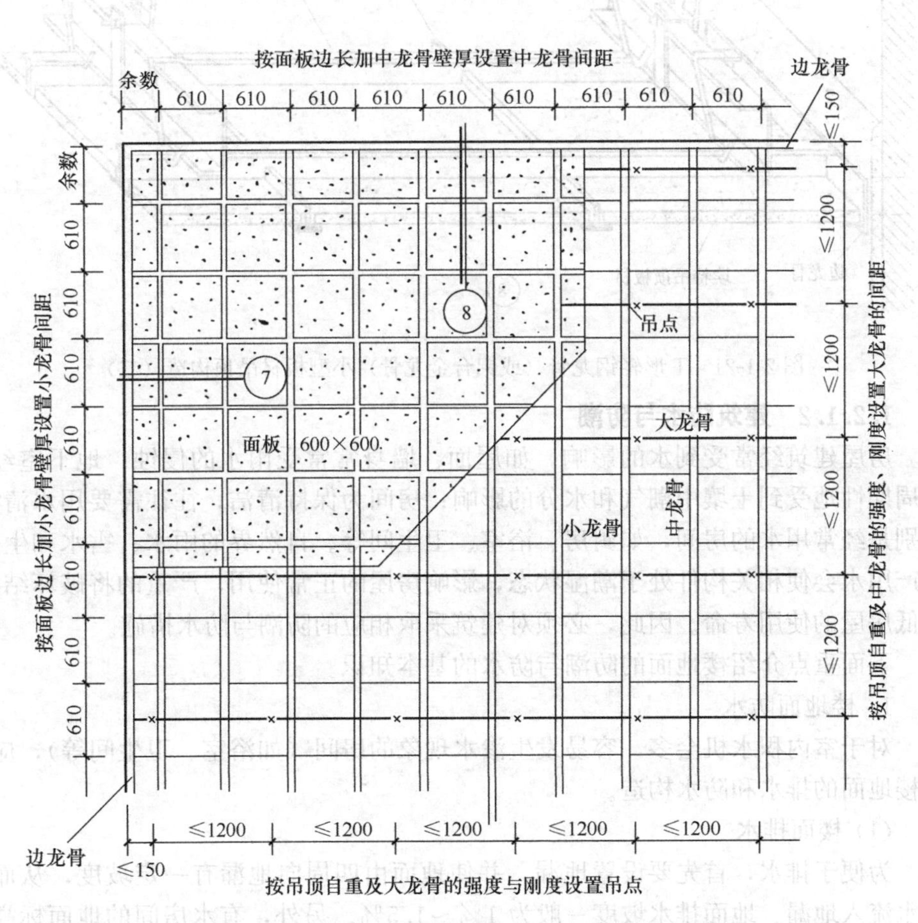

图 2-1-21　T形轻钢龙骨（或铝合金龙骨）小型板材吊顶构造（一）

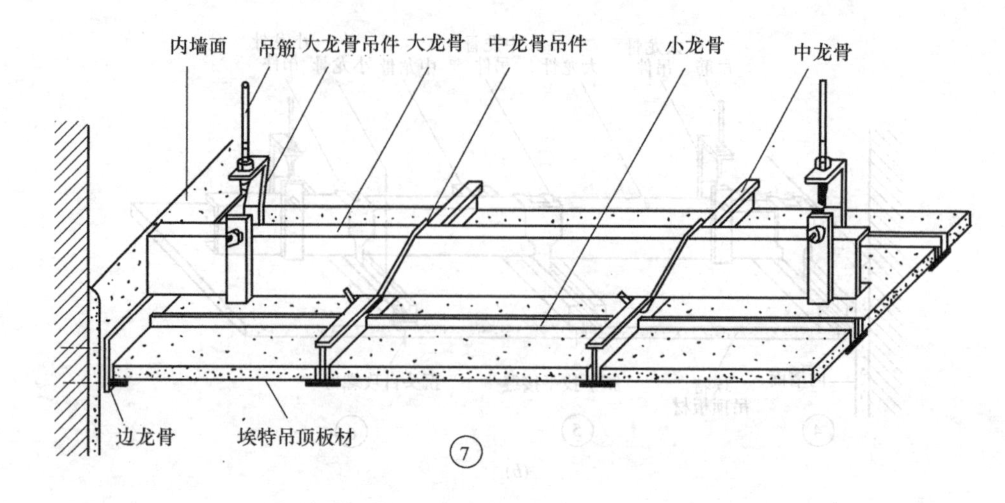

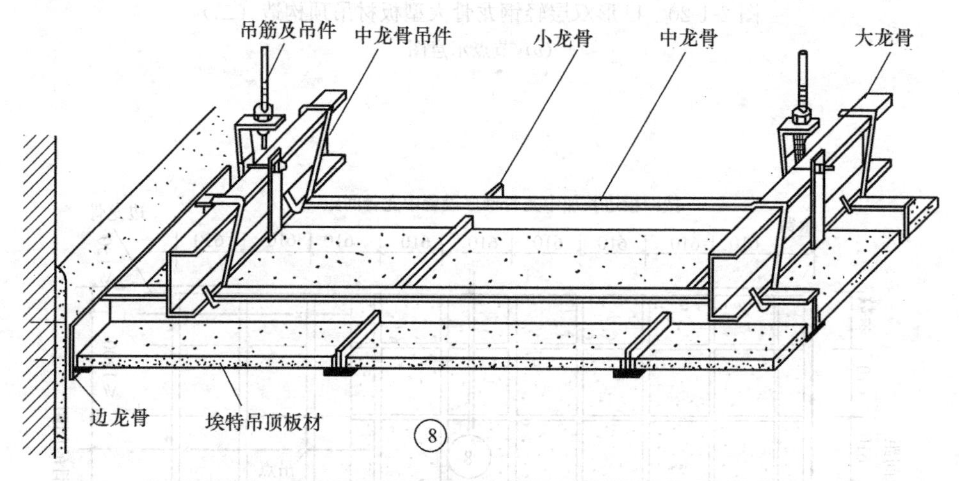

图 2-1-21　T 形轻钢龙骨（或铝合金龙骨）小型板材吊顶构造（二）

1.2.1.2　建筑防水与防潮

房屋建筑经常受到水的影响，如屋面、墙身常常受雨水的侵蚀；地下室经常或周期性地受到土壤中潮气和水分的影响；房间为保持清洁，往往需要用水清洗，特别是经常用水的房间，如厨房、浴室、卫生间等。自然界的雨水、雪水和生活、生产用水会使相关构件处于潮湿状态，影响房屋的正常使用，严重的将破坏结构，降低房屋的使用寿命。因此，必须对建筑采取相应的防潮与防水措施。

下面重点介绍楼地面的防潮与防水的基本知识。

1. 楼地面防水

对于室内积水机会多，容易发生渗水现象的房间（如浴室、卫生间等），应做好楼地面的排水和防水构造。

(1) 楼面排水

为便于排水，首先要设置地漏，并使地面由四周向地漏有一定坡度，从而引导水流入地漏。地面排水坡度一般为 1%～1.5%。另外，有水房间的地面标高应比周围其他房间或走廊低 20～30mm，若不能实现标高差时，亦可在门口做高为

20～30mm 的门槛，以防水多时或地漏不畅通时积水外溢。

(2) 楼层防水

有防水要求的楼层，其结构应以现浇钢筋混凝土楼板为好。面层也宜采用水泥砂浆、水磨石地面或贴缸砖、瓷砖、陶瓷锦砖等防水性能好的材料。常见的防水材料有防水卷材、防水砂浆和防水涂料等。为了提高防水质量，可在结构层或垫层与面层之间设防水层一道；还应将防水层沿房间四周墙体卷起，延伸至踢脚内至少 150mm，以防墙体受水侵蚀；门口处应将防水层铺出门外至少 250mm（图 2-1-22 (*a*)、(*b*))。

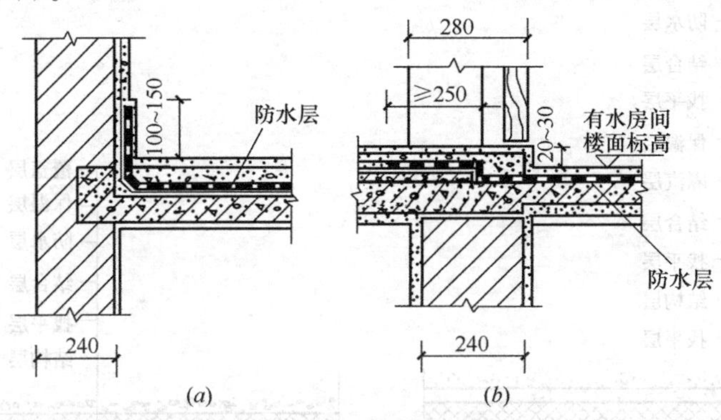

图 2-1-22　有水房间楼板层的防水处理

(*a*) 墙身防水；(*b*) 门口处防水

2. 墙身防潮及屋面防水构造见“任务 6”。

1.2.1.3　建筑的保温与隔热

任何建筑物都常年受到太阳辐射，空气温湿度，风、雨、雪等室外气候因素及室内空气温湿度的影响，它们不仅影响建筑室内的温度、潮湿与干燥度等，并在一定程度上影响建筑物的耐久性。因此在建筑构造上应采取相应措施，来有效地防护和利用室内外的热湿作用，经济合理地解决房屋建筑的保温及隔热问题。

1. 建筑保温

(1) 外墙的保温

改善外墙的保温条件，经常采取以下方法：

1) 增加墙体厚度；

2) 选择导热系数小的材料。如多孔砖、空心砖、加气混凝土砌块及其他轻质材料；

3) 采用组合墙（亦称复合墙）。

组合墙的做法有三种类型：一是在墙体的一侧附加保温材料；二是在墙的中间填充保温材料；三是在墙体中间留置空气间层（图 2-1-23）。

(2) 平屋顶的保温

为提高建筑的保温能力，需在屋面中设置保温层。保温层的设置位置主要有以下两种：

1) 保温层设在结构层和防水层之间（图 2-1-24）；

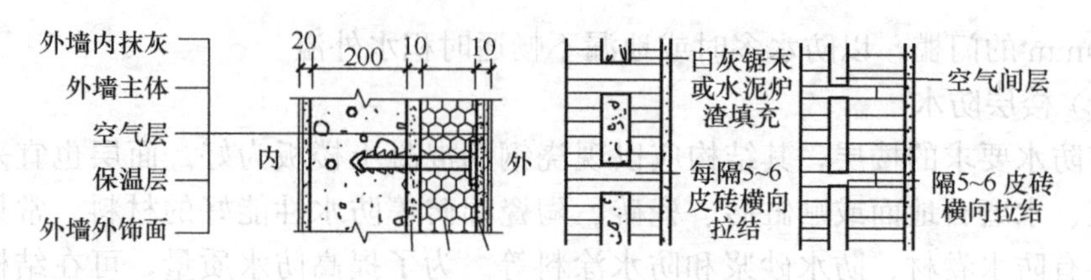

图 2-1-23　组合墙的类型

2）保温层设在防水层之上，称为倒置式屋面（图 2-1-25）。

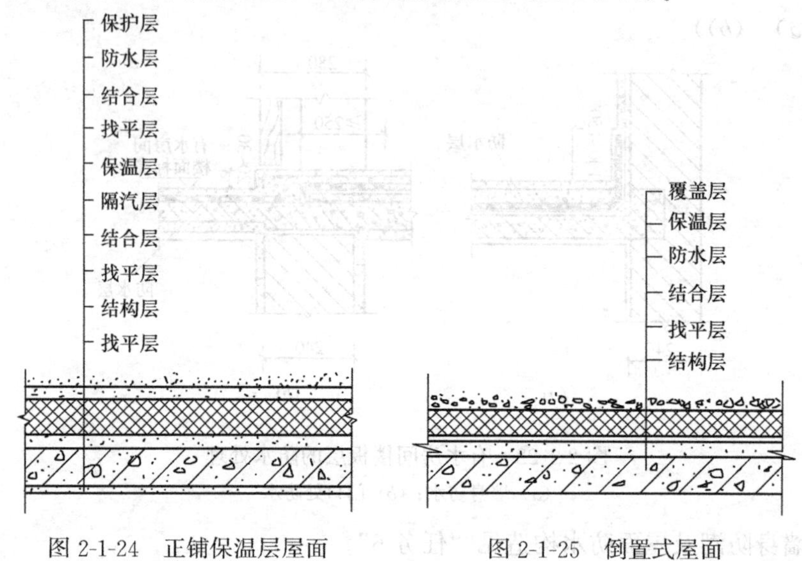

图 2-1-24　正铺保温层屋面　　图 2-1-25　倒置式屋面

2. 建筑隔热

(1) 墙体的隔热

墙体的隔热可以通过以下方法：一是选择导热系数小的材料；二是采用中空墙；三是浅颜色的外墙面装修。

(2) 平屋顶的隔热

1）通风隔热

通风隔热就是在屋顶设置架空通风间层，使其上层表面遮挡阳光辐射，同时利用风压和热压作用使间层中的热空气被不断带走。通风间层的设置通常有两种方式：一种是在屋面上做架空通风隔热间层，另一种是利用吊顶棚内的空间做通风间层。

2）种植隔热屋面（植被隔热）

种植隔热的原理是：在平屋顶上种植植物，借助栽培介质隔热及植物吸收阳光进行光合作用和遮挡阳光的双重功效来达到降温隔热的目的。

3）反射降温

在屋面铺浅色的砾石或刷浅色涂料等，利用浅色材料的颜色和光滑度对热辐射的反射作用，将屋面的太阳辐射热反射出去，从而达到降温隔热的作用。

另外，可采用屋顶蓄水的方法满足隔热要求。

1.2.1.4　建筑变形缝

建筑变形缝是为防止建筑物在外界因素（温度变化、地基不均匀沉降及地震）

作用下，结构内部产生附加变形和应力，导致建筑物开裂、碰撞甚至破坏而设置的构造缝。建筑变形缝包括伸缩缝、沉降缝和防震缝。

1. 变形缝种类及作用

（1）伸缩缝

建筑物受温度变化的影响时，会产生胀缩变形，建筑的体积越大，变形就越大，当建筑物的长度超过一定限度时，会因变形过大而开裂。为避免这种情况的发生，通常沿建筑物高度方向设置缝隙将建筑物断开，使建筑物分割成几个独立部分，各部分可自由胀缩，这种构造缝称为伸缩缝。

1）伸缩缝要求把建筑物的墙体、楼板层、屋顶等地面以上部分全部断开，基础因埋在土中，受温度变化影响小，不需断开。

2）伸缩缝的宽度一般为20～30mm，其位置和间距与建筑物的结构类型、材料、施工条件及当地温度变化情况有关。

（2）沉降缝

为防止建筑物因其高度、荷载、结构及地基承载力的不同，而出现不均匀沉降，以致发生错动开裂，沿建筑物高度设置竖向缝隙，将建筑划分成若干个可以自由沉降的单元，这种垂直缝称为沉降缝。

1）要求：沉降缝要从基础到屋顶所有构件均设缝断开。

2）宽度：其宽度与地基的性质和建筑物的高度有关（表2-1-4）。

沉降缝的宽度 **表2-1-4**

地基情况	建筑物高度（m）	沉降缝的宽度（mm）
一般地基	＜5 5～10 10～15	30 50 70
软弱地基	2～3层 4～5层 6层以上	50～80 80～120 ＞120
湿陷性黄土地基		≥30～70

（3）防震缝

建造在抗震设防烈度为6～9度地区的房屋，为避免破坏，按抗震要求设置的垂直构造缝即防震缝。

1）要求：沿建筑基础顶面全高设置（一般基础不断开，除非与沉降缝合并考虑），缝两侧均应设置墙体。

2）缝宽：依抗震设防烈度、房屋结构类型和高度不同而异。一般为50～100mm。

2. 变形缝构造

变形缝所选择的盖缝板的形式必须能够符合所属变形缝类别的变形需要；所选择的盖缝板的材料及构造方式必须能够符合变形缝所在部位的其他功能需要，如防水、防火、保温、隔热、美观等；在变形缝内部应当用具有自防水功能的柔性材料来塞缝，例如挤塑型聚苯板、沥青麻丝、橡胶条等，以防止热桥的产生。

(1) 墙体变形缝

1) 伸缩缝的形式　平缝、错口缝及企口缝（图 2-1-26）。

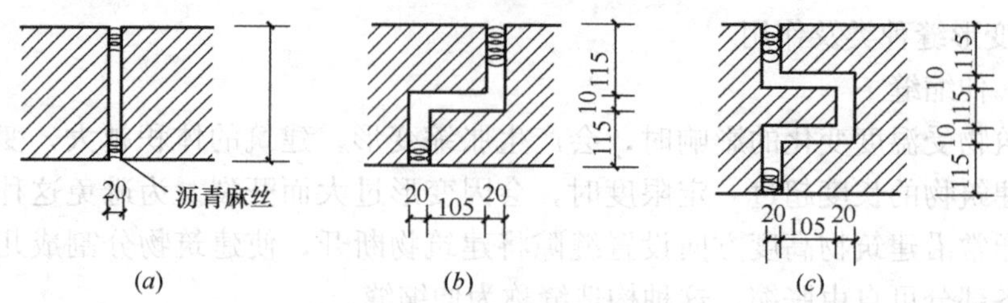

图 2-1-26　墙体伸缩缝构造

(*a*) 平缝；(*b*) 错口缝；(*c*) 企口缝

2) 墙体变形缝构造

其构造既要保证变形缝两侧的墙体自由伸缩、沉降或摆动，又要密封较严，以满足防风、防雨、保温隔热和外形美观的要求。因此，在构造上对变形缝须给予覆盖和装修（图 2-1-27）。

(2) 楼地层变形缝

楼地层变形缝的位置和宽度应与墙体变形缝一致。其构造特点为方便行走、防火和防止灰尘下落，卫生间等有水环境还应考虑防水处理。

楼地层的变形缝内常填塞具有弹性的油膏、沥青麻丝、金属、或橡胶塑料类调节片。上铺与地面材料相同的活动盖板、金属板或橡胶片等（图 2-1-28）。

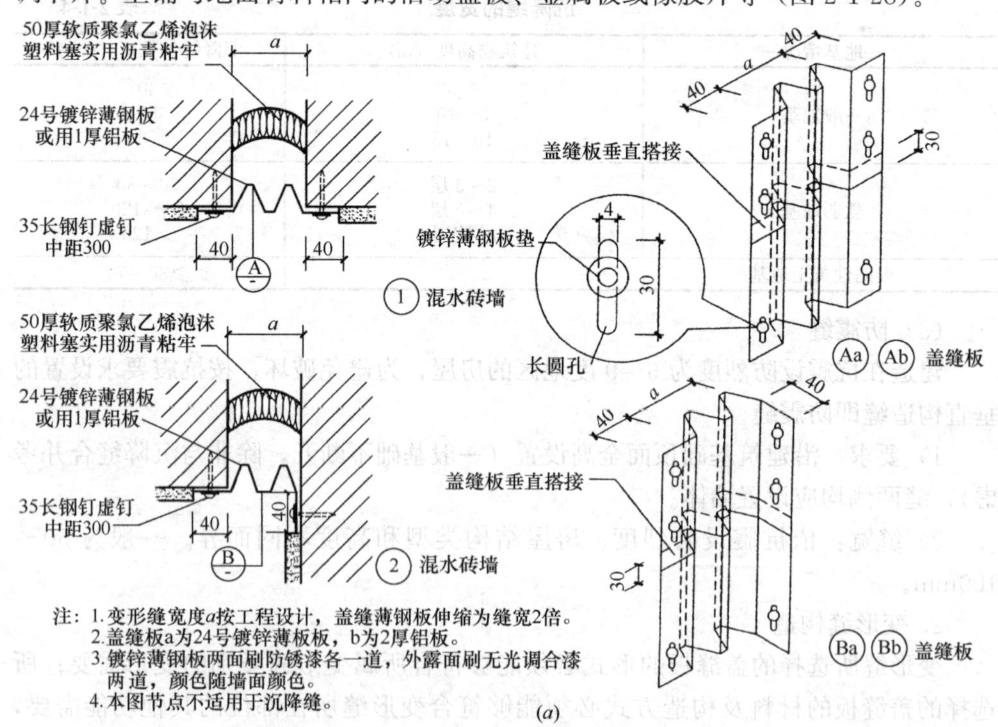

图 2-1-27　墙体变形缝的构造（一）

(*a*) 伸缩缝构造

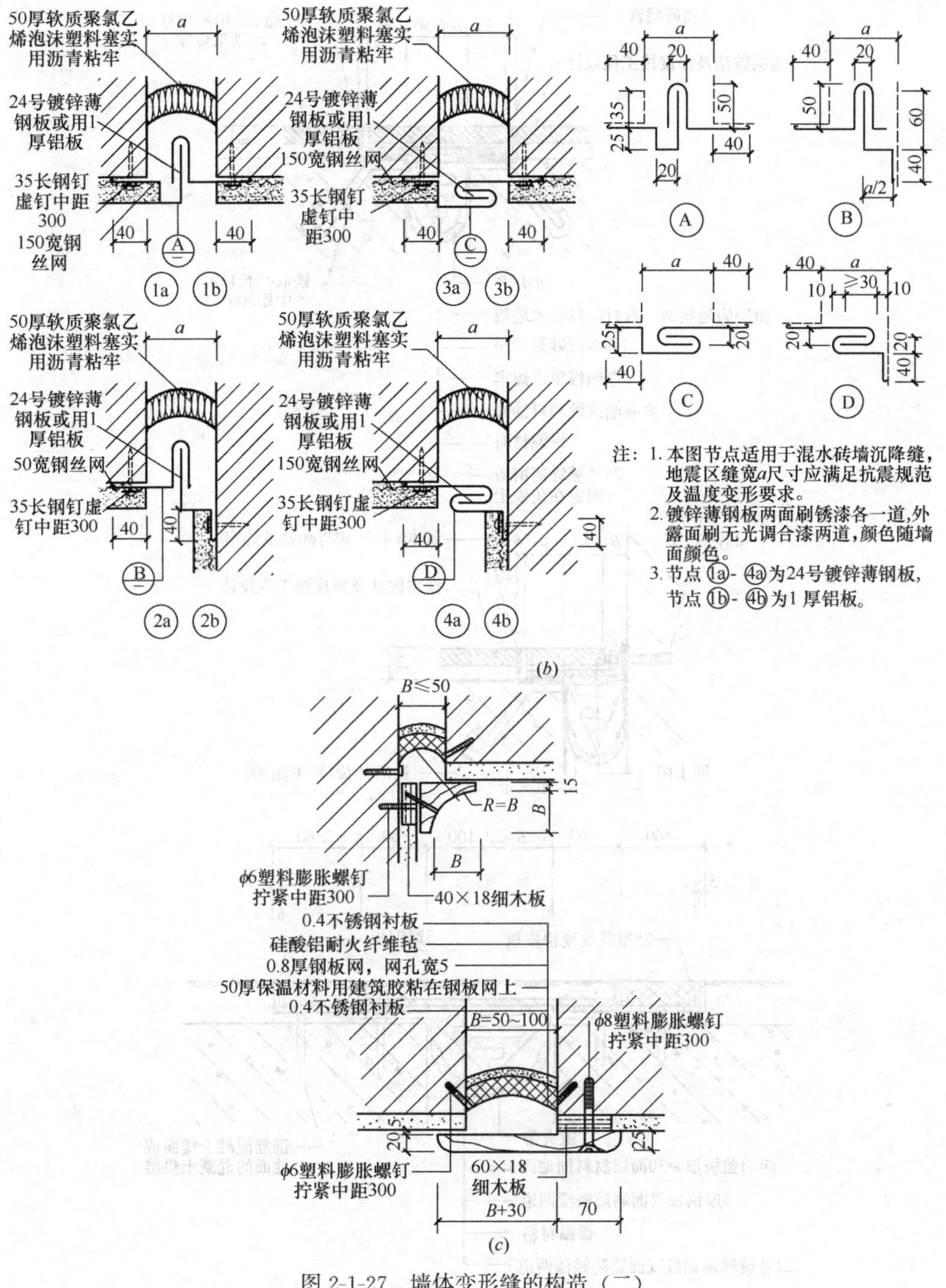

图 2-1-27　墙体变形缝的构造（二）

(*b*) 沉降缝构造；(*c*) 内墙变形缝构造

(3) 屋顶变形缝

屋顶变形缝在构造上主要解决好防水、保温等问题。屋顶变形缝一般设于建筑物的高低错落处。现以卷材防水屋面变形缝为例介绍其构造做法。

1) 等高屋面变形缝

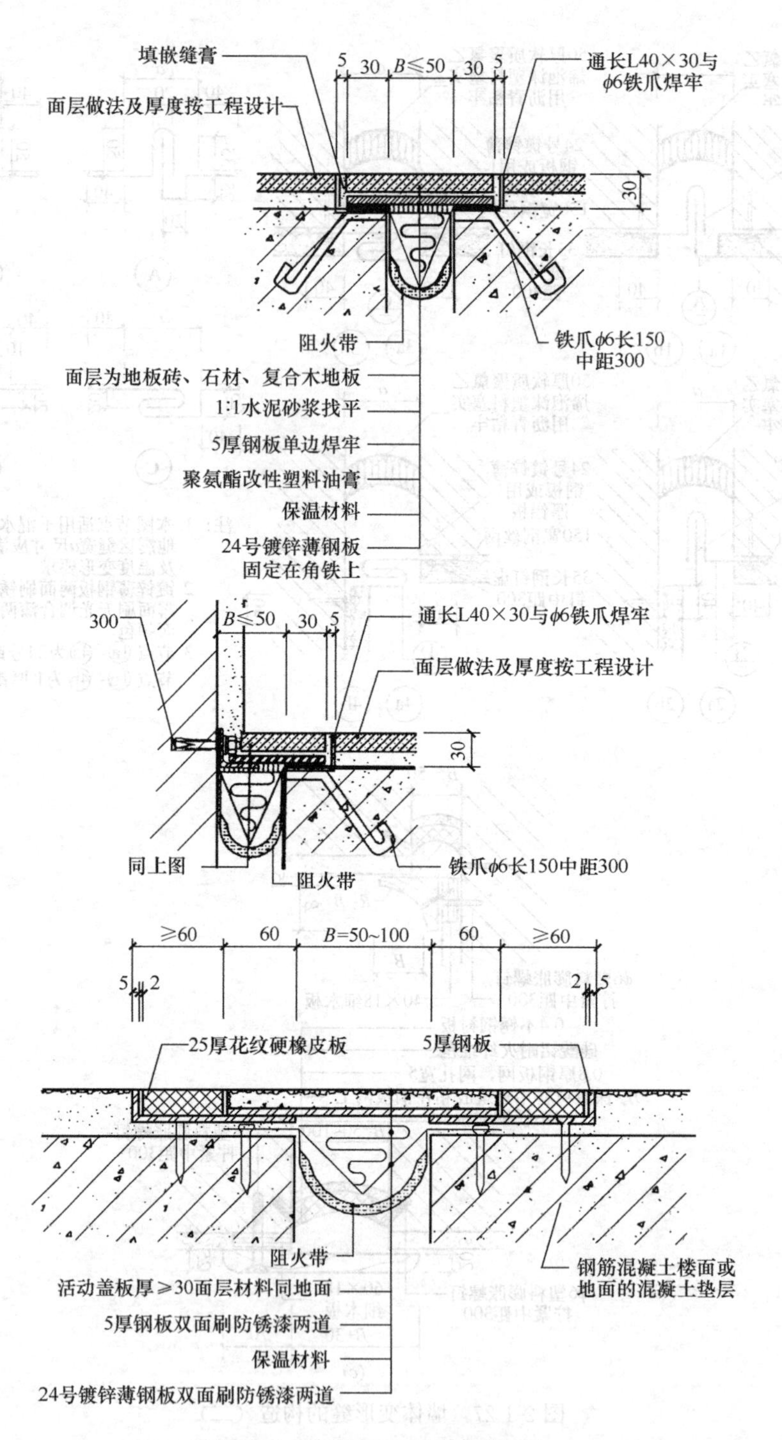

图 2-1-28 楼地面变形缝的构造

① 不上人屋面变形缝 屋面上不考虑人的活动，从有利于防水考虑，变形缝两侧应避免因积水导致渗漏。一般构造为：在缝两侧设矮墙，高度应高出屋面至少 250mm，矮墙的顶部用金属板或钢筋混凝土板盖缝（图 2-1-29）。

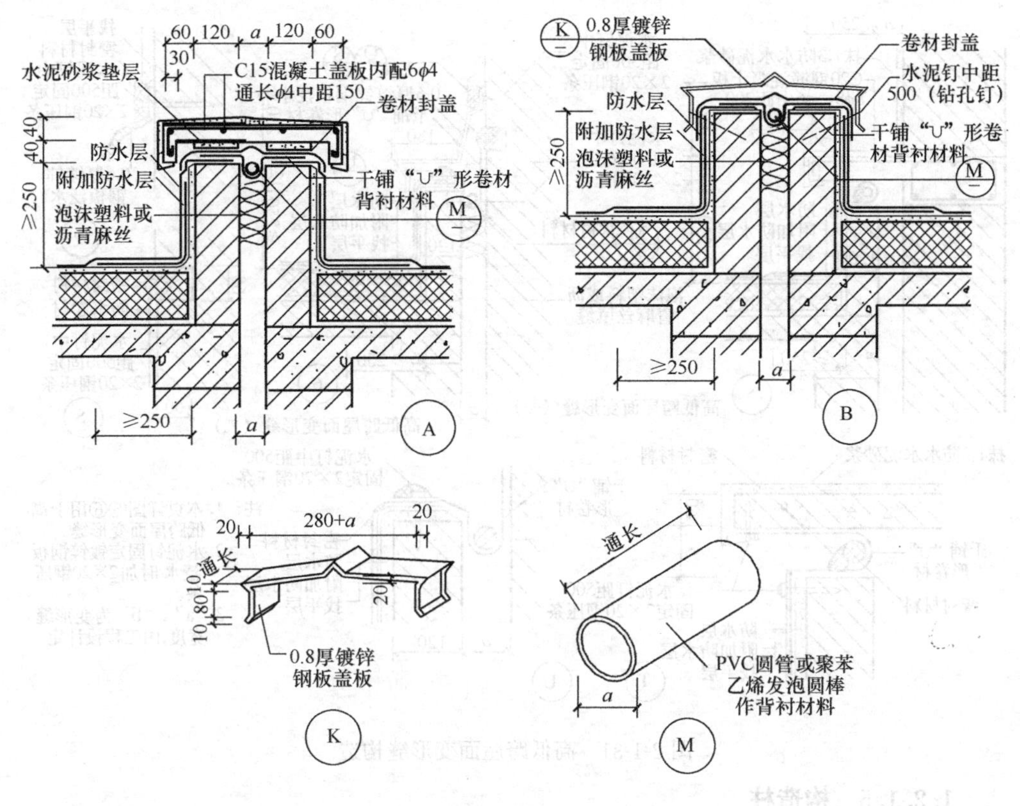

图 2-1-29　不上人屋面变形缝构造

② 上人屋面变形缝　屋面上需考虑人活动的方便，变形缝处在保证不渗漏、满足变形需要的同时，应保证平整，以利于行走（图 2-1-30）。

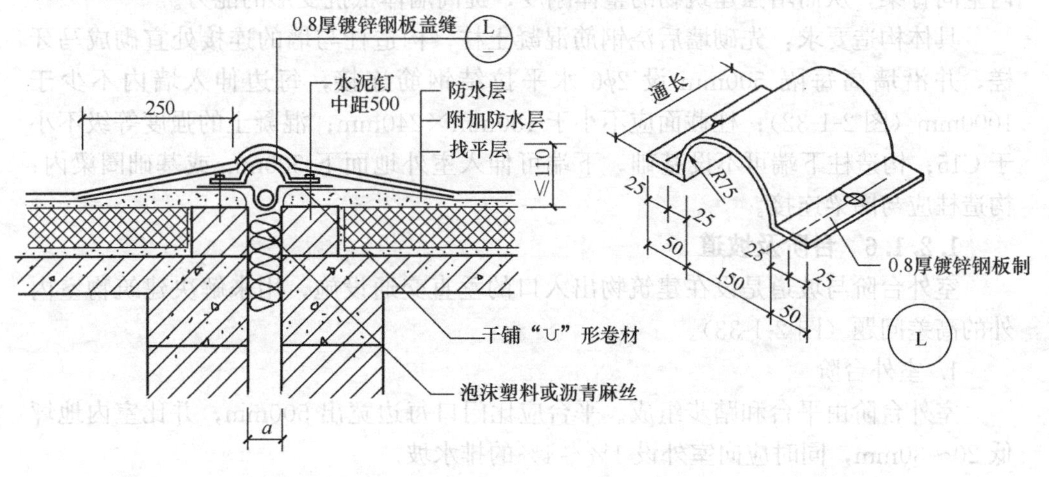

图 2-1-30　上人屋面变形缝构造

2）高低跨屋面变形缝

高低跨屋面变形缝，应在低侧设矮墙，与高侧墙之间留出变形缝，并做好屋面防水和泛水构造（图 2-1-31）。

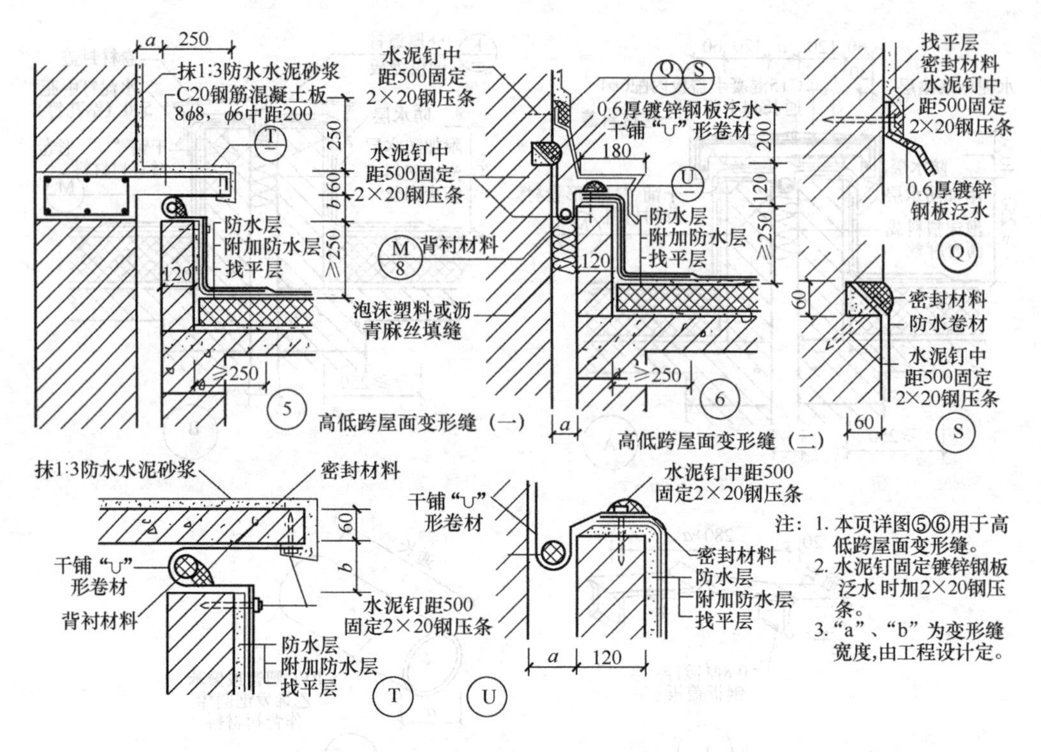

图 2-1-31　高低跨屋面变形缝构造

1.2.1.5　构造柱

钢筋混凝土构造柱是从构造角度考虑设置的，一般设在建筑物的四角，内外墙交接处，楼梯间、电梯间及较长的墙体中。构造柱与圈梁一起共同形成建筑物内空间骨架，从而增强建筑物的整体刚度，提高墙体抵抗变形的能力。

具体构造要求：先砌墙后浇钢筋混凝土柱，构造柱与墙的连接处宜砌成马牙槎，并沿墙高每隔 500mm 设 2φ6 水平拉结钢筋连接，每边伸入墙内不少于 1000mm（图 2-1-32）；柱截面应不小于 180mm×240mm；混凝土的强度等级不小于 C15；构造柱下端可不设基础，下端可伸入室外地面下 500mm 或基础圈梁内；构造柱应与圈梁连接。

1.2.1.6　台阶及坡道

室外台阶与坡道是设在建筑物出入口的垂直交通设施，用来解决建筑物室内外的高差问题（图 2-1-33）。

1. 室外台阶

室外台阶由平台和踏步组成。平台应比门口每边宽出 500mm，并比室内地坪低 20～30mm，同时应向室外设 1%～4%的排水坡。

台阶构造有实铺式和架空式两种。实铺台阶由面层、垫层、基层等构造层组成，面层应采用水泥砂浆、混凝土、水磨石、缸砖、天然石材等耐气候作用的材料（图 2-1-34）。

台阶应等建筑物主体工程完成后再进行施工，并与主体结构之间留出约 10mm 的沉降缝。

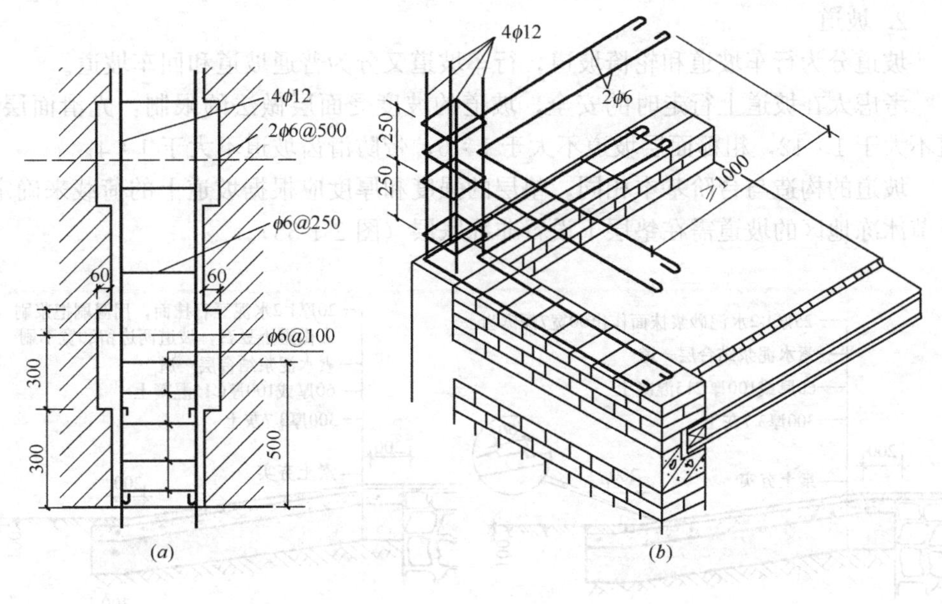

图 2-1-32　构造柱

（a）平直墙面处的构造柱；（b）转角处的构造柱

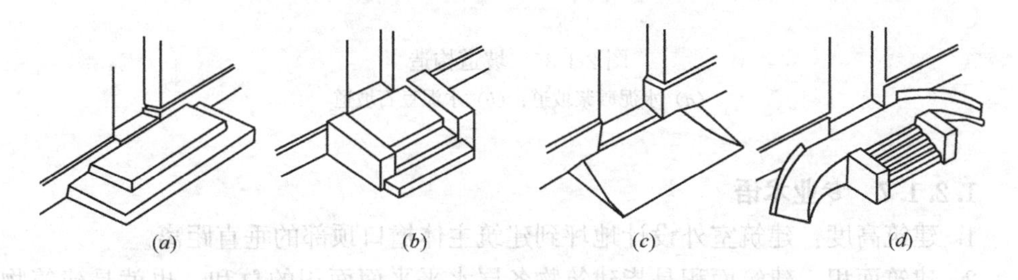

图 2-1-33　台阶及坡道的形式

（a）三面踏步式台阶；（b）单面踏步式台阶；（c）普通坡道；（d）回车式坡道

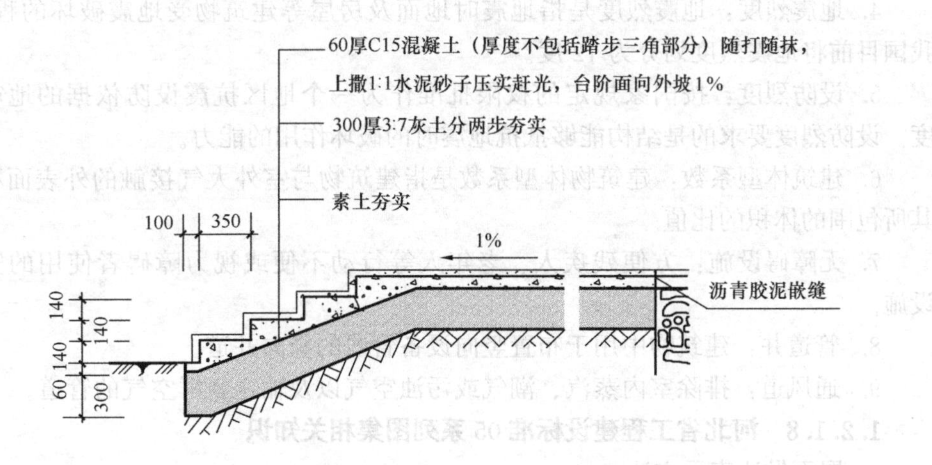

图 2-1-34　混凝土台阶构造

2. 坡道

坡道分为行车坡道和轮椅坡道，行车坡道又分为普通坡道和回车坡道。

考虑人在坡道上行走时的安全，坡道的坡度受面层做法的限制：光滑面层坡道不大于 1∶12，粗糙面层坡道不大于 1∶6，带防滑齿坡道不大于 1∶4。

坡道的构造与台阶基本相同，垫层的强度和厚度应根据坡道上的荷载来确定，季节冰冻地区的坡道需在垫层下设置非冻胀层（图 2-1-35）。

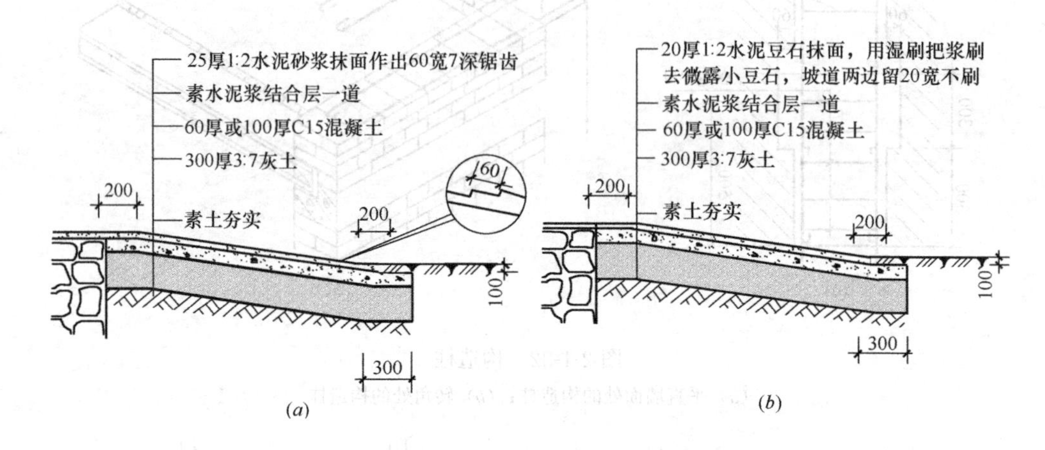

图 2-1-35　坡道构造

(*a*) 水泥砂浆坡道；(*b*) 水泥豆石坡道

1.2.1.7　专业术语

1. 建筑高度：建筑室外设计地坪到建筑主体檐口顶部的垂直距离。

2. 建筑面积：建筑面积是指建筑物各层水平平面面积的总和。也就是建筑物外墙勒脚以上各层水平投影面积的总和。

3. 震级：表示地震的大小，是衡量地震时释放能量大小的标准。

4. 地震烈度：地震烈度是指地震时地面及房屋等建筑物受地震破坏的程度。我国目前将地震烈度划分为 12 度。

5. 设防烈度：按国家规定的权限批准作为一个地区抗震设防依据的地震烈度。设防烈度要求的是结构能够抵抗地震时的破坏作用的能力。

6. 建筑体型系数：建筑物体型系数是指建筑物与室外大气接触的外表面积与其所包围的体积的比值。

7. 无障碍设施：方便残疾人、老年人等行动不便或视力障碍者使用的安全设施。

8. 管道井：建筑物中用于布置竖向设备管线的竖向井道。

9. 通风道：排除室内蒸汽、潮气或污浊空气以及输送新鲜空气的管道。

1.2.1.8　河北省工程建设标准 05 系列图集相关知识

1. 屋面做法表示方法

有保温、有柔性防水层屋面用料做法的选用方法（见图集）：

屋面用料做法编号　　柔性防水层代号

05J1屋X(BX-XXX-FX)

图集号　保温层代号　保温层厚度

2. 平屋面柔性防水层材料选用（表 2-1-5）

平屋面柔性防水层材料选用表　　表 2-1-5

代　号	材　料　类　别	厚　度
F1（Ⅱ级）	高聚物改性沥青防水卷材	δ≥3.0
	高聚物改性沥青防水卷材	δ≥3.0
	基层处理剂	
F2（Ⅱ级）	高聚物改性沥青防水卷材	δ≥3.0
	高聚物改性沥青防水涂料	δ≥3.0
	基层处理剂	
F3（Ⅱ级）	高聚物改性沥青防水卷材	δ≥3.0
	合成高分子防水卷材	δ≥1.2
	基层处理剂	
F4（Ⅱ级）	高聚物改性沥青防水卷材	δ≥3.0
	合成高分子防水涂料	δ≥1.5
	基层处理剂	
F5（Ⅱ级）	合成高分子防水卷材	δ≥1.2
	合成高分子防水涂料	δ≥1.5
	基层处理剂	
F6（Ⅲ级）	高聚物改性沥青防水卷材	δ≥4.0
	基层处理剂	

3. 常用保温材料选用（表 2-1-6）

常用保温材料选用表　　表 2-1-6

代　号	材　料　名　称
B1	挤塑聚苯乙烯泡沫塑料板
B2	聚苯乙烯泡沫塑料板
B3	加气保温条板（AWG 板）
B4	水泥聚苯板
B5	沥青膨胀珍珠岩板
B6	水泥膨胀蛭石板
B7	水泥膨胀珍珠岩板
B8	加气混凝土块
B9	岩棉板（毡）
B10	玻璃棉板（毡）

4. 屋面防水等级（表 2-1-7）

我国现行的《屋面工程质量验收规范》（GB 50207—2002）根据建筑物的性质、重要程度、使用功能要求以及防水层合理使用年限等，将屋面防水划分为四个等级，各等级均有不同的设防要求，见表 2-1-7。

屋面防水等级和设防要求　　表 2-1-7

项　目	屋面防水等级			
	Ⅰ级	Ⅱ级	Ⅲ级	Ⅳ级
建筑物类别	特别重要或对防水有特别要求的建筑	重要的建筑和高层建筑	一般建筑	非永久性建筑
防水层合理使用年限	25 年	15 年	10 年	5 年
设防要求	三道及三道以上	两道	一道	一道
防水层选用材料	合成高分子卷材及涂料、高聚物改性沥青涂料、细石混凝土	高聚物及合成高分子防水卷材、防水涂料；细石混凝土	高聚物及合成高分子防水卷材、防水涂料；细石混凝土	两毡三油、高聚物改性沥青防水涂料

1.2.2　建筑设计说明的识读

由河北城建学校实训楼的建筑设计说明可知：

1. 设计依据

(1) 设计标准采用河北省工程建设标准 05 系列图集。

(2) 相关“规范”、“通则”及“标准”等。

2. 建筑工程概况

(1) 项目名称：实训楼；主要功能：教室、办公。

(2) 建筑面积为 6872.57m^2。

(3) 该建筑地上六层，结构类型为框架结构。

(4) 该建筑耐火等级为二级；耐久年限为 50 年。

(5) 该建筑抗震设防烈度为 7 度。

(6) 建筑高度为 23.05m。屋面防水等级为Ⅲ级。

3. 墙体材料

(1) 除图中特别标注者外，±0.000 以下墙体为烧结页岩砖，外墙为 370mm 厚，内墙为 240mm 厚且轴线居中。

(2) 除图中特别标注者外，±0.000 以上墙体为加气混凝土砌块墙，外墙为 250mm 厚，墙与柱外皮齐，外加 30mm 厚聚苯保温板；内墙为 200mm 厚加气混凝土砌块，轴线居中，特殊注明者除外。

(3) 构造柱尺寸及位置见结构施工图。

4. 门窗

(1) 本工程门窗立框均居墙中。门窗立面中的外包尺寸均为洞口尺寸。

(2) 西南侧玻璃幕墙为隐框铝合金玻璃幕墙，其余外门窗采用塑钢门窗，玻璃为 5+10+5 中空玻璃。

（3）大厅外门采用安全玻璃平开门，除特殊注明外，内门窗为木门窗，设备用房采用甲级防火门。防火门耐火极限：甲级 1.2h，乙级 0.9h，丙级 0.6h。

5. 装修

（1）外装修

1）面砖墙面做法见 05J1 外 13

◆刷建筑胶素水泥浆一遍，配合比为建筑胶：水＝1：4

◆ 15 厚 2：1：8 水泥石灰砂浆，分两次抹

◆刷素水泥浆一遍

◆ 4～5 厚 1：1 水泥砂浆加水重 20％建筑胶

◆ 8～10 厚面砖，1：1 水泥砂浆勾缝或水泥浆勾缝

2）涂料墙面做法见 05J1 外 21

◆ 12～15 厚 1：3 水泥砂浆

◆ 5～8 厚 1：2.5 水泥砂浆木抹搓平

◆喷或滚刷底涂料（水溶性涂料）一遍

◆喷或滚刷涂料两遍

3）凡明露金属构件均除锈后刷防锈漆两道调合漆两道，颜色同相邻墙面。

（2）内装修

1）建筑内墙阳角用 1：2 水泥砂浆做护角，高度为 2100mm。

2）楼梯栏杆间距不大于 110mm，所有高度低于 900mm 的楼梯窗台均设护窗栏杆，水平栏杆长度大于 500mm 时，栏杆高度为 1100mm。

3）卫生间、厕所、水箱间（除门洞口外）楼板四周做 120mm 高的混凝土翻边（即挡水台）。

6. 防潮、防水工程

（1）屋面（不上人屋面）防水做法见 05J1 屋 13（B1-55-F6）。

（2）卫生间、厕所、浴室楼地面比同层其他房间的楼地面低 20mm，地面向地漏设 0.5％的排水坡，地漏周围 1000mm 范围设 1％的排水坡，防水层为 1.5 厚聚氨酯防水涂膜。

（3）墙身防潮层为聚氨酯防水涂料。

7. 建筑节能措施

（1）幕墙框为断桥铝；其他外门窗均为塑钢、中空玻璃。

（2）外墙为 250mm 厚加气混凝土，外设 30mm 厚聚苯乙烯泡沫保温板。

（3）屋顶设 55mm 厚挤塑聚苯乙烯泡沫塑料板。

（4）不采暖房间墙体为 200mm 厚加气混凝土砌块。

8. 散水构造

散水宽度为 1000mm，其做法为：

60 厚 C15 混凝土，面上加 5 厚 1：1 水泥砂浆随打随抹光；

150 厚 3：7 灰土；

素土夯实，向外坡4%；

其他内容详见《建筑设计总说明》。

过程1.3　工程做法的识读

工程做法一般用表格的形式对建筑各部位的构造做法加以详细说明。在表中对各施工部位的名称、做法等详细表达清楚。如采用标准图集中的做法，应注明所采用标准图集的代号、做法编号，如有改变，在备注中说明（表2-1-8）。

工程做法（选自05图集）　　**表2-1-8**

做法 部位 房间名称	地面	楼面	踢脚	墙裙	内墙面	顶棚	备注
办公室 实训教室 走廊　楼梯间	地19	楼10	踢22 踢24		白色涂料 内6 内7	顶7	楼面垫层厚改为40mm
厕所	地52	楼28			白色面砖 内9	白色涂料 顶25	
电梯房		楼1	踢2		白色涂料 内6 内7	白色涂料 顶4	
水箱间		楼29	踢2		白色涂料 内6	内7	
管道井	地1	楼1			内6 内7	无面层 顶4	
建材实验室 砌彻车间 装饰车间　钢筋车间 焊工车间 管工车间		楼3	踢2		白色涂料 内6 内7	顶7	楼面垫层厚改为50mm

过程1.4　门窗表的识读

门窗表是对建筑物所有门窗统计后列成的表格，以备施工、预算需要。在门窗表中反映门窗的类型、编号、尺寸、数量、所选用标准图集号，如有特殊要求，应在备注中加以说明。

1.4.1 准备知识的学习

1.4.1.1 门窗构造

门窗是建筑中的组成部分，窗的主要作用是采光和日照、通风；门的主要作用是通行和安全疏散。

1. 门窗分类

(1) 按材质分类　铝合金门窗、塑钢门窗、彩板门窗、木门窗、钢筋混凝土门窗等。

(2) 按开启方式分

1) 固定窗、平开窗、悬窗、立转窗、推拉窗、百叶窗等（图 2-1-36）。

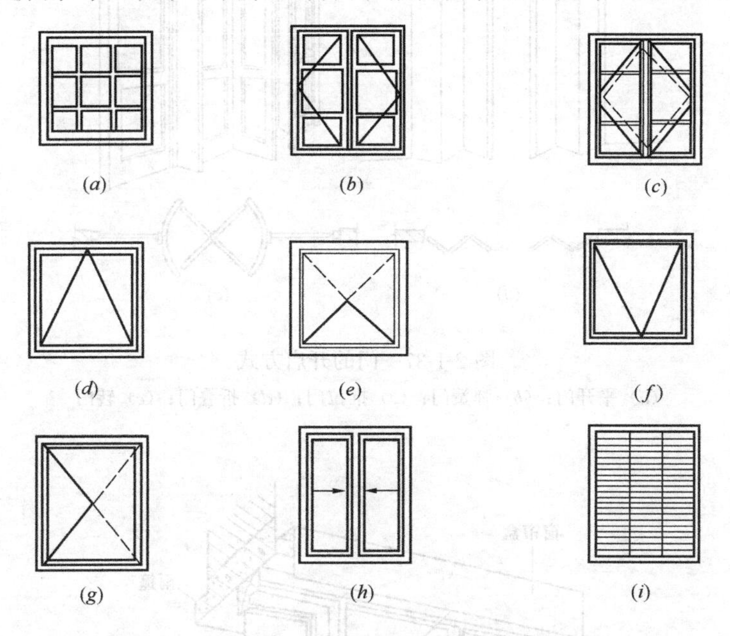

图 2-1-36　窗的开启形式

(*a*) 固定窗；(*b*) 平开窗（单层外开）；(*c*) 平开窗（双层内外开）；(*d*) 上悬窗；(*e*) 中悬窗；(*f*) 下悬窗；(*g*) 立转窗；(*h*) 左右推拉窗；(*i*) 百叶窗

2) 平开门、弹簧门、推拉门、折叠门、转门、卷帘门、升降门等（图 2-1-37）。

2. 门窗的组成

(1) 窗一般由窗框、窗扇和五金零件组成（图 2-1-38）。窗框是窗与墙体的连接部分，由上框、下框、边框、中横框和中竖框组成。窗扇是窗的主体部分，分为活动扇和固定扇两种，一般由上冒头、下冒头、边梃和窗芯（又叫窗棂）组成骨架，中间固定玻璃、窗纱或百叶。五金零件包括窗锁、铰链、插销、风钩等。

(2) 门一般由门框、门扇、五金零件及附件组成（图 2-1-39）。门框是门与墙体的连接部分，由上框、边框、中横框和中竖框组成。门扇一般由上、中、下冒

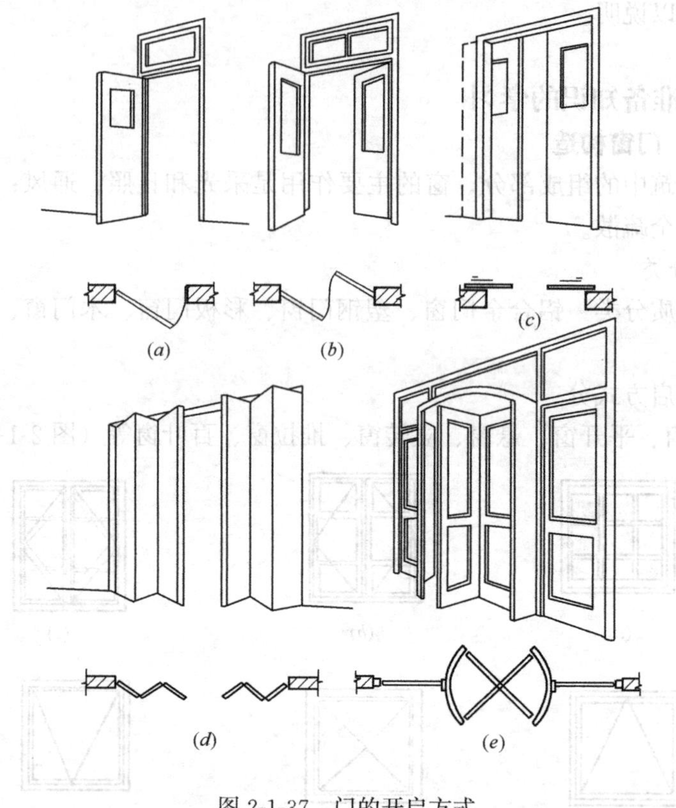

图 2-1-37 门的开启方式

(a) 平开门；(b) 弹簧门；(c) 推拉门；(d) 折叠门；(e) 转门

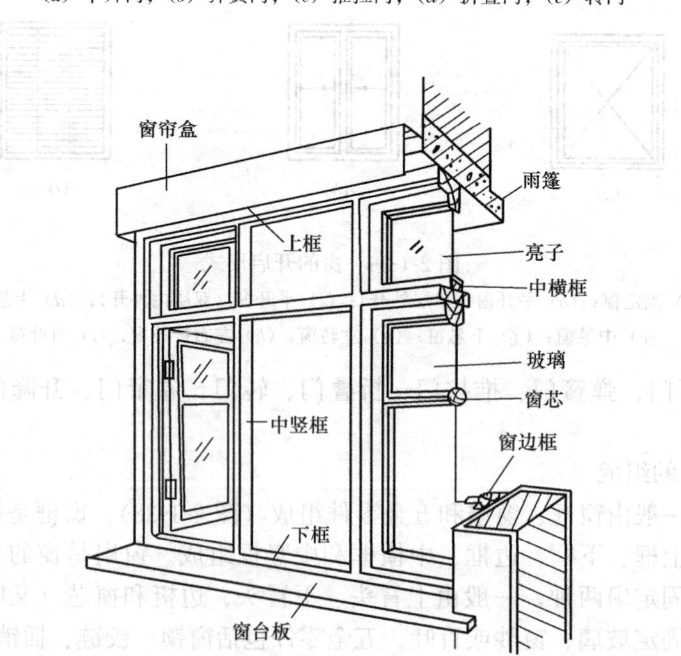

图 2-1-38 窗的组成

头和边梃组成骨架，中间固定门芯板。五金零件包括铰链、插销、门锁、拉手等。附件有贴脸板、筒子板等。

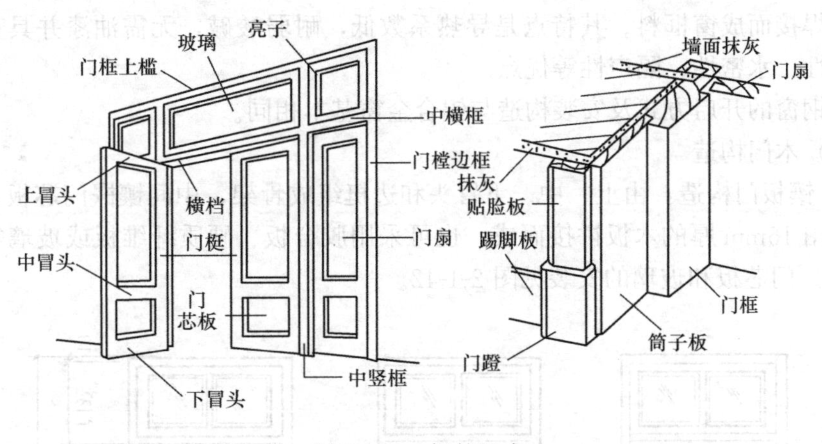

图 2-1-39　门的组成

3. 门窗安装

(1) 立口（立樘）：先将门窗框立起来，临时固定，待其周边墙身全部完成后，再撤去临时支撑。

(2) 塞口（塞樘）：将门窗洞口留出，完成墙体施工后再安装门窗框。

4. 门窗构造

(1) 铝合金窗的构造

铝合金窗多采用水平推拉式的开启方式，窗扇在窗框的轨道上滑动开启。窗扇与窗框之间用尼龙密封条进行密封，以避免金属材料之间相互摩擦。玻璃卡在铝合金窗框料的凹槽内，并用橡胶压条固定。

铝合金窗一般采用塞口的方法安装，固定时，窗框与墙体之间采用预埋铁件、燕尾铁脚、膨胀螺栓、射钉固定等方式连接（图 2-1-40）。

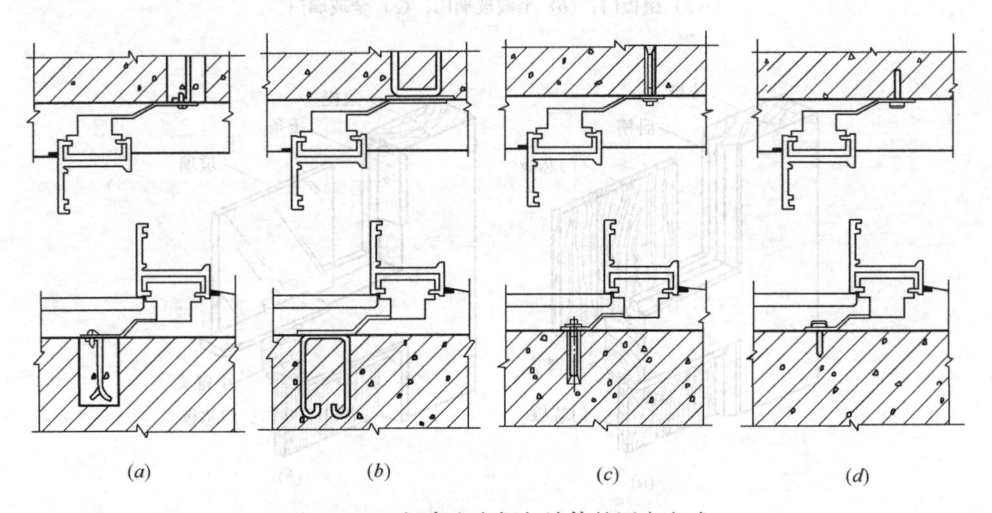

图 2-1-40　铝合金窗框与墙体的固定方式

(*a*) 燕尾铁脚；(*b*) 预埋铁件；(*c*) 金属膨胀螺栓；(*d*) 射钉

(2) 塑钢窗的构造

塑钢窗是以 PVC 为主要原料制成空腹多腔异型材，中间设置薄壁加强型钢，经加热焊接而成窗框料。其特点是导热系数低，耐弱酸碱，无需油漆并具有良好的气密性、水密性、隔声性等优点。

塑钢窗的开启方式及安装构造与铝合金窗基本相同。

(3) 木门构造

1) 镶板门构造：由上、中、下冒头和边梃组成骨架，中间镶嵌门芯板，门芯板可采用 15mm 厚的木板拼接而成，也可采用胶合板、硬质纤维板或玻璃等（图 2-1-41）。门芯板和玻璃的安装见图 2-1-42。

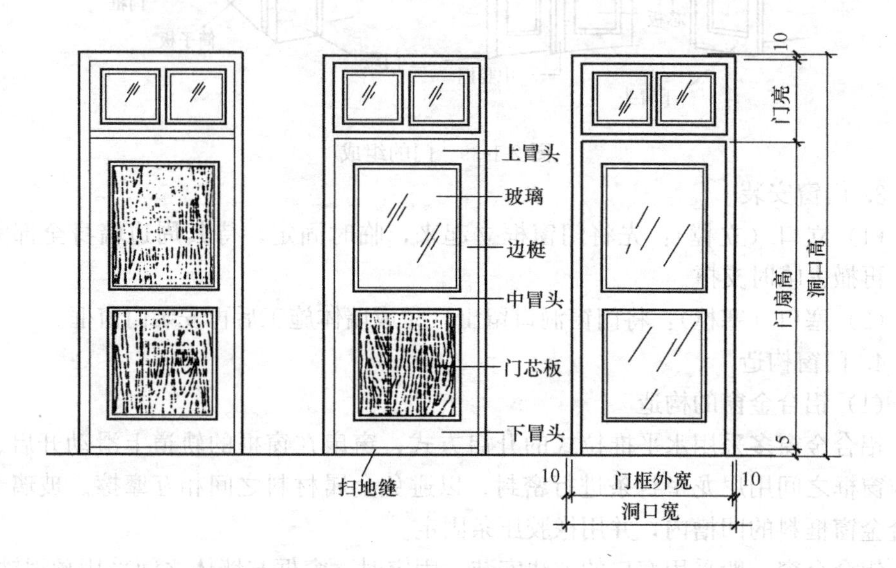

图 2-1-41 镶板门立面

(a) 镶板门；(b) 半截玻璃门；(c) 全玻璃门

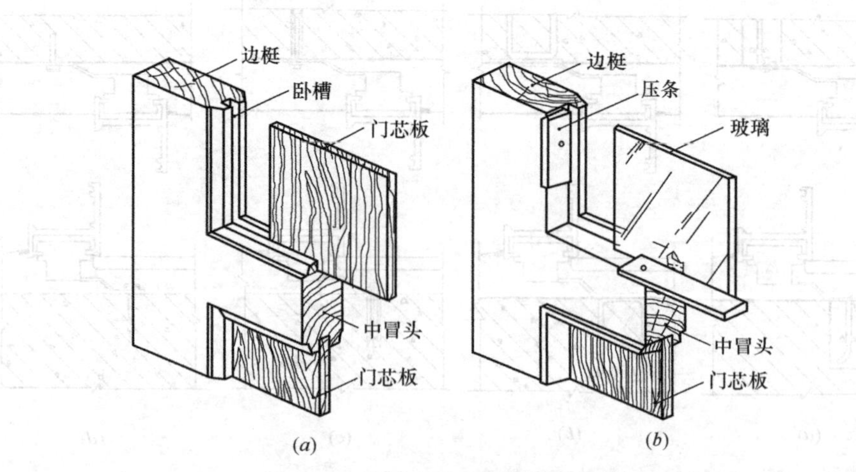

图 2-1-42 门芯板与玻璃的安装（一）

(a) 卧槽；(b) 单面压槽

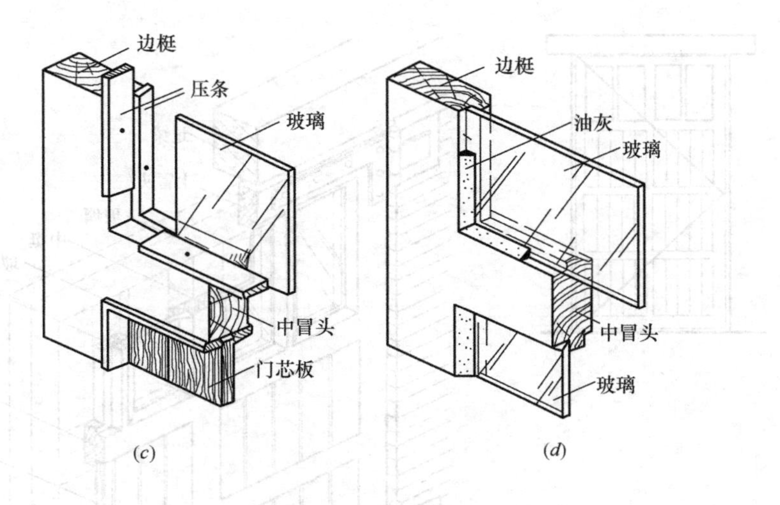

图 2-1-42 门芯板与玻璃的安装（二）

(*c*) 双面压条；(*d*) 单面油灰

2）夹板门构造：用小截面的木条（35mm×50mm）组成骨架，在骨架的两面铺钉胶合板或纤维板等四周用木条镶边（图 2-1-43）。

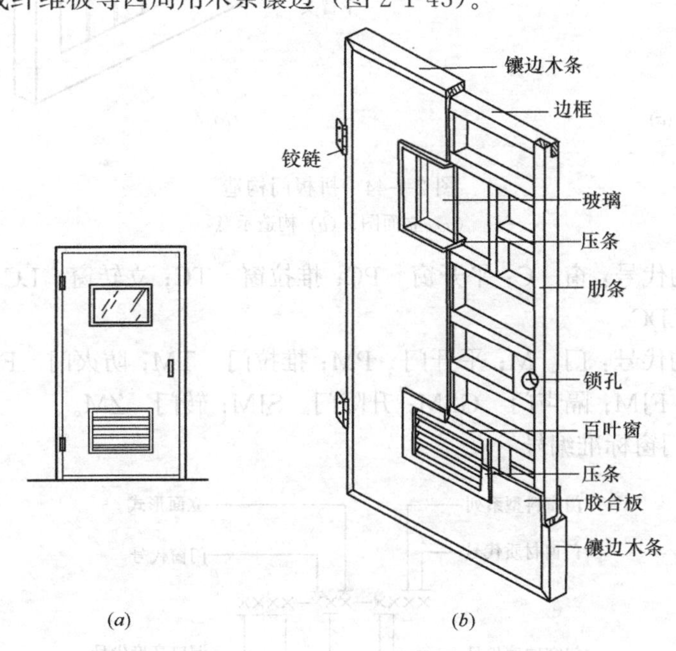

图 2-1-43 夹板门构造

(*a*) 立面图；(*b*) 构造示意

3）拼板门构造：构造与镶板门相同，由骨架和拼板组成，只是拼板门的拼板用 35～45mm 厚的木板拼接而成，因而自重较大，但坚固耐久，多用于库房、车间的外门（图 2-1-44）。

1.4.1.2 河北省工程建设标准 05 系列图集相关知识

1. 门窗代号

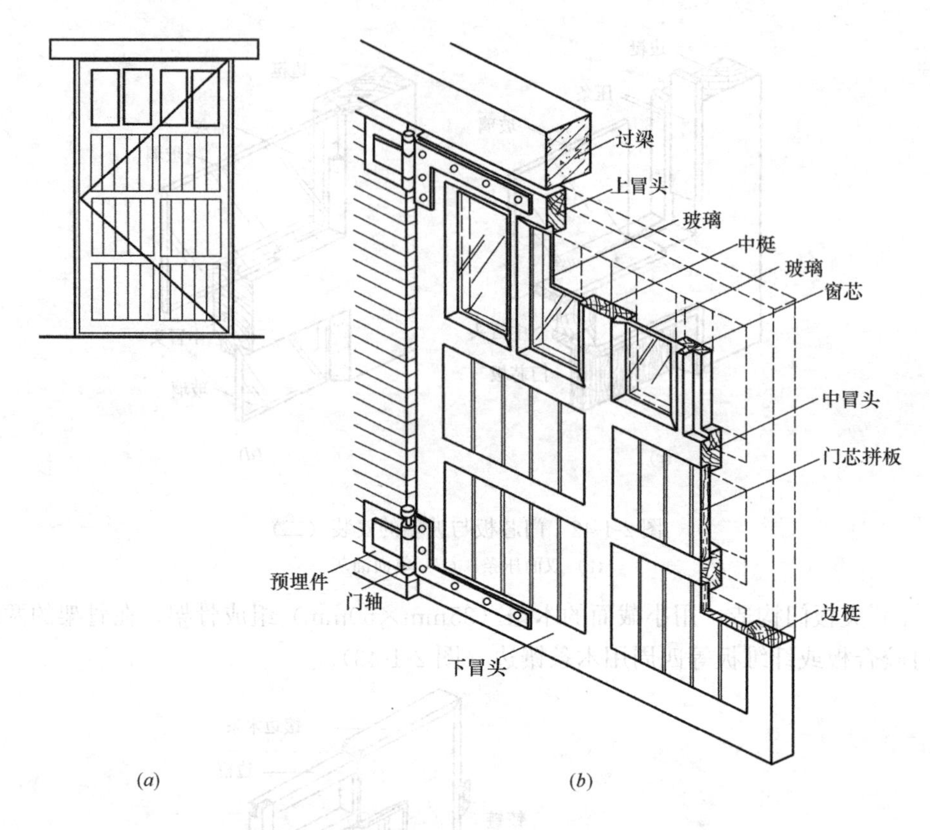

图 2-1-44　拼板门构造
(a) 立面图；(b) 构造示意

(1) 窗的代号：窗　C；平开窗　PC；推拉窗　TC；立转窗　LC；落地窗 LDC。

(2) 门的代号：门　M；平开门　PM；推拉门　TM；防火门　FM；卷帘门　FJM；隔声门　GSM；升降门　SJM；转门　ZM。

2. 普通门窗标准编号

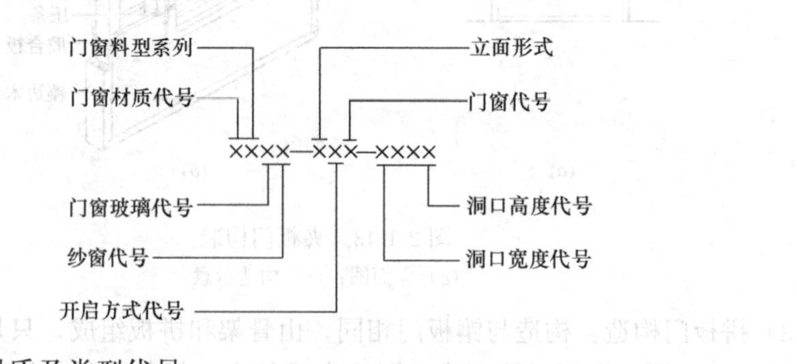

(1) 门窗材质及类型代号

门窗材质：塑料　S；铝合金　L；木　M；单玻　A；

中空玻璃　K　带纱窗　F；料型　60、70、80。

(2) 举例

如：S70KF-2PC-1518 为塑料 70 系列中空玻璃带纱窗，上亮子平开窗，洞口宽为 1500mm，洞口高为 1800mm。

1.4.2 门窗表的识读

由城建学校实训楼的门窗统计表可知：

1. 门窗编号。如 FHM-1、M-2、C-1 等。
2. 门窗的洞口尺寸及数量。如 FHM-1 的洞口尺寸为 1200mm×1800mm，数量为 13；C-1 的洞口尺寸为 1800mm×2000mm。
3. 门窗选用的 05 图集的编号。如 M-4 选自 05J4-1 S80-1PM-1521。
4. 窗料系列号。塑钢门窗均为 80 系列。

其他内容详见表 2-1-9《门窗统计表》。

门窗统计表　　表 2-1-9

类别	门窗编号	洞口尺寸（mm）		数量								门窗选用图集	备注
		宽	高	一层	二层	三层	四层	五层	六层	屋顶	总计		
门	FHM-1	1200	1800	2	2	2	2	2	2	1	13	05J4-2 MFM01-1521	丙级防火门 由甲方向厂家统一订购
	FHM-2	1500	2100	—	—	—	—	—	—	1	1	05J4-2 MFM01-1521	甲级防火门 由甲方向厂家统一订购
	M-1	11900	3050	1	—	—	—	—	—	—	1		由甲方向厂家统一订购
	M-2	1000	2400	18	19	7	19	19	11	—	93	05J4-1 M-4PM-1024	
	M-3	1000	2000	1	—	—	—	—	—	—	1	05J4-1 参 S80A-1PM$_1$-1021	
	M-4	1500	2100	1	2	8	2	2	3	3	21	05J4-1 S80-1PM-1521	
	M-5	1200	2100	2	2	2	2	2	—	—	12	05J4-1 S80-1PM-1221	
	M-6	2500	2900	1	1	1	1	1	1	—	6	05J4-1 参 S80-1PM-1521	
	M-7	2500	2100	1	—	—	—	—	—	—	1	05J4-1 参 S80-1PM-1521	
窗	C-1	1800	2000	2	1	1	1	1	1	—	7	见详图	
	C-2	2400	2000	31	30	30	30	30	29	—	180	见详图	
	C-3	1500	2000	2	2	2	2	2	2	3	15	见详图	
	C-4	2400	1200	13	10	9	10	10	6	—	58	05J4-1 参 S70KF-1TC-2112	
	C-5	1000	1500	—	1	1	1	1	1	1	6	05J4-1 参 S70KF-2TC-1215	
	C-6	2400	1800	—	1	1	1	1	1	—	5	05J4-1 参 S70KF-2TL-2118	
	MQ-1	1500	16400	1						—	1		玻璃幕墙 由甲方向厂家统一订购
	MQ-2	2400	16400	1						—	1		
	MQ-3	11900	17150	1						—	1		
注：可推拉、可开启的外窗均加纱扇；管道井的防火门下做 200 高砖门槛。													

注：1. 标准图选自 05J-1。专用门窗标准图集 05J4-2。塑钢窗框为 80 系列，塑钢门框为 80 系列。

2. 过梁选用图集 02G05。

3. 本门窗表尺寸只做参考，实际定做以实际洞口尺寸为准。

任务 2

建筑总平面图的识读

过程 2.1　准备知识的学习

2.1.1　建筑总平面图的形成及作用

将新建工程四周一定范围内的新建、扩建、原有和拆除的建筑物、构筑物连同其周围的地形、地物状况用水平投影的方法和相应的图例所画出的图样，即建筑总平面图。主要表达扩建房屋的位置和朝向，与原有建筑物的关系，周围道路、绿化布置及地形地貌等内容。它可作为扩建房屋定位、施工放线、土方施工以及施工总平面布置的依据。

2.1.2　建筑总平面图的内容

1. 图名、比例。其比例通常为 1∶500、1∶1000 或 1∶2000。

2. 新建建筑所处的地形、地物。如地形变化较大，应画出相应的等高线。

3. 新建建筑的位置，一般有三种定位方式：

(1) 利用新建建筑与原有建筑或道路间的距离定位；

(2) 利用施工坐标确定新建建筑的位置；

(3) 利用测量坐标确定新建建筑的位置。

4. 注明新建房屋底层室内地坪和室外设计地坪的绝对标高。

5. 新建建筑周围的原有、拆除及扩建建筑的位置、大小或范围及周围的绿化、道路等。

6. 表示建筑的朝向。利用指北针或风向频率玫瑰图表示。

2.1.3 建筑总平面的图例符号（表 2-2-1）

总平面图图例　　表 2-2-1

序号	名称	图例	备注
1	新建建筑物	X= Y= ① 12F/2D H=59.00m	新建建筑物以粗实线表示与室外地坪相接处±0.00外墙定位轮廓线 建筑物一般以±0.00高度处的外墙定位轴线交叉点坐标定位。轴线用细实线表示，并标明轴线号 根据不同设计阶段标注建筑编号，地下、地下层数，建筑高度，建筑出入口位置（两种表示方法均可，但同一图纸采用一种表示方法） 地下建筑物以粗虚线表示其轮廓 建筑上部（±0.00以上）外挑建筑用细实线表示 建筑物上部连廊用细虚线表示并标注位置
2	原有建筑物		用细实线表示
3	计划扩建的预留地或建筑物		用中粗虚线表示
4	拆除的建筑物		用细实线表示
5	建筑物下面的通道		—
6	围墙及大门		—
7	挡土墙	5.00 1.50	挡土墙根据不同设计阶段的需要标注 $\frac{\text{墙顶标高}}{\text{墙底标高}}$
8	坐标	1. X=105.00 Y=425.00 2. A=105.00 B=425.00	1. 表示地形测量坐标系 2. 表示自设坐标系 坐标数字平行于建筑标注

续表

序号	名称	图例	备注
9	方格网交叉点标高	-0.50 | 77.85 78.35	“78.35”为原地面标高 “77.85”为设计标高 “−0.50”为施工高度 “−”表示挖方（“+”表示填方）
10	填方区、挖方区、未整平区及零线	+ − / + −	“+”表示填方区 “−”表示挖方区 中间为未整平区 点划线为零点线
11	填挖边坡		—
12	室内地坪标高	151.00 (±0.00)	数字平行于建筑物书写
13	室外地坪标高	143.00	室外标高也可采用等高线
14	原有道路		—
15	计划扩建的道路		—
16	桥梁		用于旱桥时应注明 上图为公路桥，下图为铁路桥
17	针叶乔木、灌木		
18	阔叶乔木、灌木		
19	草地、花坛		

注：此图例摘自《总图制图标准》GB/T 50103—2010 编者注。

2.1.4 专业术语

1. 道路红线：规划的城市道路（含居住区级道路）用地的边界线。

2. 用地红线：各类建筑工程项目用地的使用权属范围的边界线。

过程 2.2 建筑总平面图的识读

1. 了解图名、比例及说明内容。该施工图为总平面图，比例 1∶1000。所有尺寸以米为单位。

2. 了解工程性质、用地范围、地形地貌及周围环境情况。

由图可知，新建建筑周围地形用标高表示，整个地形是南低北高。新建西面和南面临街，北面为原有建筑，东面是学校大门及喷水池。

3. 了解新建建筑的朝向及风向。

由右上角的风向频率玫瑰图可知，此图为上北下南，该地区全年以东南风为主导风向。

4. 了解新建建筑的位置、尺寸及形状。

由图可知，此建筑的总长为 9.6＋51.4＝61m；总宽为 9.6＋22.6＝32.2m。其平面形状为L形；主体 6 层，高度 23.05m；局部 5 层，高度 18.95m；相对标高±0.000 相当于绝对标高的 66.35m。此建筑是利用与原有建筑和道路的距离来定位，如南面与围墙之间的距离为 8m，西面与围墙之间的距离为 5.37m，北面与一区教学楼南墙外皮之间的距离为 25m。

5. 了解新建建筑周围的给水、排水、供暖及供电的位置，管道布置走向。

任务3

建筑平面图的识读

过程 3.1 准备知识的学习

3.1.1 建筑平面图的形成及表达方式

假想用一个水平的剖切平面沿房屋窗台以上的部位剖开，移去上部后向下投影所得的水平投影图，称为建筑平面图（图 2-3-1）。主要反映房屋的平面形状、大小和房间布置，墙（或柱）的位置、厚度和材料，门窗的位置、开启方向等。可作为施工放线，砌筑墙、柱，门窗安装和室内装修及编制预算的重要依据。

一般来讲，房屋有几层就应画几个平面图，并在图的下方标注相应的图名，如底层平面图，二层平面图……顶层平面图，屋顶平面图。高层及多层建筑中存在着许多平面布局相同的楼层，它们可用一个平面图来表达，称为“标准层平面图”或“×～×层平面图”。

在底层平面图（一层平面图或首层平面图）中要画出室外台阶（坡道）、花池、散水、雨水管的形状及位置、室外地坪标高、建筑剖面图的剖切符号及指北针，而其他各图不表示。在二层平面图（或标准层平面图）中表示出雨篷。

因建筑平面图是水平剖面图，因此在绘图时，应按剖面图的方法绘制，凡被剖切到的墙、柱断面轮廓线用粗实线画出，没有剖到的可在轮廓线用中实线或细实线画出。尺寸线、尺寸界线、引出线、图例线、索引符号、标高符号等用细实线画出，轴线用细单点长画线画出。

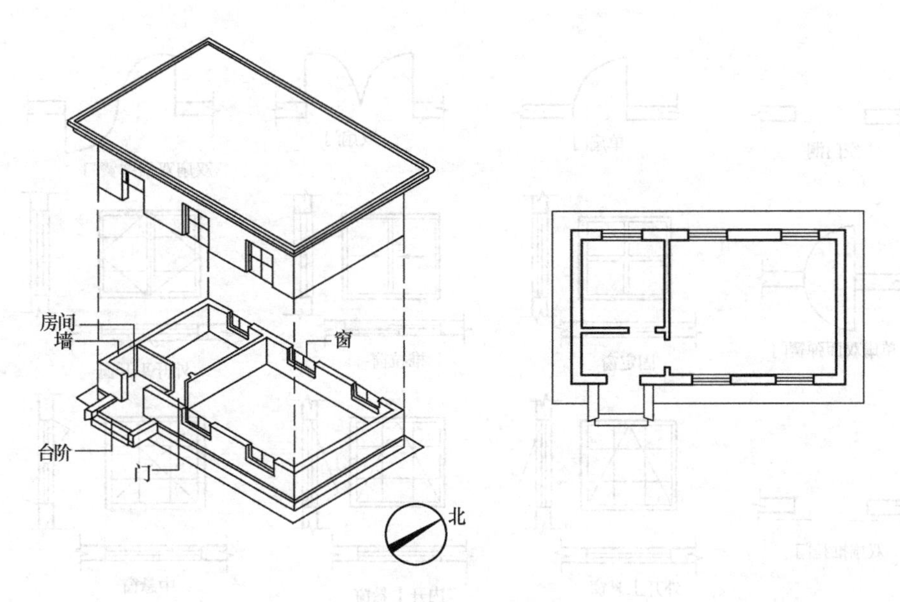

图 2-3-1　建筑平面图的形成

建筑平面图常用的比例为 1∶50、1∶100、1∶200，而实际工程中使用 1∶100 最多。

3.1.2　建筑平面图的内容

1. 建筑物的平面组合及形状，定位轴线及总尺寸。

2. 建筑物内部各房间的名称、形状、大小，表示墙体、柱、门窗的位置、尺寸及编号。

3. 建筑物的室内外地坪标高。

4. 表示室内设备及墙上的预留洞。

5. 表示台阶、阳台、散水、雨篷、楼梯、烟道、通风道等的位置及尺寸。

6. 详图索引符号、剖切符号及相关图例。

7. 屋顶平面图主要表示屋顶的排水组织，一般包括屋顶檐口、屋面坡度、分水线、雨水口位置、出屋顶水箱间、上人屋顶楼梯间、上人孔、索引符号等。

平面图的图例符号（图 2-3-2）。

3.1.3　建筑的平面组成及平面组合方式

1. 建筑的平面组成

从组成建筑平面各部分的使用性质来分析，可归纳为使用部分和交通联系部分。

使用部分包括主要使用房间（如教室、办公室、卧室等）和辅助使用房间（如卫生间、储藏室、厨房等）。

交通联系部分包括水平交通部分（如走廊），垂直交通部分（如楼梯、电梯、台阶、坡道），交通枢纽（如门厅、过厅）等。

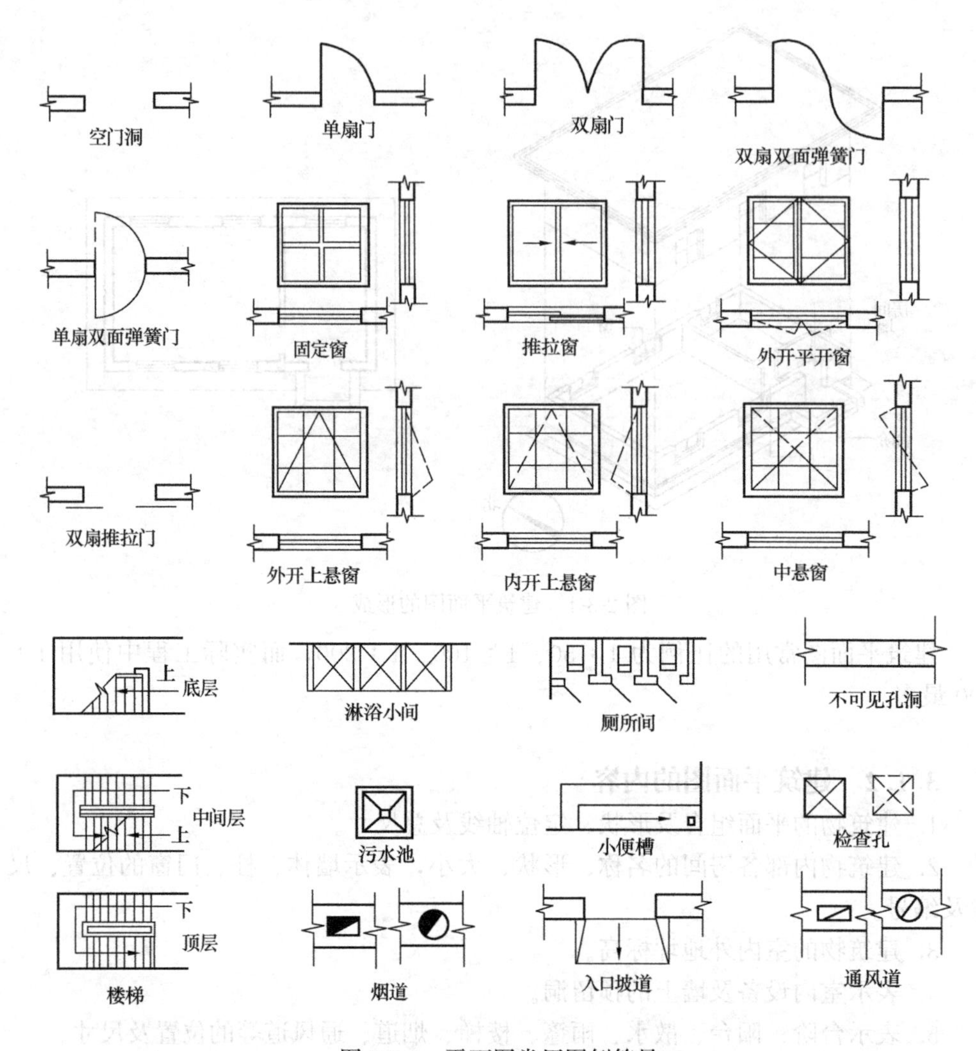

图 2-3-2　平面图常用图例符号

2. 建筑的平面组合

建筑平面组合是将建筑平面中各组成部分通过一定的方式连接成一个整体建筑的过程，并达到使用方便、造价经济、结构合理、构图完整及与环境协调的目的。

建筑平面组合主要有以下几种组合方式：

（1）走廊式组合　就是利用走廊将各部分连接起来，各房间沿走廊一侧或两侧布置。

（2）套间式组合　就是将各使用房间相互穿套，不再通过走廊联系。

（3）大厅式组合　就是围绕建筑的大厅进行平面组合。

（4）单元式组合　就是将关系密切的房间组合在一起，成为一个相对独立的整体，称为单元。

（5）混合式组合　就是多种组合方式共存于一栋建筑物中。

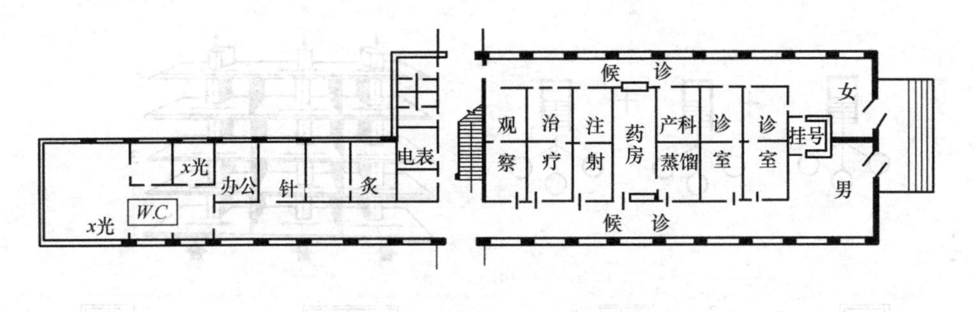

图 2-3-3　某医院门诊楼

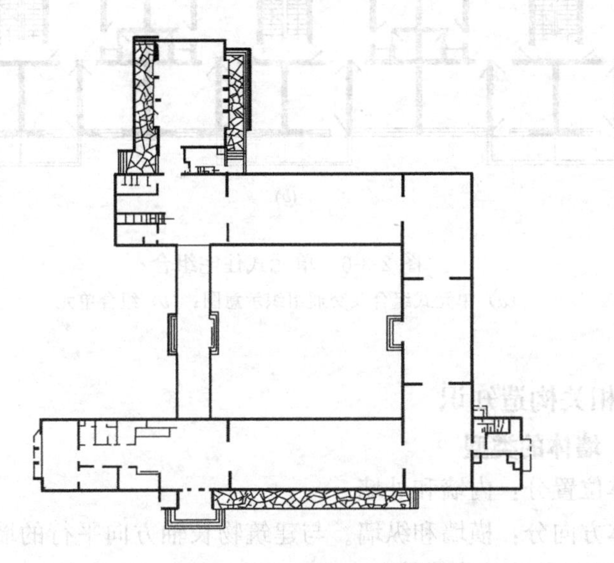

图 2-3-4　套间式组合

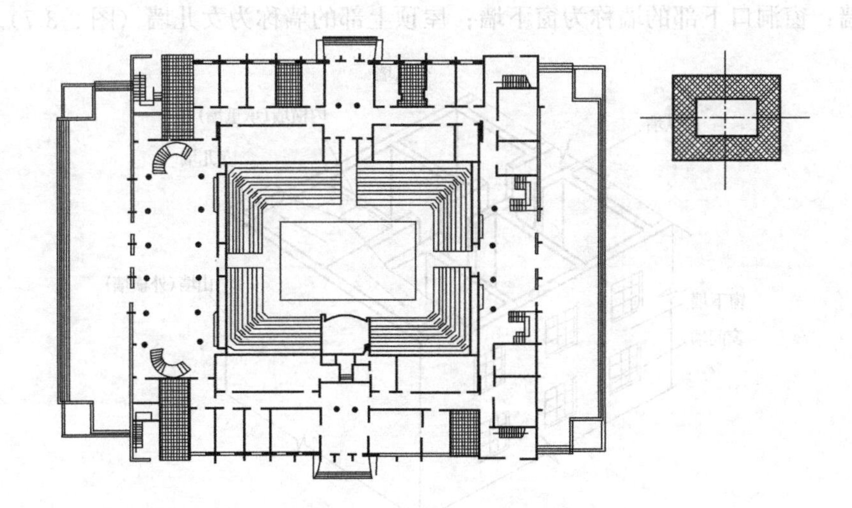

图 2-3-5　大厅式组合（体育馆）

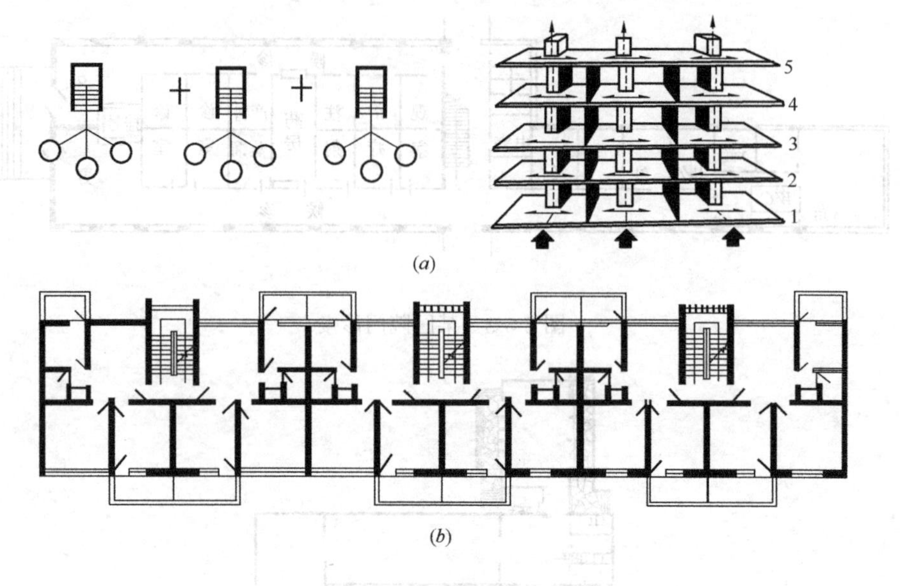

图 2-3-6　单元式住宅组合

(a) 单元式组合及交通组织示意图；(b) 组合单元

3.1.4　相关构造知识

3.1.4.1　墙体的类型

1. 按墙体位置分：内墙和外墙。

2. 按墙体方向分：横墙和纵墙。与建筑物长轴方向平行的墙称为纵墙；与建筑物短轴方向平行的墙称为横墙。

外横墙习惯称为山墙；外纵墙习惯称为檐墙；窗与窗、窗与门之间的墙称为窗间墙；窗洞口下部的墙称为窗下墙；屋顶上部的墙称为女儿墙（图 2-3-7）。

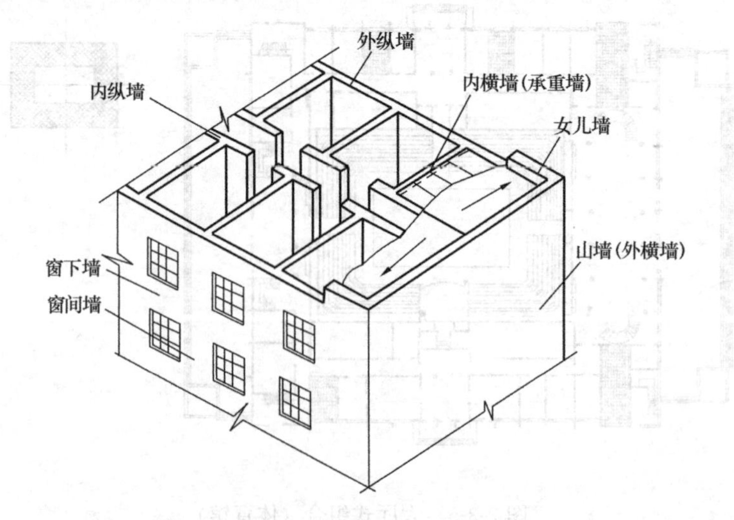

图 2-3-7　墙体的位置及类型

3. 按墙的受力情况分：承重墙和非承重墙。凡是直接承受屋顶、楼板传来的荷载的墙称为承重墙；凡不承受上部传来荷载的墙均是非承重墙。非承重墙又分为自承重墙、隔墙、框架填充墙及幕墙。

(1) 自承重墙：不承受外来荷载，仅承受自身重量的墙体。

(2) 框架填充墙：在框架结构中，填充在框架中间的墙。

(3) 隔墙：仅起分隔空间、自身重量由楼板或梁承担的墙体。

(4) 幕墙：悬挂在建筑物结构外部的轻质外墙，如玻璃幕墙、铝塑板墙等。

4. 按墙的构造形式分：实体墙、空体墙和复合墙。

(1) 实体墙：由单一实心材料形成的实心墙体。如实心砌块墙、钢筋混凝土墙等。

(2) 空体墙：由实心材料形成的空心墙或由空心材料形成的墙体。如空斗转墙、空心砌块墙、多孔砖墙等。

(3) 复合墙（亦称组合墙）：由两种以上材料组合而成的墙体。如加气混凝土外贴保温板的墙体。

5. 按施工方式分：块材墙、板筑墙和板材墙。

(1) 块材墙：用砂浆等胶结材料将各种块材组砌形成墙体。如砖墙、砌块墙等。

(2) 板筑墙：现场立模板，现场浇筑而成的墙体。如现浇钢筋混凝土墙等。

(3) 板材墙：预先制成墙板，施工时安装而成的墙体。如石膏板墙等。

6. 按材料不同分：砖墙、钢筋混凝土墙、砌块墙、玻璃幕墙、石墙等。

3.1.4.2 平屋顶的排水

1. 排水坡度的形成

平屋顶排水坡度的形成有材料找坡和结构找坡两种（2-3-8）。

(1) 材料找坡（垫置坡度）

将屋面板水平搁置，屋面坡度由铺设在屋面板上厚度有变化的找坡层形成。找坡材料常使用造价低的轻质多孔材料（如 1∶8 水泥焦渣、石灰炉渣、水泥炉渣）。当屋顶设置保温层时，可用保温层兼做找坡层。

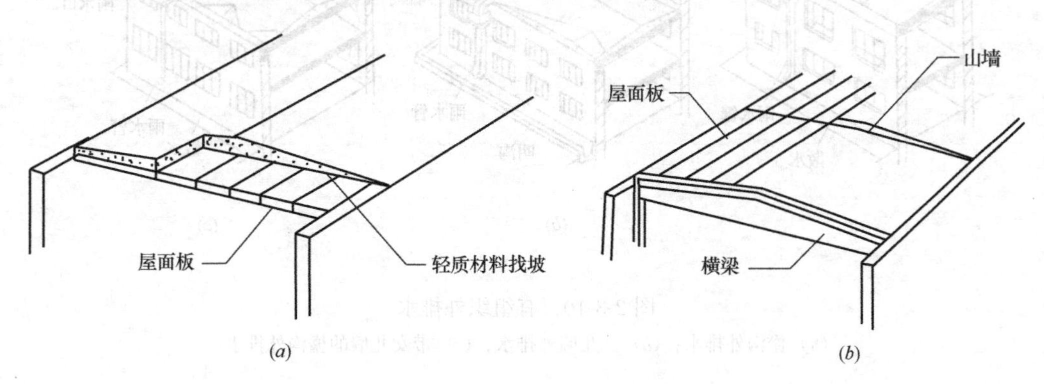

图 2-3-8 排水坡度的形成

(a) 材料找坡；(b) 结构找坡

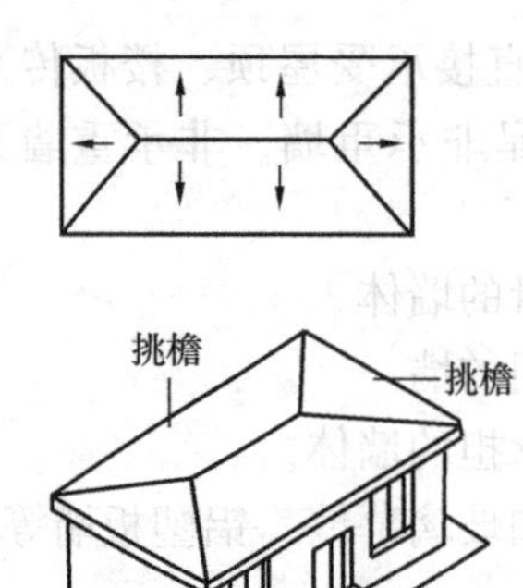

图 2-3-9　无组织排水

(2) 结构找坡（搁置坡度）

是将屋面板搁置在顶部倾斜的梁或墙上形成屋面排水坡度的方法。结构找坡不须再在屋顶上设置找坡层，屋面其他层次的厚度也不变化。

2. 平屋顶的排水方式

平屋顶排水方式分为组织排水和无组织排水两大类。

(1) 无组织排水（又称自由落水）：指屋面雨水自由地从檐口（挑檐）滴落至室外地面（图 2-3-9）。

(2) 有组织排水　在屋顶设置与屋面排水方向相垂直的纵向天沟，汇集雨水后，将雨水由雨水口、雨水管有组织地排到室外地面或室内地下排水系统。有组织排水分为外排水和内排水两种方式。

1) 外排水　即雨水管设在室外的一种排水方式。一般有檐沟外排水（图 2-3-10 (*a*)）、女儿墙外排水（图 2-3-10 (*b*)）和女儿墙檐沟外排水（图 2-3-10 (*c*)）。

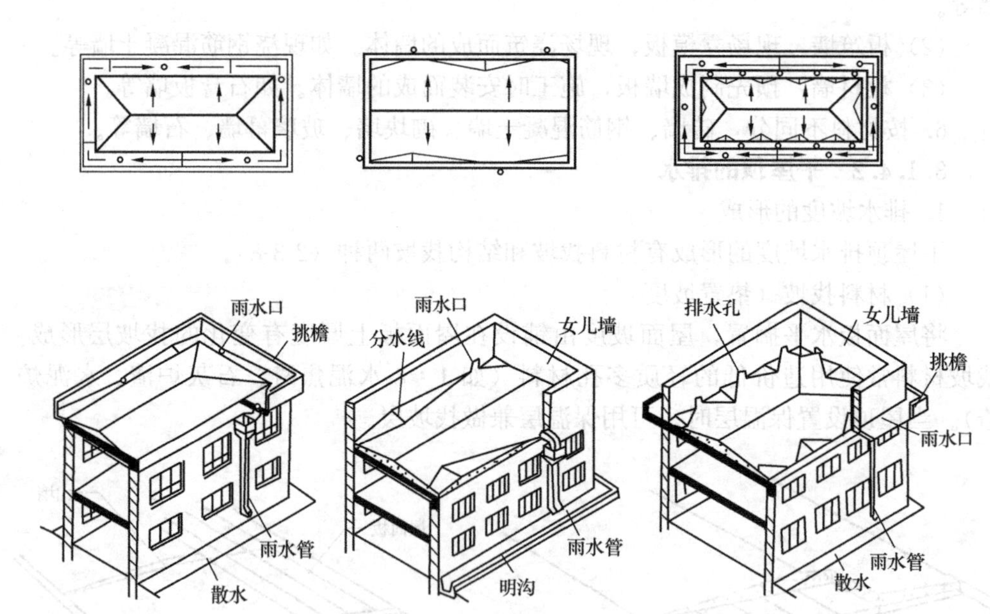

图 2-3-10　有组织外排水

(*a*) 檐沟外排水；(*b*) 女儿墙外排水；(*c*) 带女儿墙的檐沟外排水

2) 内排水　即雨水管设在室内的一种排水方式。一般见于多跨房屋、高层建筑以及有特殊需要的建筑（图 2-3-11）。

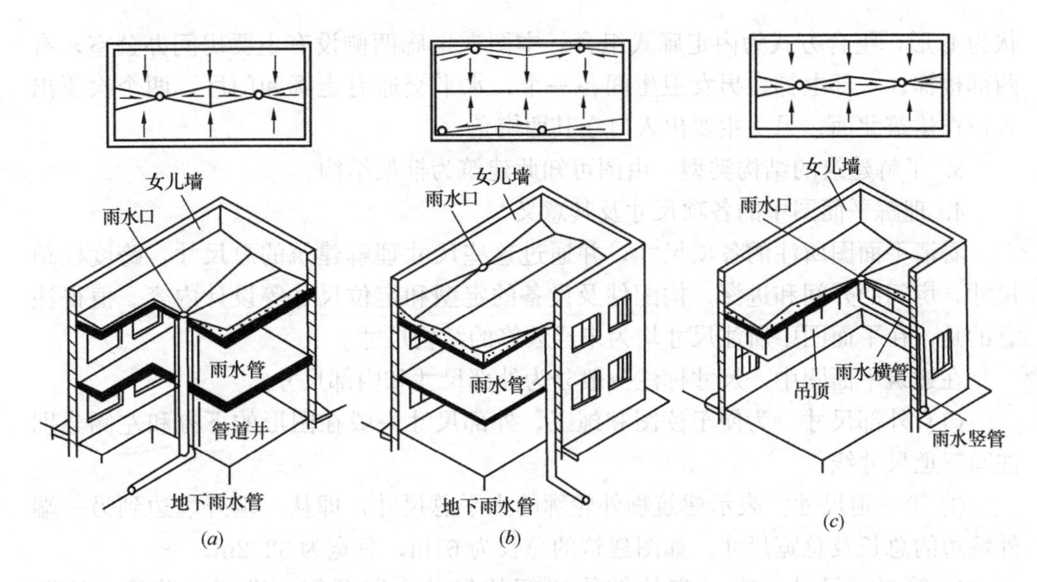

图 2-3-11　有组织内排水

(*a*) 房间中部内排水；(*b*) 外墙内侧外排水；(*c*) 内落外排水

3.1.5　专业术语

1. 开间：房间两横向定位轴线之间的距离。

2. 进深：房间两纵向定位轴线之间的距离。

3. 跨度：骨架结构中相邻两纵向轴线之间的距离。

4. 柱距：骨架结构中相邻两横向轴线之间的距离。

5. 层高：建筑物各层之间以楼、地面面层（完成面）计算的垂直距离，屋顶层由该层楼面面层（完成面）至平屋面的结构面层或至坡顶的结构面层与外墙外皮延长线的交点计算的垂直距离。

过程 3.2　建筑平面图的识读

3.2.1　一层平面图的识读

现以河北城乡建设学校实训楼的一层平面图为例说明平面图的识读方法及步骤。

1. 了解图名、比例及文字说明内容

由附图所知，比例为 1∶100、未注洞口高度为 2100mm、管道井门槛高度为 150mm 及各种设备预留洞口的位置和尺寸。

2. 了解建筑朝向及平面布局

由图中指北针可知，此建筑平面为上北下南、左西右东。另外此建筑平面形状为L形，组合方式为内走廊式组合，本图在走廊两侧设有主要房间办公室，有两部楼梯，一部电梯，男女卫生间各一个，水平交通有走廊和门厅，两个次要出入口在建筑北面，另一主要出入口在其西南角。

3. 了解建筑的结构类型　由图可知此建筑为框架结构。

4. 理解平面图中的各项尺寸及其意义

看清平面图所注的各项尺寸，并通过这些尺寸理解建筑的总尺寸，跨度柱距尺寸，房间的开间和进深，构配件及设备的定型和定位尺寸等设计内容。值得注意的是，在平面图中所注尺寸均为未经装修的结构尺寸。

在建筑平面图中，尺寸标注一般分为外部尺寸和内部尺寸。

(1) 外部尺寸　为便于读图和施工，外部尺寸一般在图形的下方和左侧分别注写三道尺寸线。

① 第一道尺寸：表示建筑物外轮廓的水平总尺寸，即从一端外墙边到另一端外墙边的总长及总宽尺寸。如图建筑的总长为61m，总宽为32.2m。

② 第二道尺寸：表示定位轴线之间的尺寸，即开间、进深及跨度、柱距尺寸。

由图可知，Ⓐ、Ⓑ跨为7.1m，Ⓑ、Ⓒ跨为2.7m，Ⓒ、Ⓓ跨为6.9m，Ⓔ、Ⓕ跨为7.2m，Ⓕ、Ⓖ跨为7.2m；柱距有4.8m、7.2m、10m、7.4m及5.4m。三跑式楼梯间的开间为7.2m、进深为6.9m，东南角办公室的开间、进深为10m、7.1m。

③ 第三道尺寸：表示门窗洞口、墙体等细部的定型、定位尺寸。如图下部尺寸中，C-2的洞口宽度（即定形尺寸）为2400mm，而其定位尺寸却有1200mm、600mm和2000mm三种。还有窗间墙长度1200mm，外墙厚250mm，室外台阶的踏步宽度为350mm。而框架柱的断面尺寸需读结构施工图。

(2) 内部尺寸　说明室内的门窗洞口、孔洞、墙厚和固定设备的大小与位置。如图各办公室门M-2的洞口宽度（即定形尺寸）为1000mm，定位尺寸为300mm。内纵墙上C-4的洞口宽度为2400mm，定位尺寸分别为1750mm和3750mm。内墙厚度为200mm。另外Ⓒ轴上的SD-1的定位尺寸为500mm，靠墙管沟的宽度为1000mm。

5. 熟悉平面图中各组成部分的标高情况

在建筑平面图中，对各功能区域如室外地坪（仅在一层中标出）、楼面、地面、楼梯平台、室外台阶、阳台地面等处，一般均要标注标高，这些标高均采用相对标高的形式。如有坡度时，应标注坡度方向和坡度值。由图中的标高可知建筑的室内外地坪高差、室内地坪高差及层高。如图中室外地坪标高为－0.45m，主要房间室内地坪标高为±0.000，而楼梯间地面标高为－0.300。由此可知建筑的室内外地坪高差为450mm，楼梯间和主要房间室内地面高差为300mm。

6. 了解平面图的细部

在建筑四周设有散水，建筑转角处设有变形缝，沿建筑四周外墙（室内靠墙）设有管道沟，建筑内纵墙上有设备预留洞，建筑北面设坡道连接室内外地坪，而西南角设的是台阶。

7. 了解图中的代号、编号、符号及图例等

从图中了解各种符号、编号、代号及图例的含义及索引符号引出部位、采用标准图集的代号及索引符号所指部位的构造与周围的联系。如图中建筑剖面图的剖切符号表明，此剖面为横向剖面图，编号为1，投视方向向右。还有靠墙管沟采用02G04图集中第9页的③号管沟做法，其尺寸采用G-9 Ⅱ的尺寸（沟宽1000mm，沟深1200mm，沟壁厚度370mm）。

3.2.2 其他楼层平面图的识读

对于其他楼层平面图的识读，重点应与一层平面图对照异同，如在结构形式、平面布局、楼层标高、墙体厚度、框架柱断面尺寸等方面是否有变化。由其他楼层平面图可知，二至六层平面图中室内地坪的标高分别为3.600m、7.2000m、10.800m、14.400m及18.000m，故一至六层的层高均为3.6m。二、四、五层主要房间是办公室及实训教室，三层主要房间是办公室及操作车间，由六层平面图可知此建筑主体六层，而局部是五层。在二层平面图中画出了雨篷。

3.2.3 屋顶平面图的识读

由屋顶平面图可知，此建筑为有组织女儿墙外排水，排水坡度为2%，檐沟底部排水坡为1%，高出六层屋顶的双跑式楼梯、水箱间、电梯机房及管道井的平面形状和尺寸，五层屋顶结构标高为18.000m，六层屋顶、水箱间地面、电梯机房地面标高均为21.600m，屋面变形缝、屋面上人梯、雨水管、屋面出入口的做法均见相应的05图集。另外在建筑的西南角及东南角均设有装饰构架。

过程3.3 建筑平面图的画法及步骤

建筑平面图的画法如图2-3-12。

1. 确定绘制建筑平面图的比例和图幅

首先按所选比例，根据建筑的长度、宽度和复杂程度以及要进行尺寸标注所站的位置和必要的文字说明的位置确定图纸的幅面。

2. 画底图

画底图的目的是为了确定图样在图纸上的具体形状和位置，因此应用较硬的铅笔如2H画底稿。

（1）画图幅线、图框线及标题栏的外边线；

（2）布置图面，画定位轴线（图2-3-12（*a*））；

（3）画墙身线及柱的轮廓线（图2-3-12（*b*））；

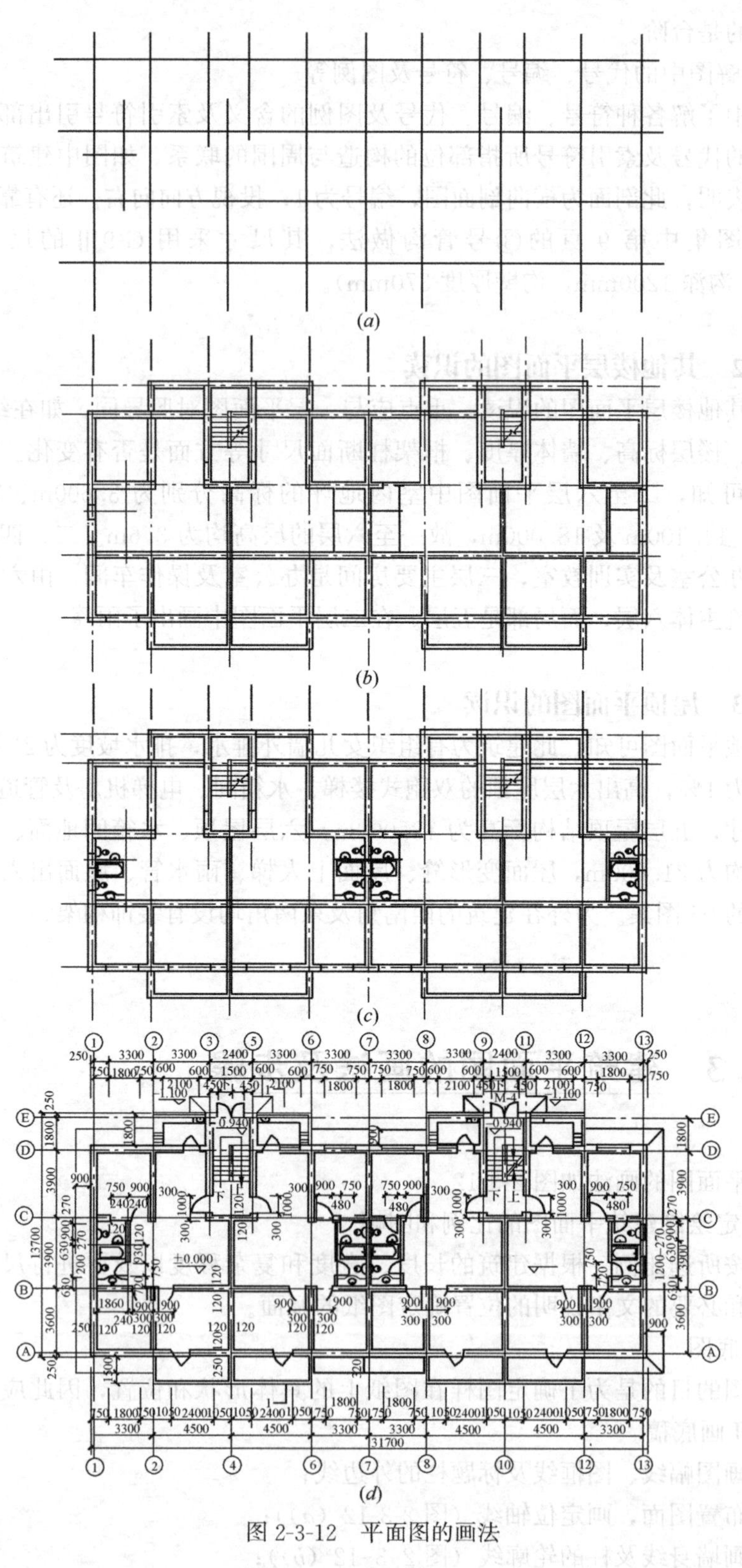

图 2-3-12 平面图的画法

(4) 在墙体上确定门窗洞口、设备预留洞的位置（图 2-3-12（*c*））；

(5) 画楼梯、散水、台阶、雨篷的细部（图 2-3-12（*c*））。

3. 仔细检查底稿，无误后，按建筑平面图的图线要求进行加深，并标注轴线、尺寸、门窗编号、剖切符号、索引符号等（图 2-3-12（*d*））。

4. 写图名、比例及其他文字内容等。

任务 4

建筑立面图的识读

过程 4.1 准备知识的学习

4.1.1 建筑立面图的作用

一座建筑物是否美观，很大程度上决定于它在主要立面上的艺术处理，包括造型与装修是否优美。在设计阶段中，立面图主要是研究这种艺术处理的。在施工图中，它主要反映建筑物的外貌和立面装修的做法。

4.1.2 建筑立面图形成及命名

在与房屋立面平行的投影面上所作的房屋外表面的正投影图，叫建筑立面图，简称立面图（图 2-4-1）。其命名方法有三种：

1. 按朝向来命名，如南立面图、北立面图、东立面图、西立面图。

2. 按定位轴线的首尾编号来命名，如①～④立面图、Ⓐ～Ⓑ立面图。

3. 确定正立面法。反映建筑物主要出入口或比较显著地反映出房屋外貌特征的立面图称为正立面图，其余的立面图相应的称为背立面图、左侧立面图、右侧立面图。

一般不同立面都要绘制立面图。若房屋为左右对称时，正立面图和背立面图也可各画一半，单独布置或合并成一图，合并成一图时，应在图的中间用对称线作为分界线。若两个方向的立面图完全一样时，可只画一个立面图，图名可合并书写，如“东、西立面”。

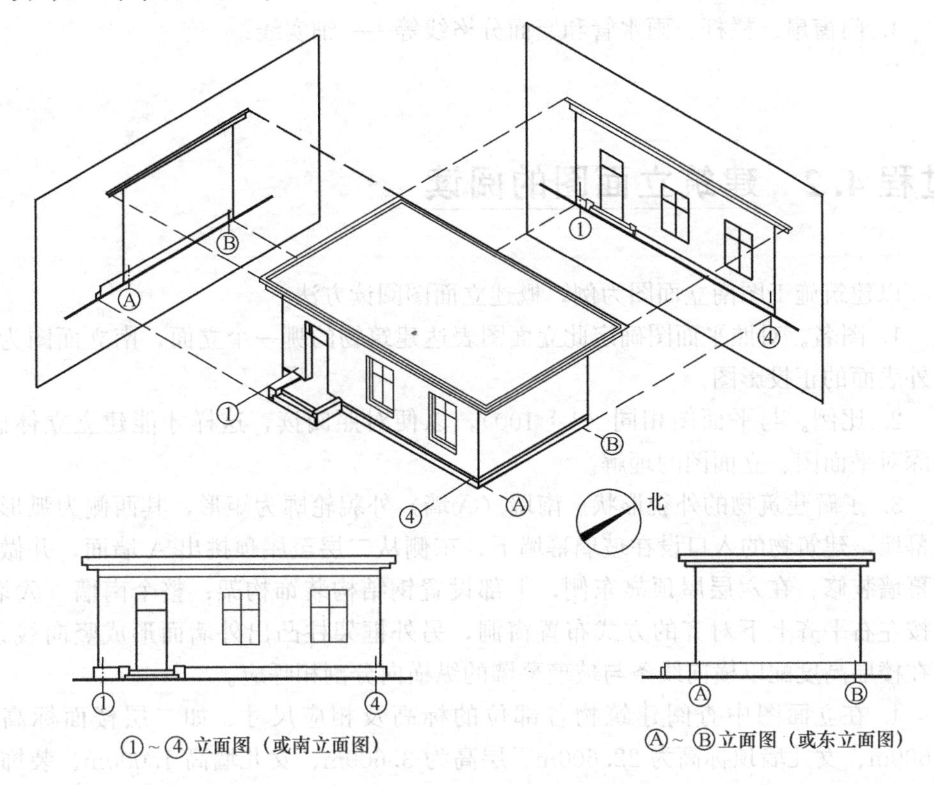

图 2-4-1　建筑立面图的形成

4.1.3　建筑立面图内容

1. 表明建筑物的外部形状，主要有外形轮廓、门窗、台阶、雨篷、阳台、雨水管等的位置。

2. 用标高表示出主要部位的相对高度，如室内外地面标高、各层楼面标高及檐口标高。

3. 立面图中的尺寸。立面图中的尺寸是表示建筑物高度方向的尺寸，一般用三道尺寸线表示。第一道为总尺寸，表示建筑物的总高；第二道为层高；第三道是细部尺寸，反映门窗洞口的高度及与楼地面的相对位置。

4. 外墙面的分格。

5. 外墙面的装修。外墙面的装修一般用引出线说明材料做法和颜色。

6. 其他，如墙身详图索引标志。

4.1.4　建筑立面图的图线应用

1. 室外地坪线——特粗实线。

2. 屋脊和外墙等最外轮廓线——粗实线。

3. 墙面上较小的凹凸，勒脚、窗台、门窗洞、檐口、阳台、雨篷、柱、台阶、花池等轮廓线——中粗实线。

4. 门窗扇、栏杆、雨水管和墙面分格线等——细实线。

过程 4.2　建筑立面图的阅读

以建筑施工图南立面图为例，概述立面图阅读方法。

1. 图名。对照平面图确定此立面图表达建筑物的哪一个立面，南立面图为 A 墙外表面的正投影图。

2. 比例。与平面图相同（1∶100），以便对照阅读，这样才能建立立体感，加深对平面图、立面图的理解。

3. 了解建筑物的外貌形状。南墙（Ⓐ墙）外貌轮廓为矩形，其西侧为弧形玻璃幕墙，建筑物的入口设在玻璃幕墙下，东侧从二层至屋顶挑出 A 墙面，并做玻璃幕墙装修；在六层屋顶靠东侧，上部设置钢结构装饰构架；整个南墙（Ⓐ墙）面按左右平齐上下对齐的方式布置窗洞，另外框架柱凸出外墙面形成竖向线条，又在楼层高度配以横向线条与玻璃幕墙的纵横向分割相呼应。

4. 在立面图中查阅建筑物各部位的标高及相应尺寸。如二层楼面标高为 3.600m、女儿墙顶标高为 22.600m、层高为 3.600m、女儿墙高 1.000m、装饰构架高 2.300m、C-2 窗高 2.000m。

5. 查阅外墙面各细部的装修做法。如勒脚为深灰色花岗石、水平分格线为深灰色高级外墙漆、东侧玻璃幕墙边框为白色涂料、其他部位为米黄色高级外墙漆。

6. 其他。图上还有 3 个索引符号，表明墙身详图的剖切位置、投影方向、详图的编号和详图所在图纸的编号。如索引符号$\frac{2}{16}$表明墙身详图的剖切位置是通过 C-2 窗从室外地坪至女儿墙顶剖开向左侧投影，详图的编号为 2 号，所画详图在建筑施工图的第 16 张内。

过程 4.3　建筑立面图的画法

绘制建筑立面图的一般做法是在绘制好平面图的基础上，对照平面图来绘制立面图。绘制方法步骤如下：

1. 选比例、定图幅进行图面布置。比例、图幅一般同平面图一致。

2. 画底图（2H）。

(1) 定室外地坪线、外墙轮廓线和屋顶线（图 2-4-2 (*a*)）。

(2) 结合平面图画门窗洞口（图 2-4-2 (*b*)）。

(3) 绘制其他细部。如雨水管、门窗分格线、台阶、墙面装修线、弧形玻璃幕墙的素线等（图 2-4-2（*c*））。

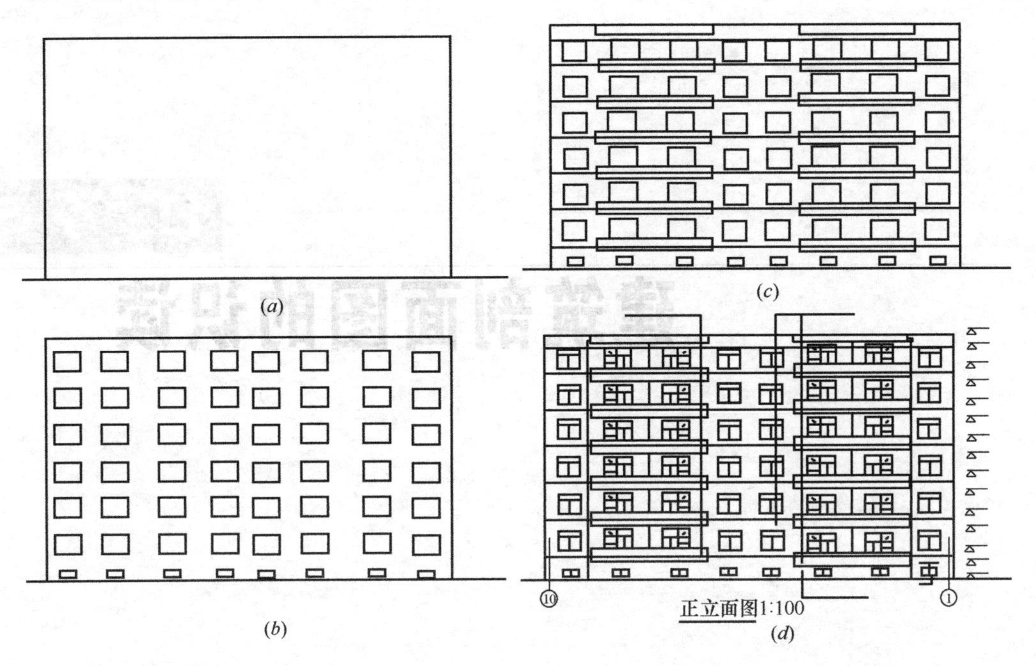

图 2-4-2　建筑立面图的绘图步骤

3. 修图加深图线。经过检查无误后，擦去多余作图线，按施工图的要求加深图线。标注标高、尺寸、注明各部位的装修做法和索引符号。注写图名、比例、填写标题栏（图 2-4-2（*d*））。

任务 5

建筑剖面图的识读

过程 5.1 准备知识的学习

5.1.1 建筑剖面图的形成及作用

假想用一个或一个以上的铅垂剖切平面剖切建筑物，所得到的剖面图叫建筑剖面图，简称剖面图（图 2-5-1）。建筑剖面图用以表达建筑的结构形式、分层情况、竖向墙身及门窗、各层楼地面、屋顶的构造及相关尺寸和标高。

建筑剖面图的名称应与一层建筑平面图的剖切符号一致。

5.1.2 建筑剖面图的内容及图示方法

1. 表示剖切到的墙、梁及其定位轴线。

2. 表示室内底层地面、各层楼面、屋顶、门窗、楼梯、阳台、雨篷、踢脚板、室外地坪、散水及室内外装修等被剖切到和可见的内容。

3. 标注尺寸和标高

（1）标高 应标注被剖切到的外窗门窗洞的标高，室内外地面的标高，屋顶标高，檐口顶部标高及各层楼地面的标高。

（2）尺寸 应标注窗台高度、门窗洞口的高度，层间高度和建筑的总高，室内标注内墙上门窗洞口高度及内部设施的定型、定位尺寸。

4. 表示楼地层、屋顶的构造。一般用多层构造引出线说明楼地面及屋顶的构

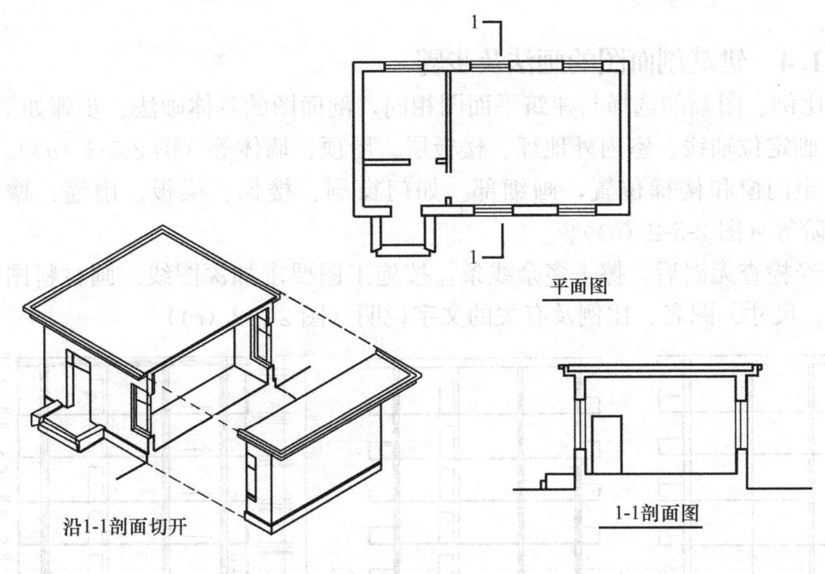

图 2-5-1　建筑剖面图的形成

造层次和做法。如选择标准做法或已有说明，则在剖面图中用索引符号引出说明。

剖面图的比例应与平面图、立面图的比例一致，因此在剖面图中一般不画材料图例，被剖切到的墙体、梁、板等轮廓线用粗实线表示，没有剖切到但可见部分用细实线表示，被剖切到的钢筋混凝土梁、板可涂黑。

5.1.3　建筑剖面图的识读

以城乡建设学校实训楼的 1-1 剖面图为例说明建筑剖面图的识读方法及步骤。

1. 了解图名、比例及相关文字说明内容

首先从一层平面图上查阅相应的剖切符号，弄清剖切位置及剖视方向，大致了解一下建筑被剖切到的部分和未被剖切但可见的部分。由一层平面图可知此剖面图为横向剖面图，编号为 1-1。

2. 明确建筑的主要结构材料及构造形式

由 1-1 剖面图可知其水平承重构件楼板及屋面板为现浇钢筋混凝土梁板式结构，檐口为女儿墙檐口，外墙上为框架梁兼作过梁。

3. 了解未剖到的可见部分

图中未剖到的可见部分有框架柱、梁、门窗、女儿墙及屋顶上的钢结构装饰构架等，这些部分的投影用细实线表示。

4. 了解图中各部分的尺寸标注

由图可知，此建筑室内外地坪高差为 450mm，各层层高为 3.6m。外墙上窗台高 900mm，窗洞口高为 2000mm。另外五层女儿墙高 500mm，六层女儿墙高 1000mm。

5. 了解相关索引内容　由图可知屋顶上的钢结构装饰构架二次装修再做。

5.1.4 建筑剖面图的画法及步骤

其比例、图幅的选择与建筑平面图相同，剖面图的具体画法、步骤如下：

1. 画定位轴线、室内外地坪、楼板层、屋顶、墙体等（图 2-5-2（*a*））。

2. 定门窗和楼梯位置，画细部。如门窗洞、楼梯、梁板、雨篷、檐口、屋面、台阶等（图 2-5-2（*b*））。

3. 经检查无误后，擦去多余线条，按施工图要求加深图线。画材料图例，注写标高、尺寸、图名、比例及有关的文字说明（图 2-5-2（*c*））。

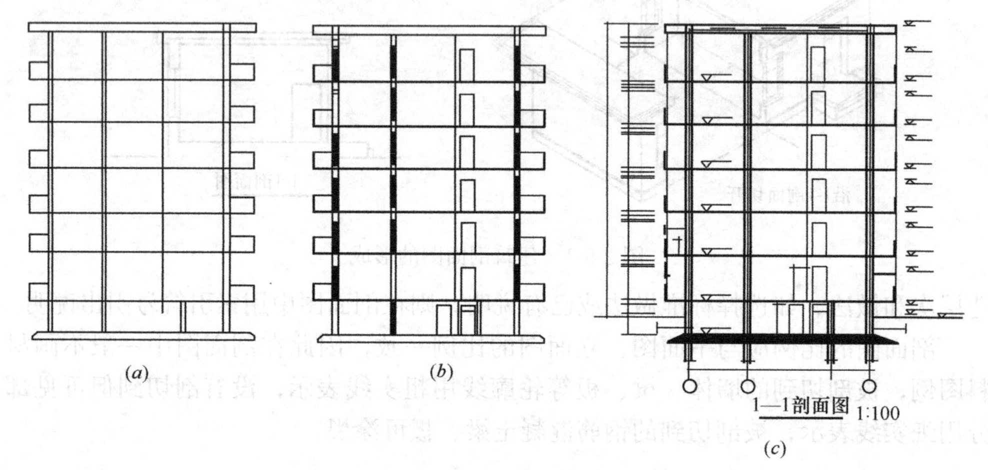

图 2-5-2 建筑剖面图的画法及步骤

任务 6

建筑详图的识读

过程 6.1 建筑详图的作用及内容

6.1.1 建筑详图的形成

由于画平面、立面、剖面图时所用的比例较小，房屋上许多细部的构造无法表示清楚，为了满足施工的需要，必须分别将这些部位的形状、尺寸、材料、做法等用较大的比例详细画出图样，这种图样称为建筑详图，简称详图，有时也叫大样图。

6.1.2 建筑详图的特点及作用

建筑详图的特点一是比例大，常用比例为 1：50、1：20、1：10、1：5、1：2、1：1 等，二是图示内容详尽清楚，三是尺寸标注齐全、文字说明详尽。

建筑详图是建筑细部的施工图，是对建筑平面、立面、剖面图等基本图样的深化和补充，是建筑工程的细部施工、建筑构配件的制作及编制预算的依据。

6.1.3 建筑详图的种类

建筑详图一般有局部构造详图（如楼梯详图、墙身详图、门窗详图等）、局部平面详图（如卫生间平面详图等）及装饰构造详图（如墙裙做法、门窗套装饰做法等)。

6.1.4 建筑详图的表示方法

详图的数量和图示内容与房屋的复杂程度及平面、立面、剖面图的内容和比例有关。

对于套用标准图或通用图的建筑构配件和节点，只需注明所套用图集的名称、型号或页次，可不必另画详图。对于节点构造详图，应在详图上注出详图符号或名称，以便对照查阅。而对于构配件详图，可不注索引符号，只在详图上写明该构配件的名称或型号即可。

6.1.5 建筑详图的内容

一幢房屋施工图通常需绘制以下几种详图：墙体剖面详图、楼梯详图、门窗详图及室内外一些构配件的详图。各详图的主要内容有：

1. 图名（或详图符号）、比例；
2. 表达出构配件各部分的构造连接方法及相对位置关系；
3. 表达出各部位、各细部的详细尺寸；
4. 详细表达构配件或节点所用的各种材料及其规格；
5. 有关施工要求、构造层次及制作方法说明等。

过程 6.2 墙身详图的识读

6.2.1 准备知识的学习

6.2.1.1 墙身详图的形成及内容

墙身详图实质上是建筑剖面图中墙身部分的局部放大。

墙身详图一般采用 1∶20、1∶10 等较大比例绘制，为节省图幅，通常采用折断画法，往往在窗洞中间处断开，成为几个节点详图的组合，如图 JS—16、JS—17。

墙身详图上标注尺寸和标高，与建筑剖面图基本相同，线型也与剖面图一样，剖到的轮廓线用粗实线，粉刷线则为细实线，断面轮廓线内应画上材料图例。

墙身详图的主要内容有：

1. 表明墙身的定位轴线编号，墙体的厚度、材料及其本身与轴线的关系。
2. 表明墙脚的做法，墙脚包括勒脚、散水、防潮层以及首层地面等的构造。
3. 表明各层梁、板等构件的位置及其与墙体的连接，构件表面抹灰、装饰等内容。
4. 表明檐口部位的做法，檐口部位包括封檐构造（如女儿墙或挑檐）、圈梁、过梁、屋顶泛水构造、屋面保温、防水做法和屋面板等结构构件。

5. 图中的详图索引符号等。

6.2.1.2 建筑的竖向定位

1. 砖墙楼（地）面竖向定位应与楼（地）面面层上表面重合（图 2-6-1）。

2. 屋面竖向定位应为平屋顶的结构面层或坡屋顶的结构面层与外墙外皮延长线的交点（图 2-6-2）。

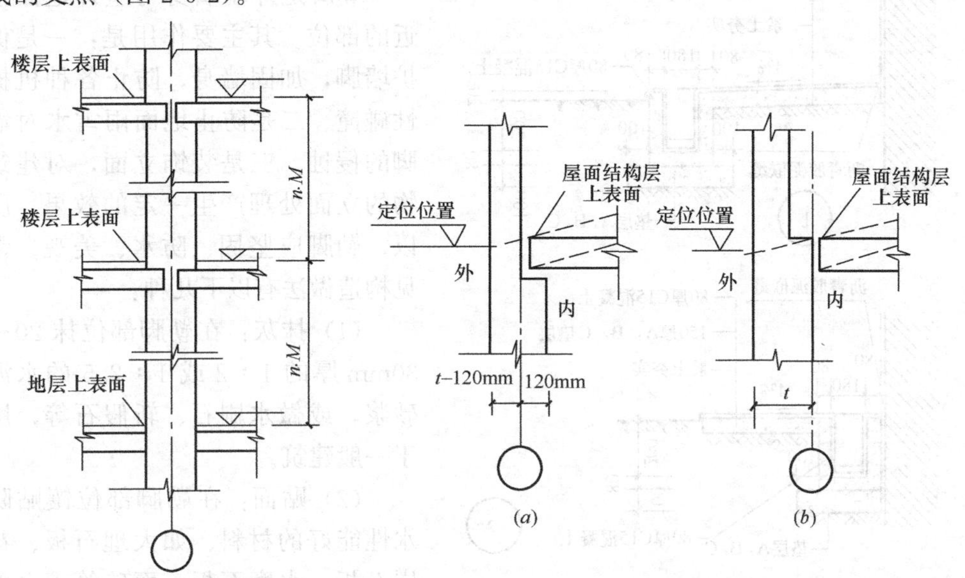

图 2-6-1 砖墙的竖向定位

图 2-6-2 屋面的竖向定位

（*a*）距墙内缘 120mm 处定位；（*b*）与墙内缘重合

6.2.1.3 外墙周围的排水处理（散水和明沟）

为了防止室外地面水、墙面水及屋檐水对墙基的侵蚀，沿建筑物四周与室外地坪相接处宜设置散水与明沟，把建筑物附近的地面水及时排走。

1. 散水

房屋四周的排水斜坡，又称散水坡、护坡。

散水的宽度一般不小于 800mm，如果采用无组织排水，屋顶有挑檐，散水应超过屋顶挑檐 200～300mm，为了迅速排除散水上面的雨水，应向外侧作成 3%～5%的排水坡度。外缘高出室外地坪 20～30mm 较好。

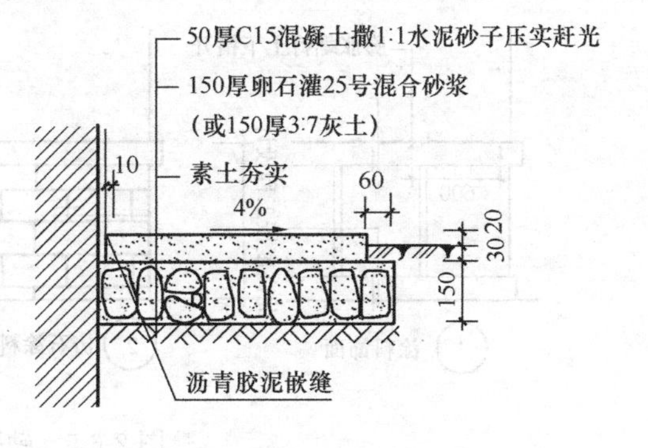

图 2-6-3 散水的构造

散水的做法通常有混凝土散水、块石灌浆散水、砖铺散水、水泥砂浆散水、卵石拼花散水、草坪散水（图 2-6-3）。当散水采用混凝土时，应沿长度方向每隔 6～12m 设伸缩缝，缝宽 20～30mm，用沥青砂或沥青胶泥嵌缝。勒脚与散水之间设沉降缝，缝内填沥青或沥青砂浆等。

2. 明沟

又称阳沟、排水沟。多用在降雨量大的地区，断面尺寸通常不小于宽 180mm，深 150mm，沟底纵坡一般不小于 1%。常采用混凝土浇筑，也可用砖、石砌筑，用水泥砂浆抹面（图 2-6-4）。明沟上覆盖透空箅子。

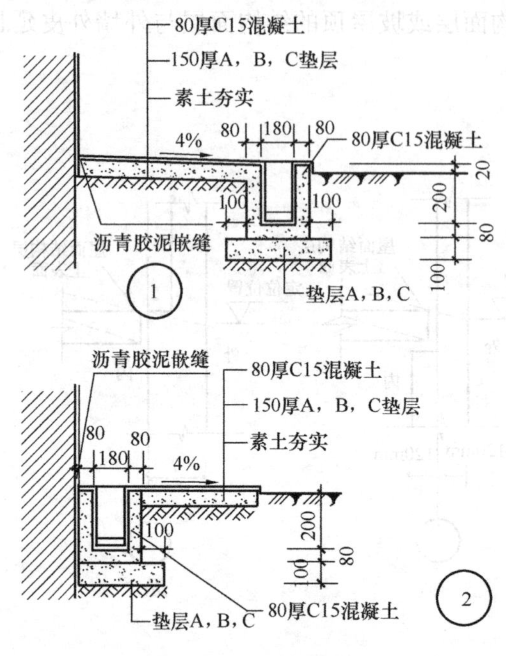

图 2-6-4 明沟的构造

6.2.1.4 勒脚的构造

勒脚是外墙墙身与室外地面接近的部位。其主要作用是：一是保护墙脚，加固墙身，防止各种机械性碰撞。二是防止地面雨雪水对墙脚的侵蚀。三是装饰立面，对建筑物的立面处理产生一定的效果。所以，勒脚应坚固、防水、美观。常见构造做法有以下几种：

（1）抹灰：在勒脚部位抹 20～30mm 厚的 1：2 或 1：2.5 的水泥砂浆，或做水刷石、斩假石等，用于一般建筑。

（2）贴面：在勒脚部位镶贴防水性能好的材料、如大理石板、花岗石板、水磨石板、面砖等。也可在勒脚部位将墙体加厚 60～120mm，再用水泥砂浆或水刷石等罩面。

（3）可用石材代替砖砌成勒脚墙。

勒脚的高度一般不应低于 500mm，考虑建筑立面造型要求，应与建筑物的整体形象结合而定（图 2-6-5）。

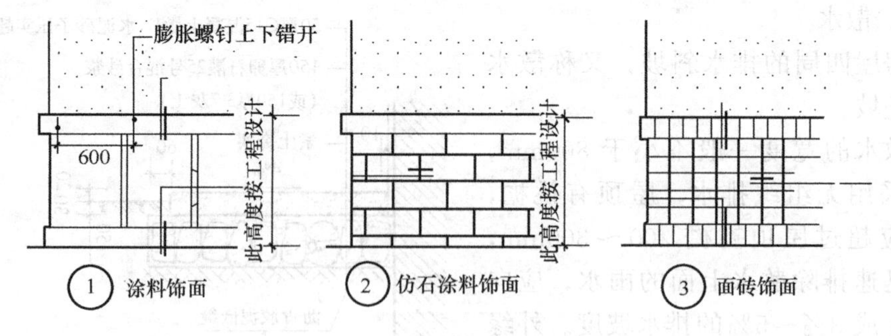

图 2-6-5 勒脚的构造

6.2.1.5 墙身防潮层的构造

为了防止地下土壤中的潮气沿墙体上升和地表水对墙体的侵蚀，提高墙身的坚固性和耐久性，保持室内干燥、卫生，在墙体中应设防潮层。防潮层分为水平防潮层和垂直防潮层。

1. 水平防潮层

设在所有墙体的根部。应沿建筑物内、外墙连续交圈设置，位于室内地坪以下 60mm 处。

其构造作法有以下几种（图 2-6-6）：

(1) 防水砂浆防潮层：在防潮层部位抹 20mm 厚掺防水剂的 1∶2.5 的水泥砂浆，防水剂的掺量为水泥重量的 3%～5%。也可在防潮层部位用防水砂浆砌三皮砖。特点：易产生裂缝。

(2) 细石混凝土防潮层：采用 60mm 厚与墙等宽的 C15 混凝土带，内配 2ϕ6 钢筋 。混凝土比砂浆密实，能在一定程度上阻断毛细水。配置钢筋后，能防止基础不均匀沉降造成的混凝土开裂。特点：建筑整体性好，抗裂性能好，防潮效果好，但施工复杂。

当建筑物设有地圈梁，且其位置在室内地坪以下 60mm 处时，可由地圈梁代替防潮层。

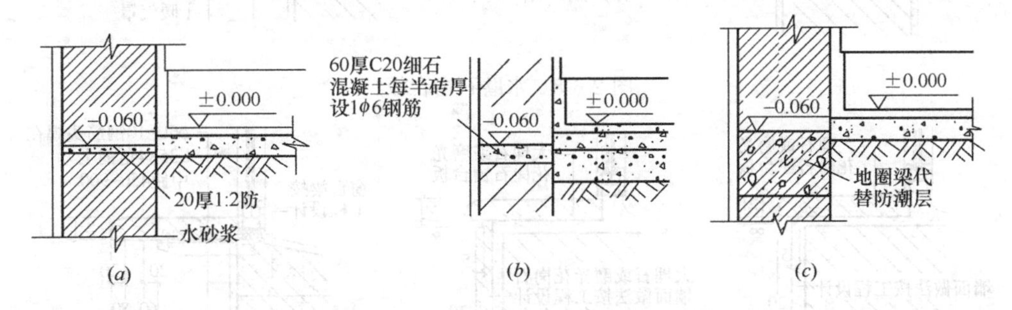

图 2-6-6 水平防潮层的构造

(a) 防水砂浆防潮；(b) 细石混凝土防潮层；(c) 地圈梁代替防潮层

2. 垂直防潮层

当室内地面出现高差或室内地面低于室外地面时，除了两道水平防潮层外，还应在墙体靠土层一侧设垂直防潮层。具体做法是：墙面做 20 厚 1∶2.5 水泥砂浆找平层，再涂刷防水涂料（图 2-6-7）。

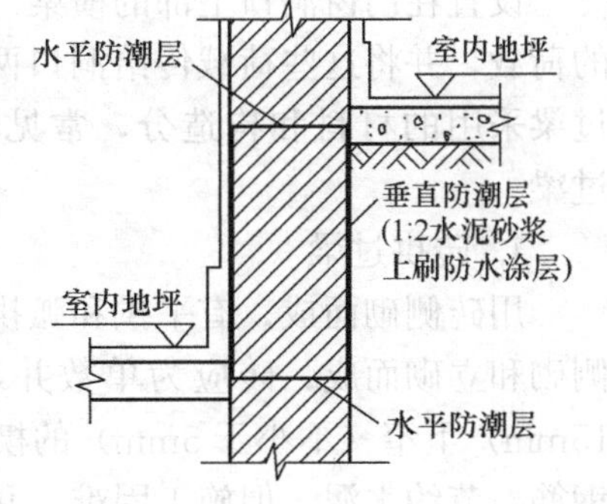

图 2-6-7 垂直防潮层的构造

6.2.1.6 窗台的构造

窗洞口的下部的构造。窗台根据窗的安装位置可形成内窗台和外窗台。外窗台是为了防止窗外侧流下的雨水和污染下部墙面。内窗台则为了排除窗上的凝结水，以保护室内墙面，及存放东西、摆放花盆等。设计窗台标高以内窗台为准。

1. 外窗台

外窗台一般应低于内窗台，并应形成一定的外倾坡度，以利排水，防止雨水流入室内。外窗台的构造有悬挑窗台和不悬挑窗台两种。悬挑窗台常用砖平砌或侧砌挑出 60mm，窗台表面的坡度可由斜砌的砖形成或用 1∶2.5 水泥砂浆抹出，并在挑砖下缘前端抹出锐角形（滴水线）或半圆凹槽（滴水槽），便于排水，以免污染墙面。如果外墙饰面为瓷砖或陶瓷锦砖等易于清洗的材料，可不做悬挑窗台，窗下墙的脏污可借窗上墙流下的雨水冲洗干净。

2. 内窗台

内窗台的做法有两种：直接抹 1∶2 水泥砂浆形成面层、粘贴天然或人造石材。窗台的构造见图 2-6-8、图 2-6-9。

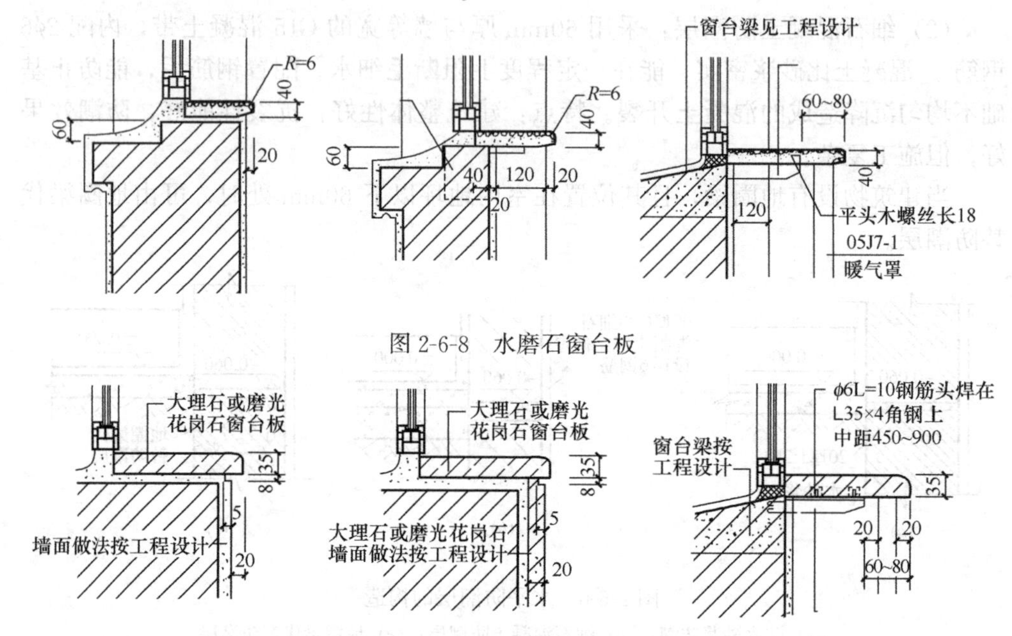

图 2-6-8　水磨石窗台板

图 2-6-9　大理石、花岗石窗台板

6.2.1.7　过梁的构造

设置在门窗洞口上部的横梁。其作用是支承洞口上部的砌体自重及梁板传来的荷载，并将这些荷载传给洞口两侧的门窗间墙，保护门窗不被压弯压坏。按照过梁采用的材料和构造分，常见的过梁有砖拱过梁、钢筋砖过梁、钢筋混凝土过梁。

1. 砖拱过梁

用砖侧砌而成，有平拱和弧拱两种，工程中多用平拱。平拱砖过梁由普通砖侧砌和立砌而成，砖应为单数并对称于中心向两边倾斜。灰缝呈上宽（不大于 15mm）下窄（不小于 5mm）的楔形。跨度一般在 1200mm 左右。其特点是不用钢筋，节约水泥，但施工困难，并不宜用于上部有集中荷载和振动荷载以及可能产生不均匀沉降的建筑物，也不宜用于地震区的建筑物（图 2-6-10）。

2. 钢筋砖过梁

用砖平砌，在灰缝中加上钢筋的一种过梁。它利用钢筋抗拉强度大的特点，把钢筋放在门窗洞口顶上的灰缝中，形成能受弯的加筋砌体，以承受洞顶上部的荷载。钢筋砖过梁的高度应经计算确定，一般不少于 5 皮砖，且不少于洞口跨度

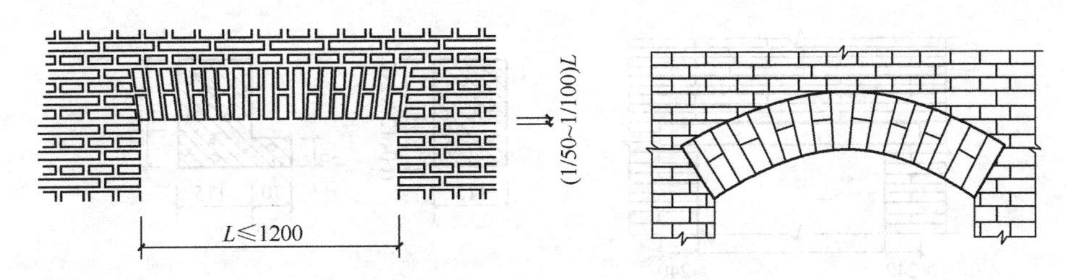

图 2-6-10　砖拱过梁

的 1/5，在钢筋砖过梁范围内应用不低于 M2.5 的砂浆，MU7.5 的砖砌筑。它的砌筑方式和砖墙完全一致，所以操作方便。在第一皮砖下设置不小于 30mm 厚的砂浆层，并在其中放置钢筋，钢筋的数量为每 120mm 墙厚不少于 1ϕ6。钢筋伸入支座砌体内的长度不宜小于 240mm，并在端部做 60mm 高的垂直弯钩（图 2-6-11）。为了保护钢筋免遭锈蚀，使钢筋与砌砖体共同工作，底面砂浆层的厚度不宜小于 30mm。

钢筋转过梁适用于跨度不超过 1.5m，上部无集中荷载的洞口。当墙身为清水墙时，采用钢筋砖过梁，可使建筑立面获得统一的效果。

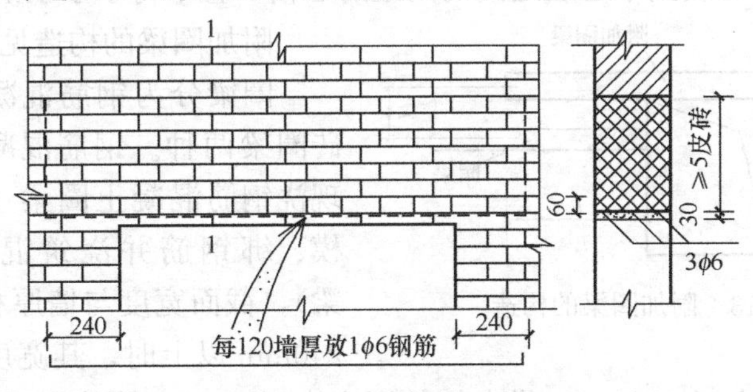

图 2-6-11　钢筋砖过梁

3. 钢筋混凝土过梁（图 2-6-12）

当门窗洞口跨度超过 2m，或荷载较大，或有较大振动荷载，或可能产生不均匀沉降的房屋，可采用钢筋混凝土过梁。按施工方式不同，可分为现浇钢筋混凝土过梁和预制钢筋混凝土过梁，其中预制钢筋混凝土过梁便于施工，采用最普遍。钢筋混凝土过梁承载力高，坚固耐久。

钢筋混凝土过梁的截面尺寸及配筋应经计算确定，钢筋混凝土过梁的梁高与砖的匹数相匹配，常有 60mm、120mm、180mm、240mm。钢筋混凝土过梁的梁宽一般同墙厚，两端伸入墙内不小于 240mm。钢筋混凝土过梁的截面形状一般有矩形和 L 形。

6.2.1.8　圈梁的作用及要求

圈梁是沿房屋外墙、内纵墙和部分横墙在同一水平面上设置的连续封闭的梁。其作用是加强房屋的空间刚度及整体性，提高建筑物的抗风、抗震、抗温度变化的能力，防止由于基础的不均匀沉降、振动荷载等引起的墙体开裂。在抗震设防地区，设置圈梁是减轻震害的重要构造措施。

圈梁的数量与建筑物的高度、层数、地基状况和地震烈度有关 。圈梁设置的

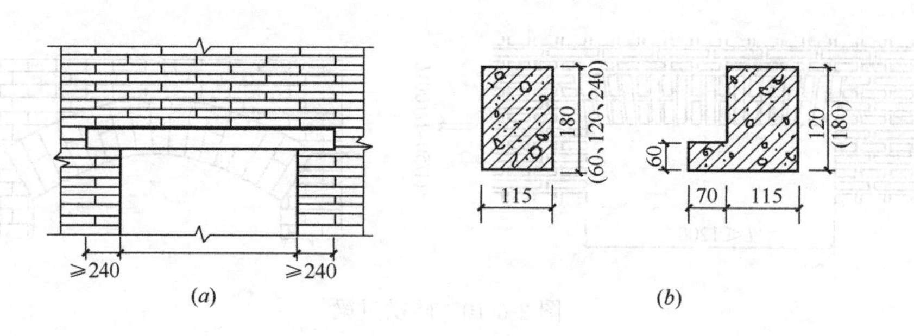

图 2-6-12 钢筋混凝土过梁

(a) 过梁立面；(b) 过梁的断面形状和尺寸

位置与其数量也有一定关系，当只设一道圈梁时，应通过屋盖处，增设时应通过相应的楼盖处或门洞口上方。当楼盖、屋盖与相应窗过梁靠近时，圈梁可通过窗顶兼作过梁。

圈梁应连续地设在同一水平面上，并形成封闭状。当圈梁被门窗洞口断开而不能连续时，应在洞口上部增设附加圈梁进行搭接补强，附加圈梁与圈梁的搭接长度不应小于中心线到中心线之间的间距的 2 倍，且不得小于 1m。

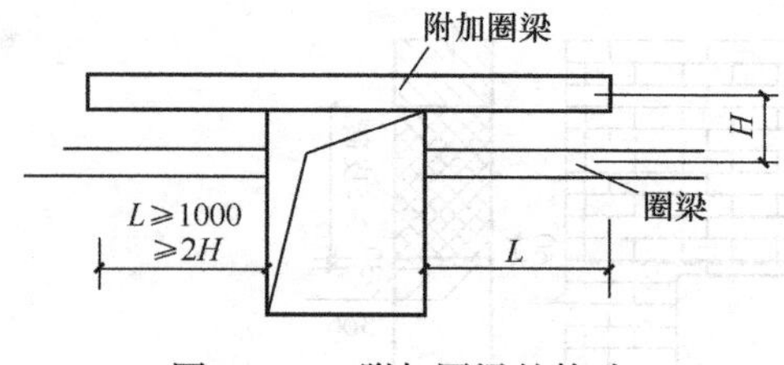

图 2-6-13 附加圈梁的构造

附加圈梁的构造见图 2-6-13。

圈梁分为钢筋混凝土圈梁和钢筋砖圈梁两种。钢筋混凝土圈梁多采用现浇钢筋混凝土圈梁（在施工现场支模、绑钢筋并浇筑混凝土形成的圈梁），截面宽度与墙厚相同。当墙厚为 240mm 以上时，其宽度不宜小于墙厚的 2/3，高度不小于 120mm。纵向钢筋不应小于 4ϕ10，箍筋间距不大于 200mm。当板采用现浇钢筋混凝土板时，圈梁可同板整体浇在一起。钢筋混凝土圈梁宜设置在与楼板或屋面板同一标高处（称为板平圈梁）；或紧贴板底（称为板底圈梁）。钢筋砖圈梁是在墙体灰缝中加入钢筋，其加设原则是：梁高 4～6 皮砖，纵向钢筋不宜少于 6ϕ6，钢筋水平间距不宜大于 120mm，砂浆强度等级不宜低于 M5，钢筋应分上下两层布置在圈梁顶部和底部灰缝内（图 2-6-14）。

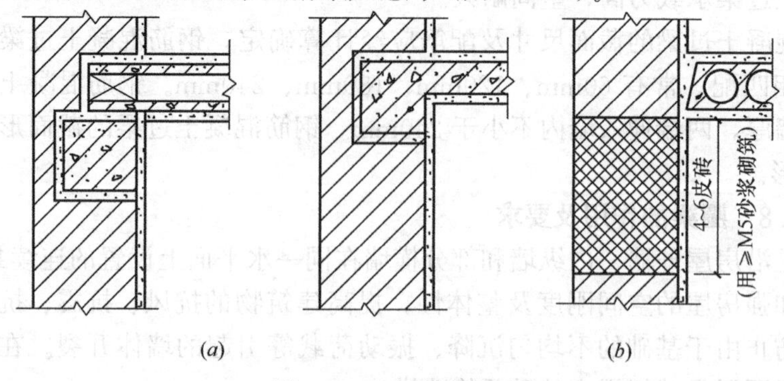

图 2-6-14 圈梁的构造

(a) 钢筋混凝土圈梁；(b) 钢筋砖圈梁

钢筋混凝土圈梁的设置原则见表 2-6-1。

钢筋混凝土圈梁的设置原则 **表 2-6-1**

圈梁设置及配筋		设计烈度		
		7 度	8 度	9 度
圈梁设置	沿外墙及内纵墙	屋盖处必须设置，楼层处隔层设置	屋盖处及每层楼盖处设置	屋盖处及每层楼盖处设置
	沿内横墙	同上，屋盖处间距不大于 7m，楼盖处间距不大于 15m，构造柱对应部位	同上，屋盖处沿所有横墙且间距不大于 7m，楼盖处间距不大于 7m，构造柱对应部位	同上，各层所有横墙
配　筋		4ϕ8，ϕ6@250	4ϕ10，ϕ6@200	4ϕ12，ϕ6@150

6.2.1.9 楼地层的构造

建筑物的使用荷载主要由楼地层承受。楼地层包括：楼板层和地坪层。

楼板层的组成：面层（楼面）、楼板（结构层）、顶棚。

地坪层的组成：面层（地面）、垫层、基层（素土夯实）。

当房间对楼板层和地坪层有特殊要求时可加设相应的附加层，如防水层、防潮层、隔声层、隔热层等。

楼板

楼板是楼板层的结构层，其作用是承受楼面传来的荷载并传给墙或柱，对墙体起水平支承作用，传递风荷载及地震所产生的水平力，以增加建筑物的整体刚度。因此要求楼板有足够的强度和刚度，以保证结构的安全及变形要求。根据不同的使用要求和建筑质量等级，要求具有不同程度的隔声、防火、防水、防潮、保温、隔热等性能。

楼板按其所用材料的不同分为木楼板、砖拱楼板、钢筋混凝土楼板等。钢筋混凝土楼板因其承载能力大、刚度好，且具有良好的耐久、防火和可塑性，目前被广泛采用。按其施工方式不同，钢筋混凝土楼板可分为现浇式、预制装配式和装配整体式三种类型。实际工程中多采用现浇钢筋混凝土楼板。

现浇钢筋混凝土楼板是在现场支模、绑扎钢筋、浇捣混凝土，经养护而成的楼板。其特点是成型自由、整体性和防水性好，但模板用量大，工期长，工人劳动强度大，且受施工季节的影响较大。

根据受力和传力情况分：有板式楼板、梁板式楼板、无梁楼板和压型钢板组合板等。

（1）板式楼板

将楼板现浇成一块平板，四周直接支承在墙上，这种楼板称为板式楼板。板式楼板的底面平整，便于支模施工，但当楼板跨度大时，需增加楼板的厚度，耗费材料较多。板式楼板适用于平面尺寸较小的房间，如厨房、卫生间、走廊等。

板式楼板按受力特点分为单向板和双向板（图 2-6-15）。当板的长边与短边之比大于 2 时，板上的荷载基本上沿短边传递，这种板称为单向板。当板的长边与短边之比小于或等于 2 时，板上的荷载将沿两个方向传递，这种板称为双向板。

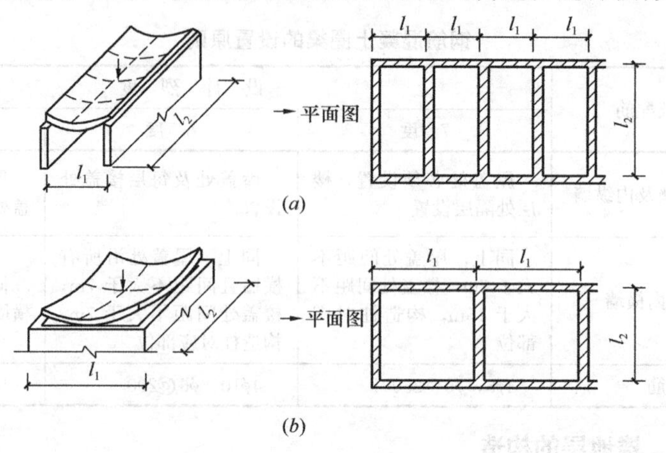

图 2-6-15 楼板的受力传力方式

(a) 单向板 ($l_2/l_1>2$)；(b) 双向板 ($l_2/l_1\leqslant2$)

(2) 梁板式楼板

当房间平面尺寸较大时，为了避免楼板的跨度较大，可在楼板下设梁来减小板的跨度，这种由梁、板组成的楼板称为梁板式楼板。根据梁的布置情况分为：单梁式楼板、复梁式楼板和井式楼板。

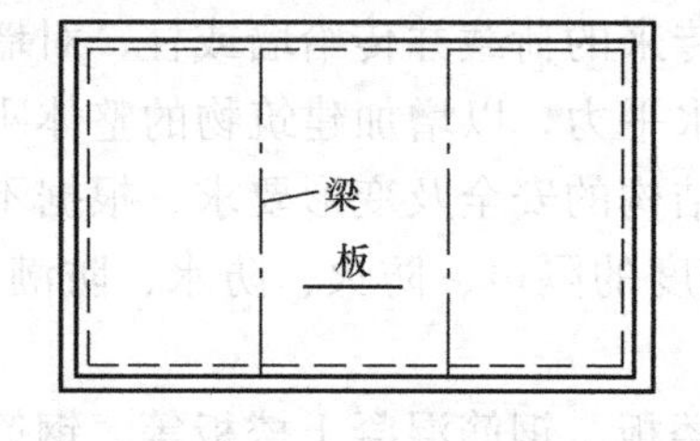

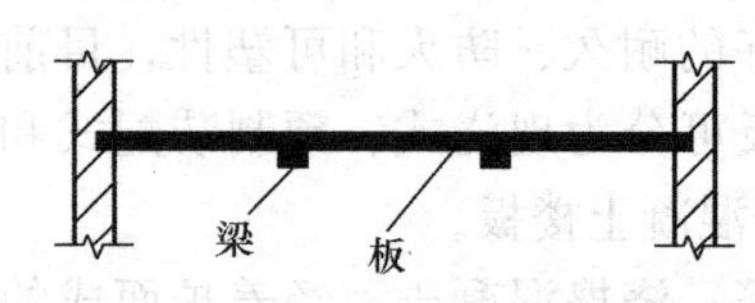

图 2-6-16 单梁式楼板

1) 单梁式楼板

当房间有一个方向的平面尺寸相对较小时，可以只沿短向设梁，梁直接搁置在墙上，这种梁板式楼板属于单梁式楼板（图 2-6-16）。单梁式楼板荷载传递途径：板→梁→墙。适用于教学楼、办公楼等建筑。

2) 复梁式楼板

当房间两个方向的平面尺寸都较大时，则需要在板下沿两个方向设梁，一般沿房间的短向设置主梁，沿长向设置次梁，这种由板和主梁、次梁组成的梁板式楼板属于双梁式楼板（图 2-6-17）。双梁式楼板荷载传递途径：板→次梁→主梁→墙或柱，适用于平面尺寸较大的建筑，如教学楼、办公楼、小型商店等。

(3) 井式楼板

当房间的平面形状近似方形，跨度在 10m 左右时，常在板下沿两个方向交叉设置等距离、等截面尺寸的井字形梁，形成井式楼板（图 2-6-18）。井式楼板是一种特殊的双梁式楼板，梁无主、次之分，通常采用正交正放和正交斜放的布置形式。其结构形式整齐，具有较强的装饰性。多用于公共建筑，如会议室、餐厅、小礼堂、歌舞厅等。

为了保证墙体对楼板、梁的支承强度，使楼板、梁能够可靠地传递荷载，楼

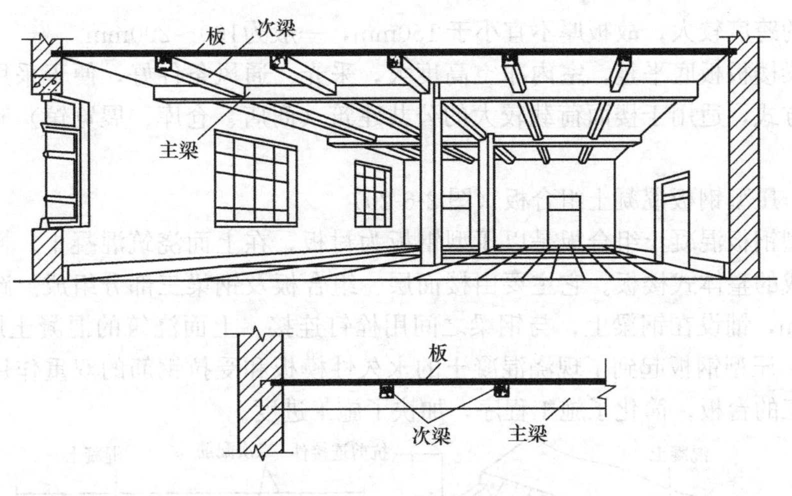

图 2-6-17　复梁式楼板

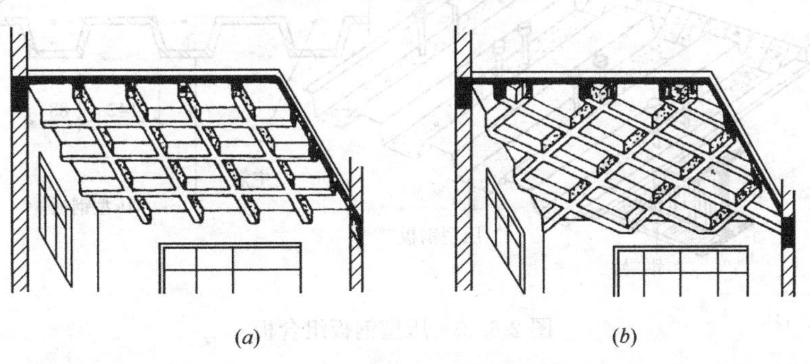

(*a*)　　　　(*b*)

图 2-6-18　井梁式楼板

(*a*) 正井式；(*b*) 斜井式

板和梁必须有足够的搁置长度：楼板在砖墙上的搁置长度一般不小于板厚且不小于 110mm。

梁在砖墙上的搁置长度与梁高有关，当梁高不超过 500mm 时，搁置长度不小于 180mm，当梁高超过 500mm 时，搁置长度不小于 240mm。

（3）无梁楼板

无梁楼板是在楼板跨中设置柱子来减小板跨，不设梁的楼板（图 2-6-19）。在柱与楼板连接处，柱顶构造分为有柱帽和无柱帽两种。当楼面荷载较小时，可采用无柱帽式的形式；当楼面荷载较大时，可在柱顶设置设置柱帽和托板来减小板跨，增加柱对板的支托面积 。无梁楼板的柱间距为 6m，成方形布置。

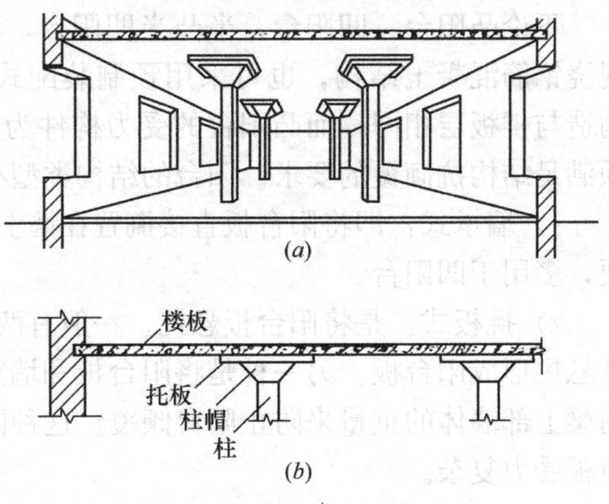

图 2-6-19　无梁楼板

(*a*) 直观图；(*b*) 投影图

由于板的跨度较大，故板厚不宜小于 150mm，一般为160～200mm。

无梁楼板板底平整，室内净空高度大，采光、通风条件好，便于采用工业化的施工方式，适用于楼面荷载较大的公共建筑（商店、仓库、展览馆）和多层工业建筑。

(4) 压型钢板混凝土组合板（图 2-6-20）

压型钢板混凝土组合板是以压型钢板为衬板，在上面浇筑混凝土，搁置在钢梁上构成的整体式楼板。它主要由楼面层、组合板及钢梁三部分组成。跨度一般为 2～3m，铺设在钢梁上，与钢梁之间用栓钉连接。上面浇筑的混凝土厚 100～150mm。压型钢板起到了现浇混凝土的永久性模板和受拉钢筋的双重作用，同时又是施工的台板，简化了施工程序，加快了施工进度。

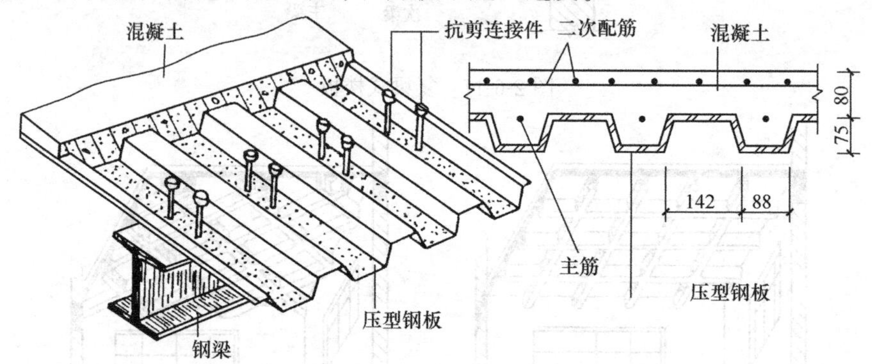

图 2-6-20　压型钢板组合板

6.2.1.10　阳台及雨篷的构造

1. 阳台的构造

阳台是楼房建筑中各层伸出室外的平台，给居住在多（高）层建筑里的人们提供一个舒适的室外活动空间，让人们足不出户，就能享受到大自然的新鲜空气和明媚阳光，还可以起到观景、纳凉、晒衣、养花等多种作用。

(1) 阳台结构类型

不论凸阳台，凹阳台，半凸半凹阳台，都采用钢筋混凝土结构承重。多采用现浇钢筋混凝土结构，也可采用预制装配式结构。凹阳台实为楼板层的一部分，构造与楼板层相同，而凸阳台的受力构件为悬挑构件，其挑出长度和构造做法必须满足结构抗倾覆的要求。阳台的结构类型有以下三种（图 2-6-21）：

1）墙承式：即将阳台板直接搁置在墙上。这种结构形式稳定、可靠，施工方便，多用于凹阳台。

2）挑板式：是将阳台板悬挑，一般有两种做法：一种是将房间楼板直接向墙外悬挑形成阳台板。另一种是将阳台板和墙梁（或过梁 、圈梁）现浇在一起，利用梁上部墙体的重量来防止阳台倾覆。这种阳台底面平整，构造简单，外形轻巧，但板受力复杂。

3）挑梁式：由建筑的内横墙挑梁，阳台板搁置在挑梁上。为防止阳台倾覆，挑梁压入横墙部分的长度应不小于悬挑部分长度的 1.5 倍。这种阳台底面不平整，挑梁端部外露，影响美观，也使封闭阳台时构造复杂化，工程中一般在挑梁端部增设与其垂直的边梁，来克服其缺陷。

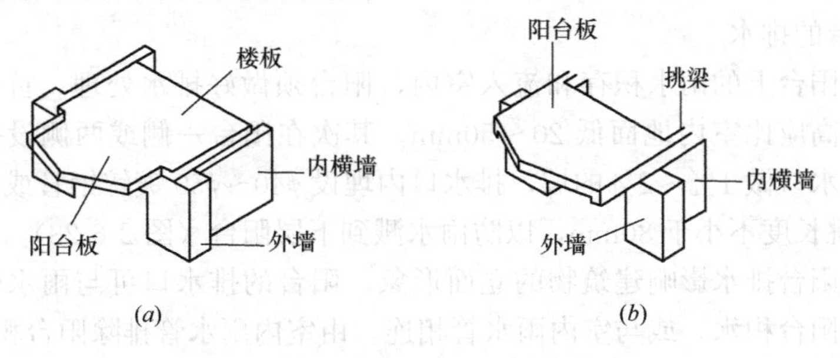

图 2-6-21　现浇钢筋混凝土凸阳台

（*a*）挑板式；（*b*）挑梁式

（2）阳台细部构造

1）阳台栏杆（栏板）扶手

栏杆的形式有三种：空花栏杆、实心栏板和由空花栏杆与栏板组合而成的组合式栏板（图 2-6-22）。空花栏杆有空花栏杆和预制混凝土栏杆两种，金属栏杆一般采用圆钢、方钢、扁钢或钢管等制作。

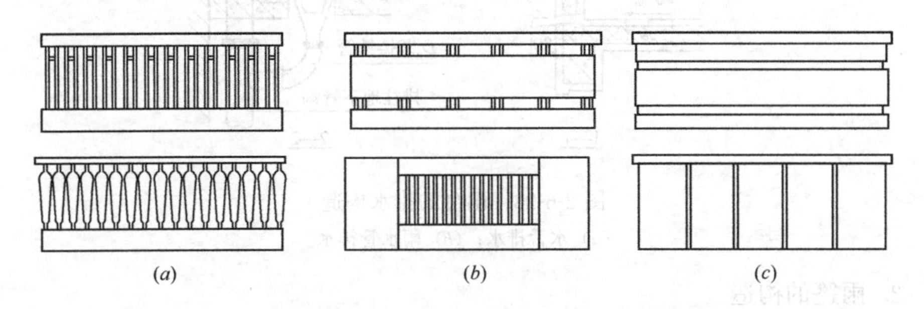

图 2-6-22　阳台栏杆形式

（*a*）空花栏杆；（*b*）组合式栏杆；（*c*）实心栏板

栏杆（栏板）是为保证人们在阳台上活动安全而设置的竖向构件，要求坚固可靠，舒适美观。住宅阳台栏杆的净高应高于人体的重心，低、多层住宅阳台栏杆的净高不宜小于 1.05m，中高层住宅阳台栏杆的净高不宜小于 1.1m，但也不应超过 1.2m。空花栏杆垂直杆之间的净距不应大于 110mm，也不应设水平分格，以防儿童攀爬。

栏杆应与阳台板有可靠的连接，通常是在阳台板顶面预埋扁钢与金属栏杆焊接，也可将栏杆插入阳台板的预留孔洞中，用砂浆灌注。栏板现多用钢筋混凝土栏板，有现浇和预制两种：现浇栏板通常与阳台板整浇在一起；预制栏板可预留钢筋与阳台板的预留部分浇筑在一起，或预埋铁件焊接。

扶手是供人手扶持所用，有金属管、塑料、混凝土等类型，空花栏杆上多采用金属管和塑料扶手，栏板和组合栏板多采用混凝土扶手。

阳台隔板用于连接双阳台，有砖砌和钢筋混凝土隔板两种。

砖砌隔板一般采用 60mm 和 120mm 厚两种，由于荷载较大且整体性较差，所以多采用钢筋混凝土隔板。

2）阳台的排水

为避免阳台上的雨水积存和流入室内，阳台须做好排水处理。首先，阳台地面的设计标高应比室内地面低 20～50mm，其次在阳台一侧或两侧设排水口，阳台地面向排水口做 1%～2%的坡，排水口内埋设 $\phi40$～$\phi50$ 镀锌钢管或塑料管（称水舌），外挑长度不小于 80mm，以防雨水溅到下层阳台（图 2-6-23）。

为避免阳台排水影响建筑物的立面形象，阳台的排水口可与雨水管相连，由雨水管排除阳台积水，或与室内雨水管相连，由室内雨水管排除阳台积水。

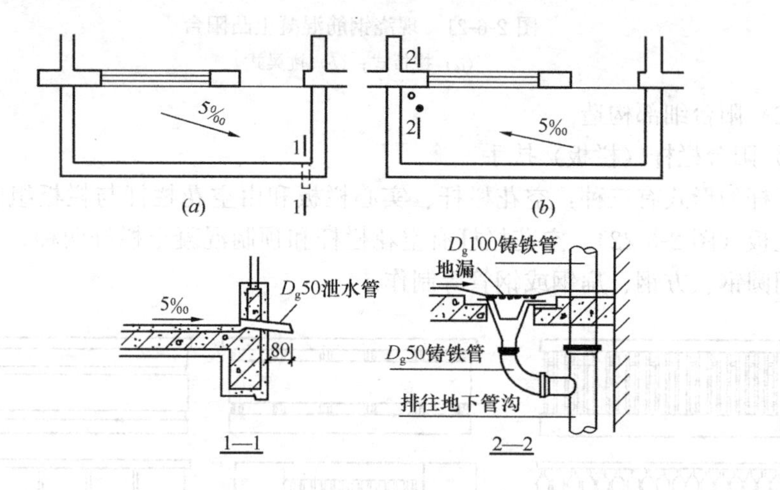

图 2-6-23　阳台的排水构造

（a）水舌排水；（b）雨水管排水

2. 雨篷的构造

雨篷位于建筑物外墙出入口的上方，用以遮挡雨雪，保护外门免受侵蚀，给人们提供一个从室外到室内的过渡空间，并起到保护门和丰富建筑立面的作用。

(1) 钢筋混凝土雨篷

按结构形式不同，有板式和梁板式两种（图 2-6-24）。

板式雨篷：与凸阳台一样做成悬臂构件，一般与门洞口上的过梁整浇，上下表面相平，从受力角度考虑，雨篷板一般作成变截面形式，根部厚度不小于 70mm，端部厚度不小于 50mm。

梁板式雨篷：当门洞尺寸较大，雨篷挑出尺寸也较大时，雨篷应采用梁板式结构。即雨篷由梁和板组成，为使雨篷底面平整，梁一般翻在板的上面成翻梁。当雨篷尺寸更大时，可在雨篷下设柱支撑。

雨篷顶面应做好防水、排水处理，一般采用 20mm 厚的防水砂浆抹面进行防水处理，防水砂浆应沿墙面上升，高度不小于 250mm，同时在板的下部边缘做滴水，防止雨水沿板底漫流。雨篷顶面需设置 1%的排水坡度，并在一侧或两侧设排水管将雨水排除。

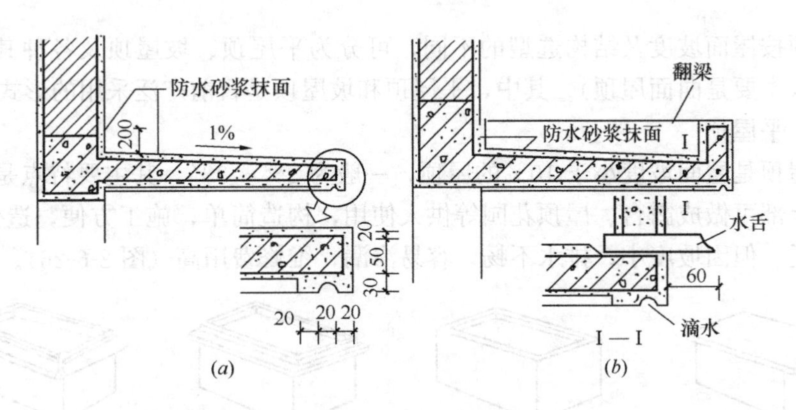

图 2-6-24　雨篷

(2) 钢结构悬挑雨篷（图 2-6-25）

钢结构悬挑雨篷由支撑系统、骨架系统和板面系统三部分组成。

6.2.1.11　屋顶

屋顶是房屋最上层起覆盖作用的外围护构件。

图 2-6-25　钢结构悬挑雨篷

1. 屋顶的作用及构造要求

(1) 屋顶的作用

承重作用：承受作用于屋顶上的风荷载、雪荷载、自重荷载、上人荷载等。

围护作用：抵御自然界风、雨、雪、冷、热、噪声等对建筑的影响，保证建筑内正常的工作、生活环境。

美观作用：不同的屋顶形式体现不同的建筑风格，反映不同地域、民族、宗教、时代和科技的发展。

(2) 屋顶的构造要求

首先，屋顶必须坚固耐久，具有一定的强度和足够的刚度，保证建筑的正常使用。

其次，屋顶要满足排水、防水的要求，即排水通畅，防漏可靠。排水是使屋面雨水迅速排除，而不积存，从而减少渗漏的可能，如果排水处理的不好，雨水受到阻碍而积存在屋面上，形成一定的压力，就必然增加渗漏的可能性。为了排水，屋顶设计最重要的任务是选择合理的排水坡度。

第三，屋顶要满足保温、隔热的要求。由于我国南北地区温差较大，合理选择保温材料（作保温层）和采取隔热措施（作隔热层）是保证顶层室内正常使用的重要手段。保温层是北方严寒和寒冷为了防止冬季室内热量通过屋顶向外散失而设置的构造层。隔热层是夏季炎热地区为了防止太阳辐射热进入室内而设置的构造层。

最后，屋顶要自重轻、构造简单、取材方便、施工可行、造价低廉。

2. 屋顶的类型

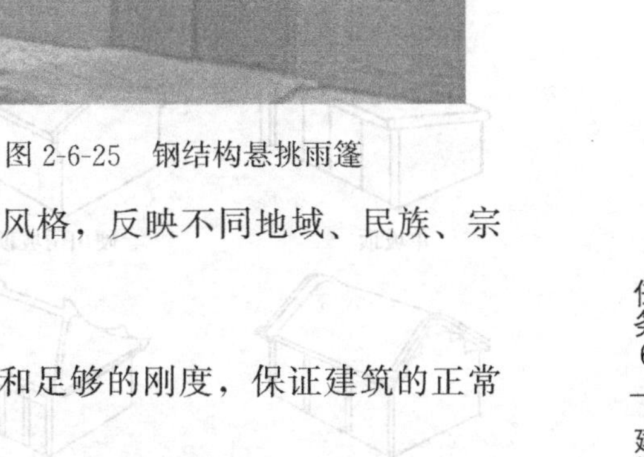

屋顶按屋面坡度及结构选型的不同，可分为平屋顶、坡屋顶及各种其他形式的屋顶（主要是曲面屋顶）。其中，平屋顶和坡屋顶是目前广泛采用的形式。

（1）平屋顶

平屋顶是屋面坡度小于10%的屋顶，一般为2%～3%。其主要特点是屋面坡度小，上部可做成露台、屋顶花园等供人使用，构造简单，施工方便，造价低廉，使用广泛。但因坡度小，排水不畅，容易渗漏，维修费用高（图2-6-26）。

图2-6-26　平屋顶的形式

（2）坡屋顶

坡屋顶是指屋面坡度超过10%的屋顶。随着建筑进深的加大，坡屋顶有单坡、双坡、四坡，双坡屋顶的形式在山墙处可为悬山或硬山。坡屋顶稍加处理可形成卷棚顶、庑殿顶、歇山顶等。坡屋顶在我国有着悠久的历史，并且符合传统的审美观点，但传统的坡屋顶主要以木材作为屋顶的承重结构，已渐被时代所淘汰，取而代之的是钢筋混凝土坡屋顶，特别是现浇钢筋混凝土坡屋顶（图2-6-27）。

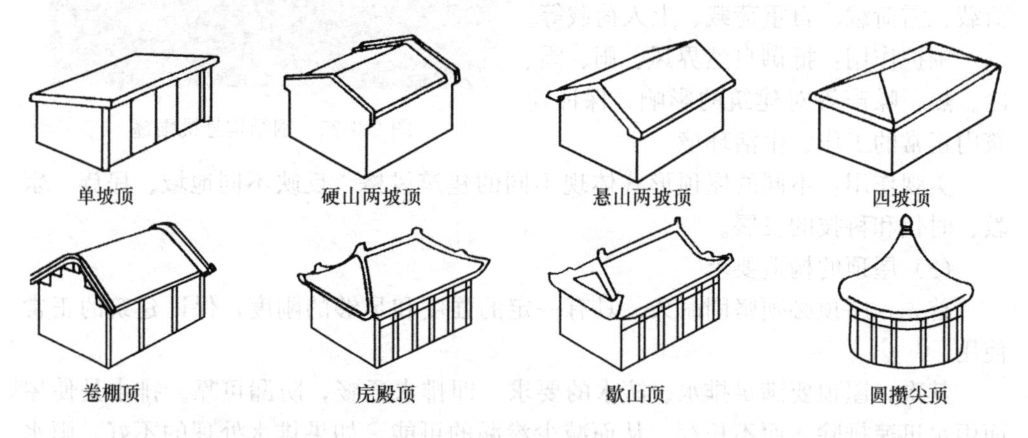

图2-6-27　坡屋顶的形式

（3）曲面屋顶

随着建筑工业、技术的发展和许多新型的空间结构形式的出现，也相应出现了许多新型的屋顶形式，如拱结构、薄壳结构、悬索结构、索膜结构、网架结构和网壳结构等。这类建筑屋顶一般采用曲面屋顶。曲面屋顶一般是由各种薄壳结构、悬索结构作为屋顶承重结构的屋顶，如双曲拱屋顶、扁壳屋顶、鞍形悬索屋顶等。这类结构的内力分布合理，能充分发挥材料的力学性能，因而能节约材料。但是，这类屋顶形状变化多样，造型优美。但构造复杂，施工难度大、造价高，常用于大跨度的大型建筑（图2-6-28）。

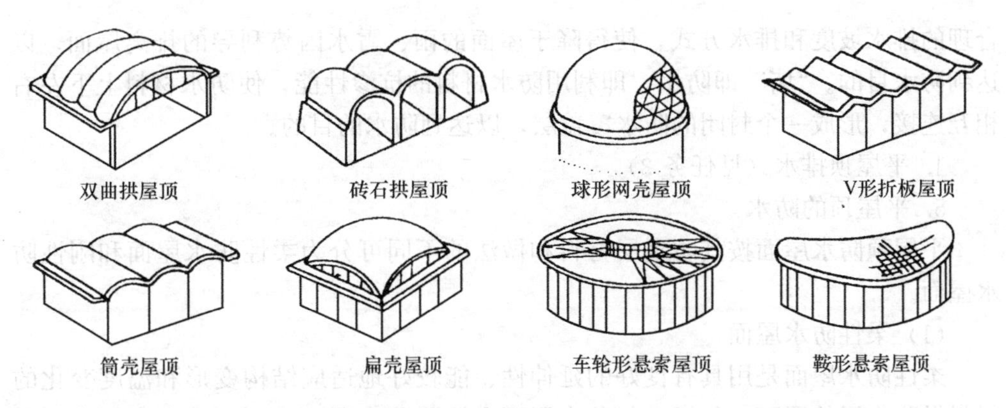

图 2-6-28　曲面屋顶的形式

3. 平屋顶的构造组成

平屋顶多采用钢筋混凝土梁、板形式，与坡屋顶相比，节约木材，减少建筑体积，提高建筑物的坚固性和耐久性。同时屋顶因较平整可以做露台、花园、游泳池等，增加了人们休息和活动场所。因此，平屋顶被广泛使用。但平屋顶在造型和变化方面较少，在丰富建筑造型方面受到限制。目前，为了丰富街景，主要街道两旁已开始“平”改“坡”。

平屋顶一般由屋面、承重结构、保温隔热层、顶棚等基本层次组成（图 2-6-29）。

（1）屋面

屋面是屋顶最上面的表面层次，要承受施工荷载和使用时的维修荷载，以及自然界风吹、日晒、雨淋、大气腐蚀等的长期作用，因此屋面材料应有一定的强度、良好的防水性和耐久性能。在平屋顶中，人们一般根据屋面防水层材料的名称对其进行命名，如卷材防水屋面、刚性防水屋面、涂料防水屋面等。

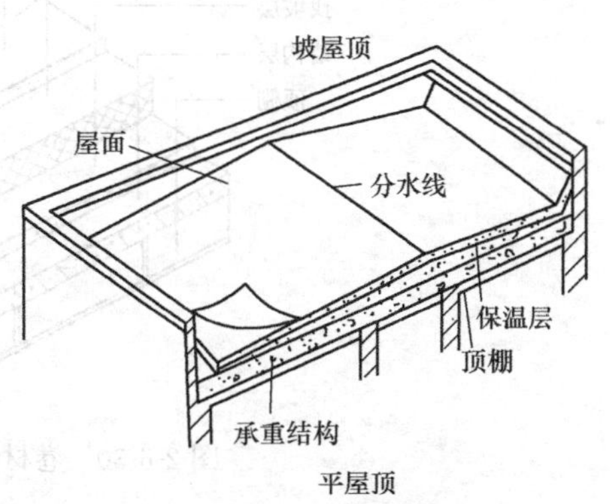

图 2-6-29　平屋顶的构造组成

（2）承重结构

承重结构承受屋面传来的各种荷载和屋顶自重。平屋顶的承重结构一般采用钢筋混凝土屋面板，其构造与钢筋混凝土楼板类似。

（3）顶棚

顶棚位于屋顶的底部，用来满足室内对顶部的平整度和美观要求。按照顶棚的构造形式不同，分为直接式顶棚和悬吊式顶棚。

（4）保温隔热层

当对屋顶有保温隔热要求时，需要在屋顶中设置相应的保温隔热层，以防止外界温度变化对建筑物室内空间带来影响。

平屋顶由于屋面坡度小，发生渗漏的现象较多。因此在屋顶设计中，主要考虑屋面防水的“导”和“堵”。“导”即排水，就是按照屋面防水材料不同，设置合理的排水坡度和排水方式，使得降于屋面的雨、雪水因势利导的排离屋面，以达到防水目的。“堵”即防水，即利用防水材料的抗渗性能，使防水材料上下左右相互连接，形成一个封闭的防水覆盖层，以达到防水的目的。

4. 平屋顶排水（见任务 3）

5. 平屋顶的防水

平屋顶防水屋面按其防水层材料和做法的不同可分为柔性防水屋面和刚性防水屋面。

（1）柔性防水屋面

柔性防水屋面是用具有良好的延伸性、能较好地适应结构变形和温度变化的材料做防水层的屋面，包括卷材防水屋面和涂膜防水屋面。下面重点介绍卷材防水屋面。卷材防水屋面是用防水卷材和胶结材料分层粘贴形成防水层的屋面，具有优良的防水性和耐久性，因而被广泛采用。

1）卷材防水屋面的基本构造（图 2-6-30）

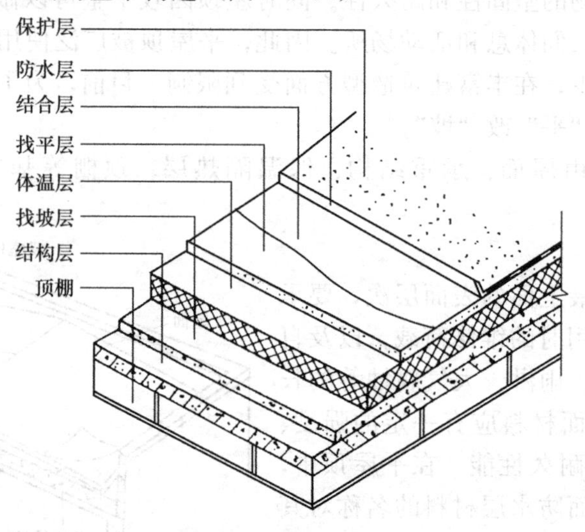

图 2-6-30 卷材防水屋面的基本构造

① 结构层

各种类型的钢筋混凝土屋面板均可做为柔性防水屋面的结构层。

② 找坡层

当屋顶采用材料找坡来形成坡度时，找坡层一般位于结构层之上，采用轻质、廉价的材料，如 1：6～1：8 的水泥焦渣或水泥膨胀蛭石垫置形成坡度，最薄处的厚度不宜小于 20mm。当屋顶采用结构找坡来形成坡度时，则不需设置找坡层。

③ 找平层

要求铺贴在坚固、平整的基层上，以避免卷材凹陷或被穿刺，因此，必须在找坡层或结构层上设置找平层，找平层一般采用 1：3 的水泥砂浆或细石混凝土、沥青砂浆，厚度为 20～30mm。

④ 结合层

为了保证防水层与找平层能很好地粘结，铺贴卷材防水层前，必须在找平层上涂刷基层处理剂作结合层。结合层材料应与卷材的材质相适应，采用沥青类卷材和高聚物改性沥青防水卷材时，一般采用冷底子油作结合层；采用合成高分子防水卷材时，则用配套的基层处理剂作结合层。

⑤ 防水层

卷材防水层的防水卷材包括沥青类卷材、高聚物改性沥青防水卷材和合成高分子防水卷材 3 类（表 2-6-2）。

卷材防水层 **表 2-6-2**

卷材分类	卷材名称举例	卷材胶粘剂
沥青类卷材	石油沥青油毡	石油沥青玛蹄脂
	焦油沥青油毡	焦油沥青玛蹄脂
高聚物改性沥青防水卷材	SBS 改性沥青防水卷材	热熔、自粘、粘贴均有
	APP 改性沥青防水卷材	
合成高分子防水卷材	三元乙丙丁基橡胶防水卷材	丁基橡胶为主体的双组分 A 液与 B 液 1∶1 配比搅拌均匀
	三元乙丙橡胶防水卷材	
	氯磺化聚乙烯防水卷材	CX-401 胶
	再生胶防水卷材	氯丁胶粘结剂
	氯丁橡胶防水卷材	CY-409 液
	氯丁聚乙烯-橡胶共混防水卷材	BX-12 及 BX-12 乙组分
	聚氯乙烯防水卷材	胶粘剂配套供应

在选择防水材料和做法时，应根据建筑物对屋面防水等级的要求来确定。沥青类卷材属于传统的卷材防水材料，一般只用石油沥青油毡，由于其强度低，耐老化性差，施工时需多层粘贴形成防水层，施工复杂，所以现在工程中已较少采用，采用较多的是新型的防水卷材：合成高分子防水卷材和高聚物改性沥青防水卷材。

⑥ 保护层

卷材防水层的材质呈黑色，极易吸热，夏季屋顶表面温度达 60～80℃以上，高温会加速卷材的老化，所以卷材防水层做好以后，一定要在上面设置保护层。保护层分为不上人屋面和上人屋面两种做法。

a. 不上人屋面保护层

即不考虑人在屋顶上的活动情况。石油沥青油毡防水层的不上人屋面保护层做法是，在沥青油毡防水层上表面用热沥青粘结一层粒径为 3～5mm 的浅色粗砂，厚度为 7mm。合成高分子防水卷材和高聚物改性沥青防水卷材在出厂时，卷材的表面一般已做好了铝箔面层、彩砂或涂料等保护层。

b. 上人屋面保护层

即屋面上要承受人的活动荷载，故保护层应有一定的强度和耐磨度，一般做法是：在防水层上用水泥砂浆或沥青砂浆铺贴缸砖、大阶砖、预制混凝土板等，或在防水层上浇筑 40mm 厚 C20 细石混凝土。

2）卷材防水屋面的节点构造

① 泛水

泛水是指屋面防水层与突出构件之间的防水构造。一般在屋面防水层与女儿墙、上人屋面的楼梯间、突出屋面的电梯机房、水箱间、高低屋面交接处等，都需做泛水。泛水高度不得小于 250mm。卷材防水层应铺至垂直面上，形成卷材泛水，再加铺一层卷材 。屋面与垂直墙面交接处应作成圆弧或 45°斜面。卷材收头处要进行粘结固定（图 2-6-31）。

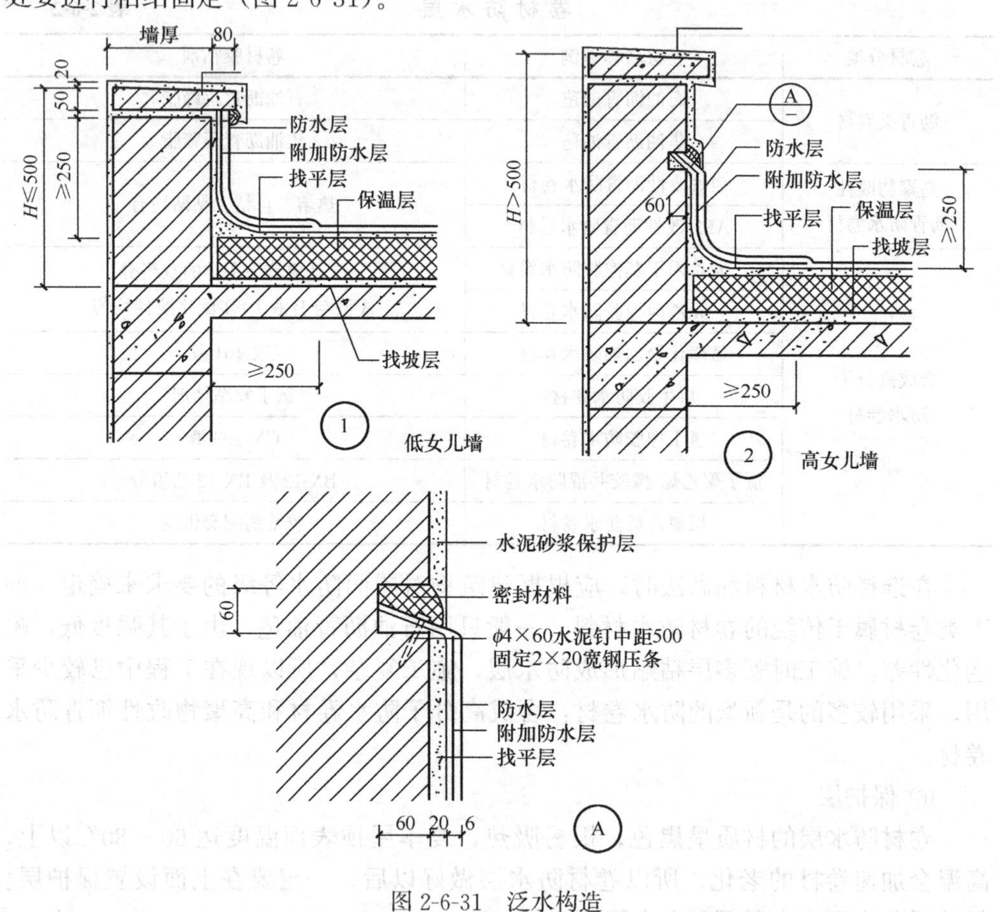

图 2-6-31 泛水构造

② 檐口

檐口是屋面防水层的收头处，檐口的形式由屋面的排水方式和建筑物的立面造型要求来确定。一般有无组织排水檐口、挑檐沟檐口、女儿墙檐口和斜板挑檐檐口。

a. 无组织排水檐口

无组织排水檐口的挑檐板一般与屋顶圈梁整体浇筑，屋面防水层的收头压入距挑檐板前端 40mm 处的预留槽内，先用钢压条固定，然后用密封材料进行密封（图 2-6-32）。

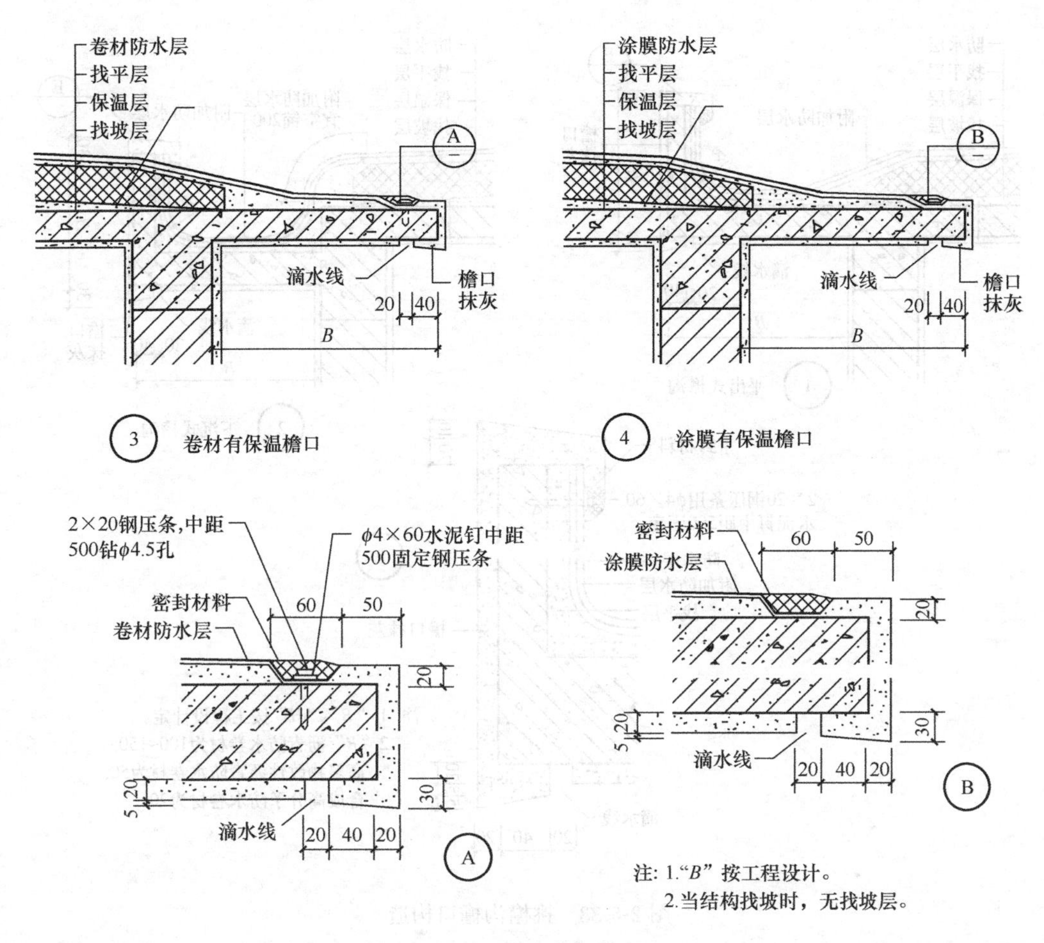

图 2-6-32　无组织排水檐口构造

b. 挑檐沟檐口

当檐口处采用挑檐沟檐口时，卷材防水层应在檐沟处加铺一层附加卷材，并注意做好卷材的收头（图 2-6-33）。

c. 女儿墙檐口和斜板挑檐檐口

女儿墙檐口和斜板挑檐檐口的构造要点同泛水。斜板挑檐檐口是考虑建筑立面造型，对檐口的一种处理形式，它给较呆板的平屋顶建筑增添了传统韵味，丰富了城市景观。但挑檐端部的荷载较大，应注意悬挑构件的倾覆问题，处理好构件的拉结锚固（图 2-6-34）。

d. 雨水口

雨水口是汇集屋面雨水并将雨水排至落水管的最关键部位，要求保证排水通畅，避免渗漏和堵塞。有组织排水的雨水口分为设在檐沟底部的水平雨水口和设在女儿墙上的垂直雨水口两种。水平雨水口可采用铸铁定型水斗或用钢板焊制的水斗，为防止堵塞应加铁箅子或镀锌铁丝罩。为了防渗漏，雨水口处应加铺一层卷材。垂直雨水口采用钢板焊接的排水构件。所有雨水口处的标高均应比檐沟底面的标高低，在雨水口周围 500mm 范围内形成漏斗状以便排水（图 2-6-35）。

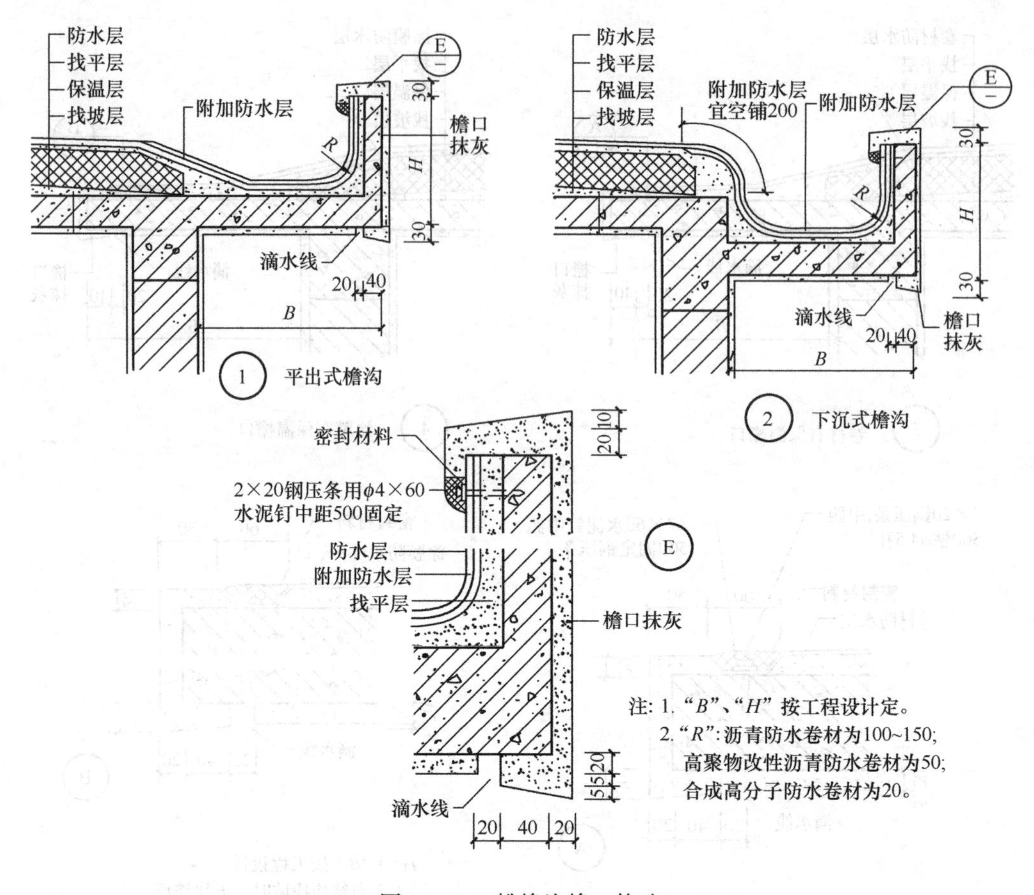

图 2-6-33　挑檐沟檐口构造

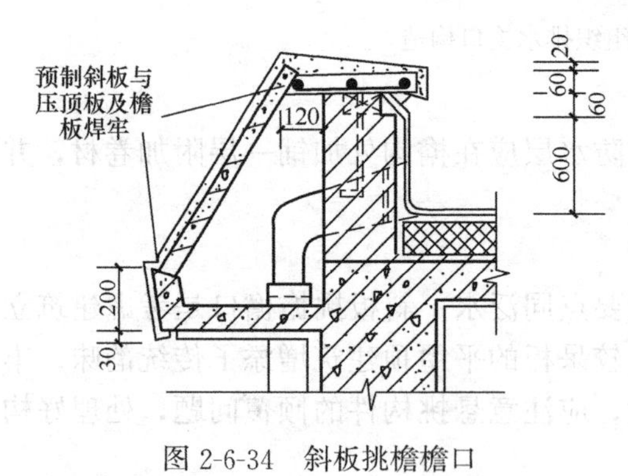

图 2-6-34　斜板挑檐檐口

e. 上人孔

不上人屋面需设屋面上人孔，以方便对屋面进行维修和安装设备。上人孔的平面尺寸不小于 600mm × 700mm，且应位于靠墙处，以方便设置爬梯。上人孔的孔壁一般与屋面板整浇，高出屋面至少 250mm，孔壁与屋面板之间做成泛水，孔口用木板上加钉 0.6mm 厚的镀锌薄钢板进行盖孔（图 2-6-36）。

(2) 刚性防水屋面

刚性防水屋面是以刚性材料如防水砂浆、细石混凝土、配筋细石混凝土等作为防水层的屋面。这种屋面构造简单、施工方便、造价低廉，但对温度变化和结构变形较敏感，容易产生裂缝而渗漏。多用于我国的南方地区。刚性防水屋面主要适用于防水等级为Ⅲ级的屋面防水，也可用作Ⅰ、Ⅱ级屋面多道防水设计中的一道防水层；一般不用于温差变化大、有振动荷载和基础有较大不均匀沉降的

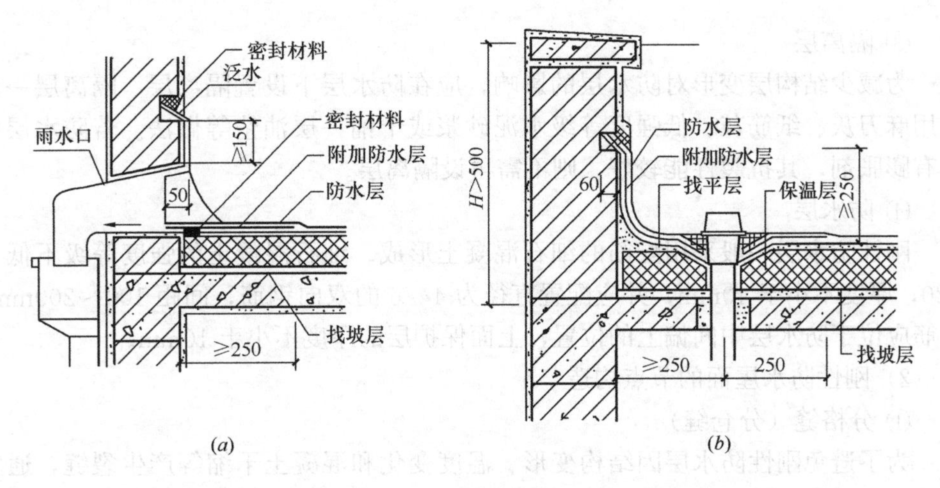

图 2-6-35 雨水口的构造

(a) 女儿墙屋面外雨水口；(b) 女儿墙屋面内雨水口

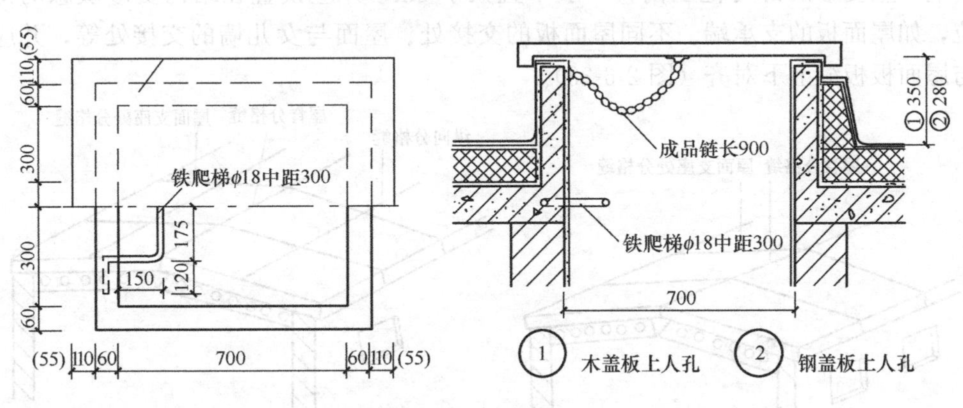

图 2-6-36 屋面上人孔

建筑。

1）刚性防水屋面的基本构造（图 2-6-37）

① 结构层

刚性防水屋面的结构层应具有足够的强度和刚度，以尽量减少结构层变形对防水层的影响。一般采用现浇钢筋混凝土屋面板。

刚性防水屋面的排水坡度一般采用结构找坡，所以结构层施工时要考虑倾斜搁置。

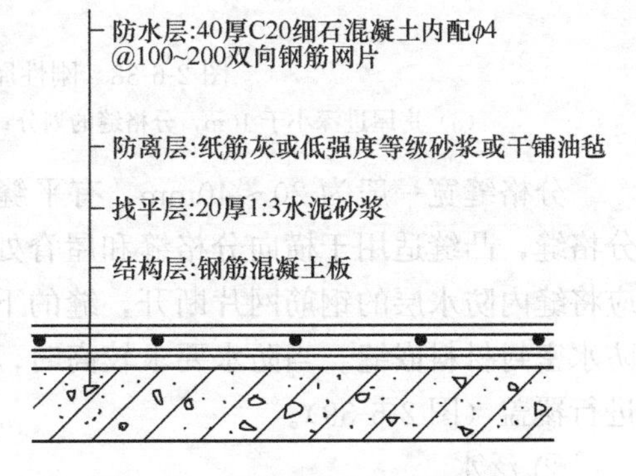

图 2-6-37 刚性防水屋面构造层次

② 找平层

为使刚性防水层便于施工，厚度均匀，应在结构层上用 20mm 厚 1∶3 的水泥砂浆找平。若能够保证基层平整，可不做找平层。

③ 隔离层

为减少结构层变形对防水层的影响，应在防水层下设置隔离层。隔离层一般采用麻刀灰、纸筋灰、低强度等级水泥砂浆或干铺一层油毡等做法。若防水层中加有膨胀剂，其抗裂性能较好，则不需再设隔离层。

④ 防水层

刚性防水层一般采用配筋的细石混凝土形成。细石混凝土的强度等级不低于C20，厚度不小于40mm，并应配置直径为4～6的双向钢筋，间距100～200mm。钢筋应位于防水层中间偏上的位置，上面保护层的厚度不小于10mm。

2）刚性防水屋面的节点构造

① 分格缝（分仓缝）

为了避免刚性防水层因结构变形、温度变化和混凝土干缩等产生裂缝，通常刚性防水层应设置分仓（格）缝。分格缝的纵横间距应控制在刚性防水层受温度影响产生变形的许可范围内，一般不宜大于6m，并应设置在结构变形敏感的部位，如屋面板的支承端、不同屋面板的交接处、屋面与女儿墙的交接处等，并应与屋面板板缝上下对齐（图2-6-38）。

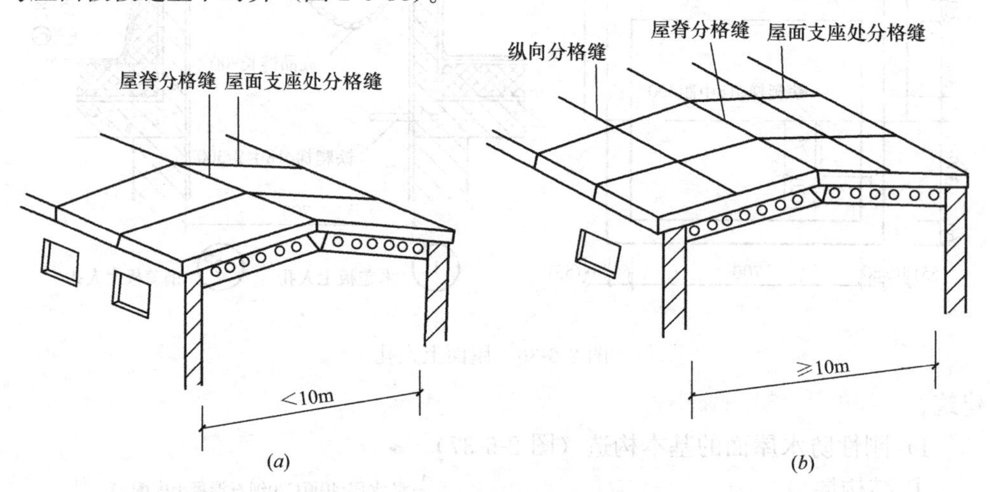

图2-6-38 刚性屋面分格缝的划分

(*a*) 房屋进深小于10m，分格缝的划分；(*b*) 房屋进深大于10m，分格缝的划分

分格缝宽一般为20～40mm，有平缝和凸缝两种构造形式。平缝适用于纵向分格缝，凸缝适用于横向分格缝和屋脊处的分格缝。为了有利于伸缩变形，首先应将缝内防水层的钢筋网片断开，缝的下部用弹性材料如沥青麻丝填塞；上部用防水密封材料嵌缝。当防水要求较高时，可再在分格缝的上面加铺一层防水卷材进行覆盖（图2-6-39）。

② 泛水

刚性防水层与山墙、女儿墙处应做泛水，先预留宽度为30mm的分格缝，并且用密封材料嵌填，再铺设一层卷材或涂抹一层涂膜附加层，收头做法与柔性防水屋面泛水做法相同（图2-6-40）。

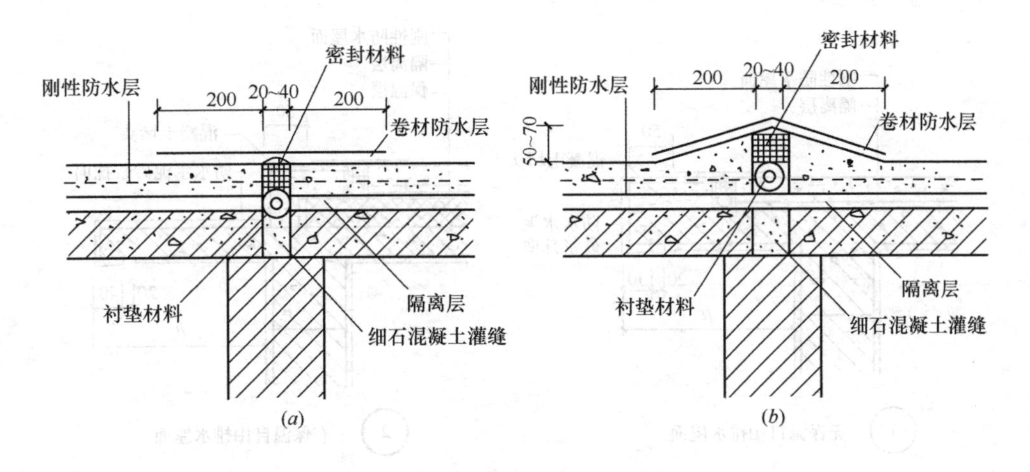

图 2-6-39 分格缝的构造

(a) 平缝；(b) 凸缝

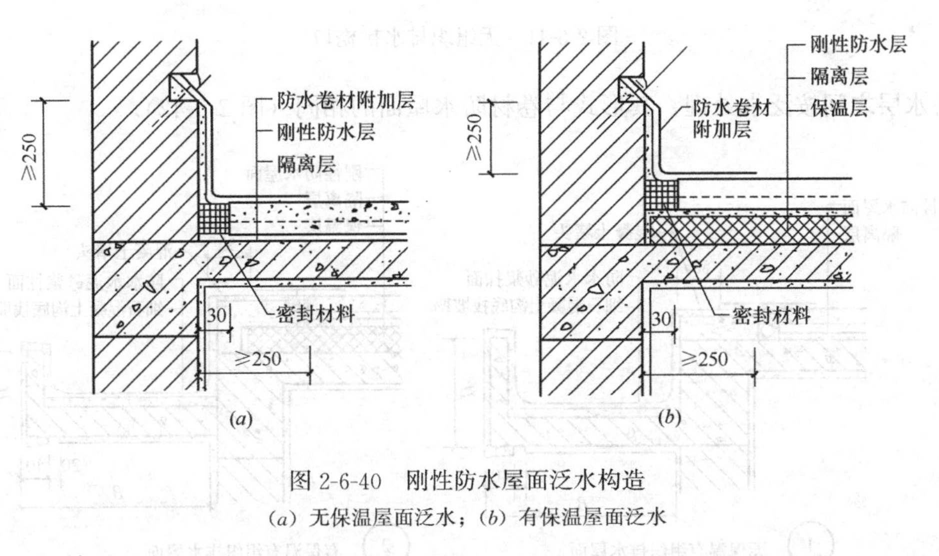

图 2-6-40 刚性防水屋面泛水构造

(a) 无保温屋面泛水；(b) 有保温屋面泛水

③ 檐口

刚性防水屋面檐口的形式分无组织排水檐口和有组织排水檐口。

a. 无组织排水檐口。

无组织排水檐口通常直接由刚性防水层挑出形成，挑出尺寸一般大于450mm；也可设置挑檐板，刚性防水层伸到挑檐板之外。这两种做法都要注意处理好檐口滴水以保护外墙（图 2-6-41）。

b. 有组织排水檐口。

有组织排水檐口有挑檐沟檐口、女儿墙檐口和斜板挑檐檐口等做法。挑檐沟檐口一般是采用现浇或预制的钢筋混凝土槽形天沟板，在沟底用低强度的混凝土或水泥炉渣等材料垫置成纵向排水坡度。屋面铺好隔离层后再做防水层，防水层一般采用 1∶2 的防水砂浆，并也需做好滴水。女儿墙檐口和斜板挑檐檐口与刚性

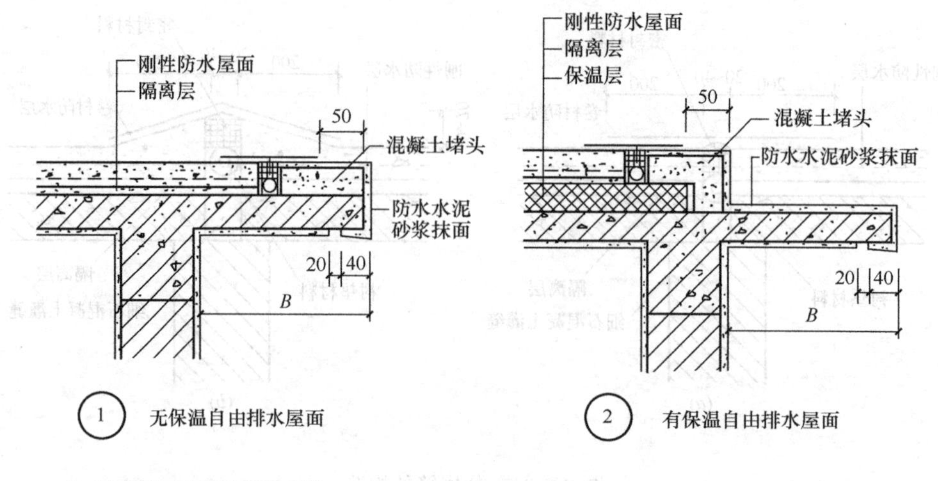

注: 1.刚性防水屋面为结构找坡。
2."B" 按工程设计。

图 2-6-41　无组织排水挑檐口

防水层之间按泛水处理，其形式与卷材防水屋面的相同（图 2-6-42）。

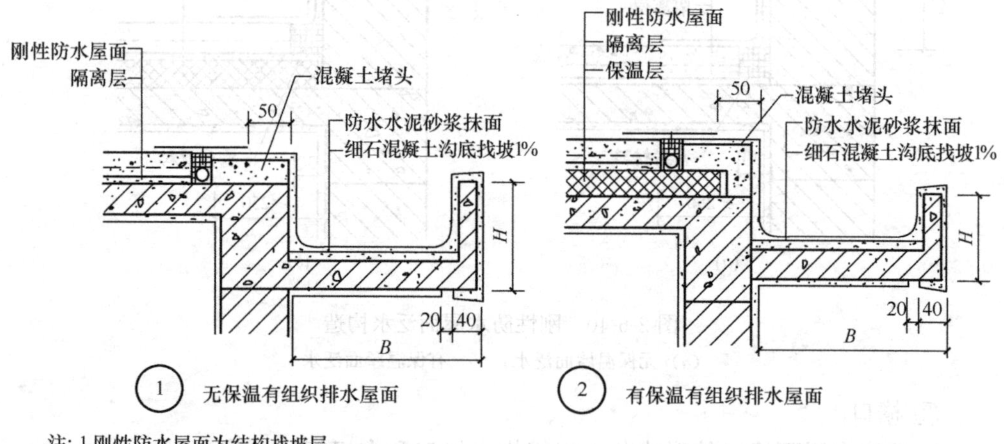

注: 1.刚性防水屋面为结构找坡层。
2."B" 按工程设计。

图 2-6-42　有组织排水挑檐口

6.2.2　墙身详图的识读

现以图 JS-16 墙身大样二为例说明墙身详图的读图方法和步骤，一般以自下而上顺序识读。

1. 了解该墙的位置、厚度及其定位

从图中可知该墙轴线编号是Ⓐ和①，为加气混凝土砌块墙，Ⓐ号墙为外纵墙，

①号墙为外横墙，墙厚为250mm，定位轴线与墙内皮相距150mm，与墙外皮相距100mm，另外，外墙外保温贴30厚聚苯板。

2. 熟悉竖向高度尺寸及其标注形式

在详图外侧标注一道竖向尺寸，从室外地面至女儿墙顶。在各层楼地面层和屋面板标注标高。室外地面标高为－0.450，首层室内地面标高为±0.000，注意中间层楼面标高采用3.600、7.200、10.800、14.400上下叠加的方式简化表达，六层楼面标高为18.000，屋面板上表面标高为21.550。

本建筑室内外高差为450mm（指室外地面与一层地面之间的高差），各层窗台高为900mm，窗洞口高为2000mm（窗为C2），窗上过梁高为700mm，一至五层层高均为3600mm，六层层高为3550mm，女儿墙高为1050mm。

3. 详细识读墙脚构造

从图中可知该建筑的散水的宽度为1000mm，坡度为4%，具体做法见05J1散1，即下面素土夯实，向外找坡4%，其上为150厚3∶7灰土，最上面为60厚C15混凝土，面上加5厚1∶1水泥砂浆随打随抹光。该散水沿长度6～10m设20宽伸缩缝用沥青砂浆嵌缝。

墙脚处设有墙身水平防潮层，具体做法见05J2第G2页2号详图，为聚氨酯涂料。

窗台做法详见05J3-4第23页1号详图，内窗台为大理石窗台板。

4. 看清各层梁、板、墙的关系

如图中所示，各层楼板与现浇钢筋混凝土过梁现浇成为一体，且为框架梁兼作过梁，梁的截面高度为700mm，宽度为300mm，梁下设滴水线，作法详见05J3-1第A6页A详图。

5. 详细识读檐口部位的构造

如图所示为女儿墙檐口做法，过梁与屋面板现浇成一体。女儿墙厚150mm，高1050mm，为现浇钢筋混凝土女儿墙。该楼屋面做法详见05J1屋13，泛水做法详见05J5-1第5页的2号详图，女儿墙顶做法详见05J5-1第4页的G号详图。另外，屋顶挑檐外挑500mm，厚度为100mm，上翻100mm，上翻宽度为60mm。

现以图JS-18墙身大样六为例说明墙身详图的读图方法和步骤：

1. 了解该墙的位置、厚度及其定位

从图中可知该墙轴线编号是①，为外横墙，与JS-16墙身大样二的墙体剖切位置不同。墙厚为250mm，一层定位轴线与墙内皮相距150mm，与墙外皮相距100mm，另外，外墙外保温贴30厚聚苯板。

2. 熟悉竖向高度尺寸及其标注形式

在详图外侧标注一道竖向尺寸，从室外地面至女儿墙顶。六层以下楼地面标高同JS-16墙身大样二，七层楼面标高为21.600，屋面板上表面标高为25.200女儿墙高500mm。

3. 详细识读墙脚构造

墙脚构造同 JS-16 墙身大样二。

4. 看清各层梁、板、墙的关系

如图中所示，各层楼板与现浇钢筋混凝土过梁现浇成为一体，且为框架梁兼过梁，梁的截面高度为 700mm，截面尺寸见结构施工图 GS-07、GS-13。一层过梁下、挑板下及六层过梁下设滴水线，做法详见 05J3-1 第 A6 页 A 详图。因 2～6 层设玻璃幕墙，3～6 层需装窗护栏，做法详见 05J6 第 88 页 C 详图。玻璃幕墙与过梁之间用岩棉封堵。

5. 详细识读檐口部位的构造

如图所示为女儿墙檐口做法，女儿墙厚 200mm，高 500mm，为加气混凝土砌块墙，上设钢筋混凝土压顶。该楼屋面做法详见 05J1 屋 13，泛水做法详见 05J5-1 第 3 页的 1 号详图。

6.2.3 墙身详图的画法

1. 画被剖切到的墙体定位轴线、墙体、楼板面。
2. 在被剖切的墙上画门窗洞口。
3. 按建筑剖面图的图示方法加深加粗图线，标注标高和尺寸。
4. 最后对定位轴线编号，并写图名、比例、说明等。

过程 6.3 楼梯详图的识读

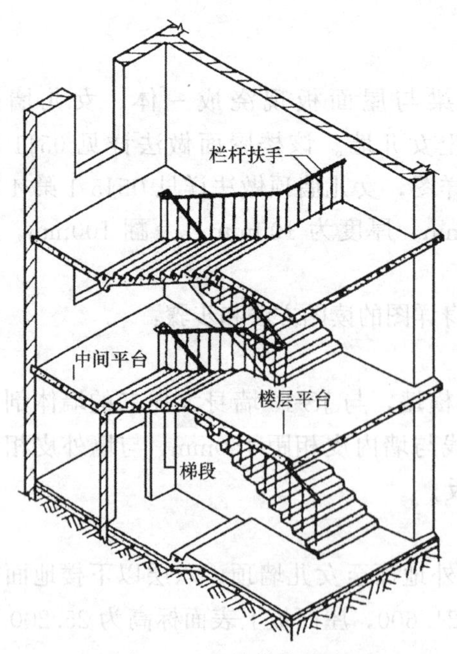

图 2-6-43 楼梯的组成

6.3.1 准备知识的学习

1. 楼梯的作用和组成

楼房中上下层之间的交通联系，依靠楼梯、电梯、自动扶梯、台阶、坡道以及爬梯等竖向交通设施。其中楼梯作为竖向交通和人员紧急疏散的主要交通设施，使用最为广泛；垂直升降电梯则用于七层及以上的中高层和高层建筑，在一些标准较高的低层和多层建筑中也有使用；自动扶梯用于人流量大且使用要求较高的公共建筑，如商场、超市、候车室等；台阶用于联系室内外或室内局部有高差的地面；坡道则属于建筑中的无障碍垂直交通设施，也用于要求车辆通行的建筑中，如多层车库；爬梯专用于检修、消防之用。

(1) 楼梯的作用

楼梯的作用是竖向交通和人员紧急疏散的主要交通设施。

(2) 楼梯的组成

楼梯一般由楼梯段、平台、栏杆扶手三部分组成（图 2-6-43）。

1) 楼梯段：由连续的踏步组成。

2) 平台：两个梯段之间的水平板，起休息、转向和缓冲人流的作用。分楼层平台和中间平台。楼层平台是与楼层相接的平台，中间平台是位于上下楼层之间的平台。

3) 栏杆扶手：是在梯段和平台临空一侧设置的安全防护设施，应有足够的高度。栏杆顶部供人依扶用的部位称为扶手。

(3) 相关名词

1) 一跑：一个梯段。

2) 楼梯井：梯段和平台临空一侧围成的竖向空间。

3) 楼梯间：梯段和平台所占的空间。

4) 楼梯的宽度：包括梯段宽和平台宽，是指梯段和平台临空一侧至墙面的距离。梯段净宽和平台净宽是指扶手中心线之间的距离或扶手中心线至墙面的距离。

5) 楼梯的净空高度：包括楼梯段间的净高和平台过道处的净高。楼梯段间的净高是下层梯段踏步前缘至其正上方梯段下表面的垂直距离；平台过道处的净高是指平台过道地面至上部结构最低点（通常为平台梁）的垂直距离。我国规定，楼梯段间的净高不应小于 2.2m，平台过道处的净高不应小于 2.0m。起止踏步前缘与顶部凸出物内边缘线的水平距离不应小于 0.3m，见图 2-6-44。

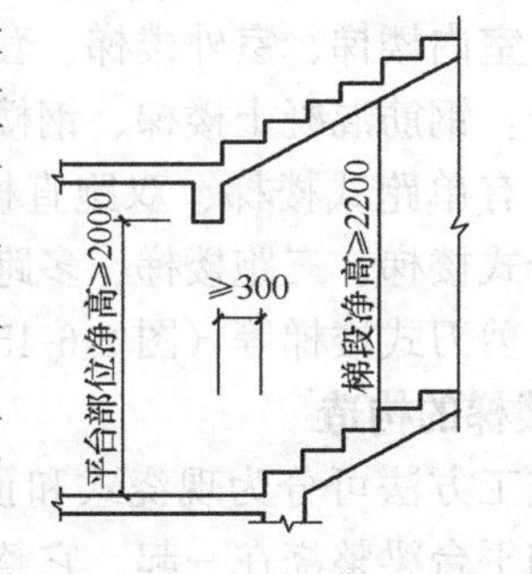

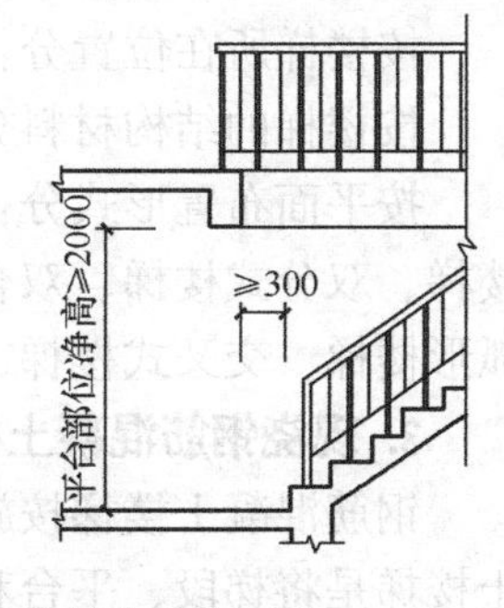

图 2-6-44　楼梯及平台部位净高要求

6) 栏杆扶手高度：自踏步前缘线量至扶手顶面的垂直距离。规定：室内楼梯一般不小于 0.9m，室外楼梯不小于 1.05m，靠梯井一侧水平栏杆长度不小于 0.5m 时，栏杆高度不小于 1.05m。

7) 梯段长：指梯段的水平投影长度。尺寸表示方法为梯段长＝踏面宽×踏面数。如 300×9＝2700，表示为踏面宽为 300mm，有 9 个，梯段长为 2700mm。

8) 梯段高：指梯段的垂直投影高度。尺寸表示方法为梯段高＝踢面高×踢面数。如 150×10＝1500，表示为踢面高为 150mm，有 10 个，梯段高为 1500mm。

9) 步级数：指从本层楼（地）面往上层或往下层走踢面的数量。

2. 楼梯的类型

按楼梯的用途分：主要楼梯、辅助楼梯、安全楼梯、消防检修梯。

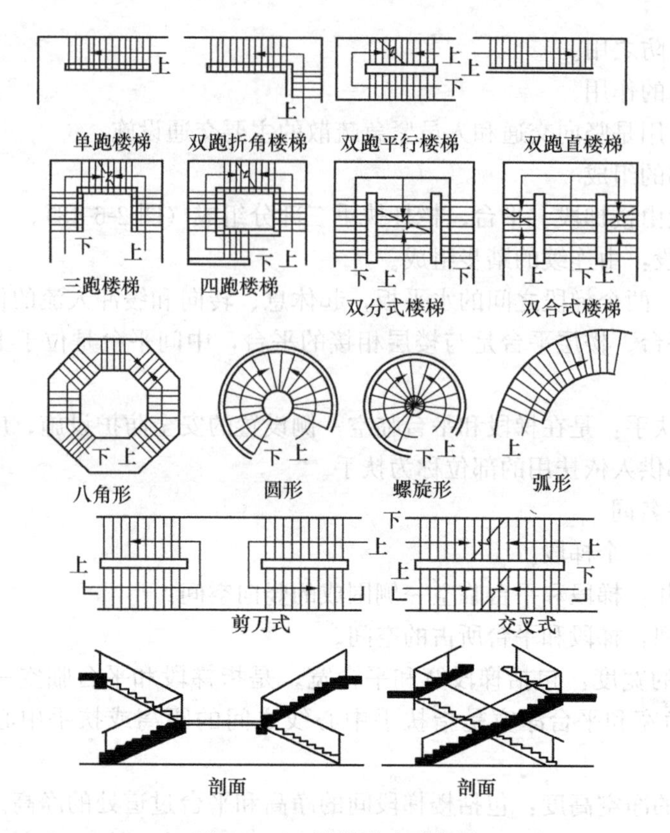

图 2-6-45　楼梯形式示意图

按楼梯所在位置分：室内楼梯、室外楼梯、套内楼梯。

按楼梯的结构材料分：钢筋混凝土楼梯、钢楼梯、木楼梯、组合楼梯。

按平面布置形式分：有单跑式楼梯、双跑直楼梯、双跑折角楼梯、双跑平行楼梯、双分式楼梯、双合式楼梯、三跑楼梯、多跑楼梯、圆形楼梯、螺旋形楼梯、弧形楼梯、交叉式楼梯、剪刀式楼梯等（图 2-6-45）。

3. 现浇钢筋混凝土楼梯的构造

钢筋混凝土楼梯按施工方法可分为现浇式和预制装配式两种。现浇钢筋混凝土楼梯是将梯段、平台和平台梁整浇在一起。它整体性好，刚度大，抗震能力强，是目前楼房中广泛采用的施工方法。但模板耗费较多，施工速度缓慢，不能作为施工过程中的垂直交通。现浇钢筋混凝土楼梯按梯段的传力特点分：板式和梁板式。

（1）板式楼梯

板式楼梯的楼梯段是一块斜置的板，梯段由平台梁支承。其传力过程为梯段→平台梁→楼梯间墙。梯段内的受力钢筋沿梯段的长向布置，平台梁的间距即为梯段板的跨度。有时为了保证平台下的净空高度，取消平台梁，称之为折板式楼梯。此时板的跨度应为梯段水平投影长度与平台深度尺寸之和（图 2-6-46）。

（2）梁板式楼梯

梁板式楼梯的梯段由踏步板和斜梁组成，踏步板把荷载传给斜梁，斜梁两端

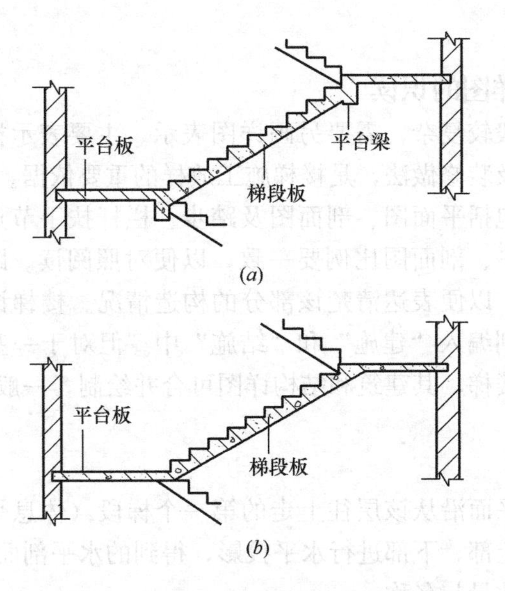

图 2-6-46 现浇钢筋混凝土板式楼梯

支承在平台梁上，楼梯荷载的传力过程是：踏步板→斜梁→平台梁→楼梯间墙（柱）根据斜梁的位置分为：明步式和暗步式两种（图 2-6-47、图 2-6-48）。

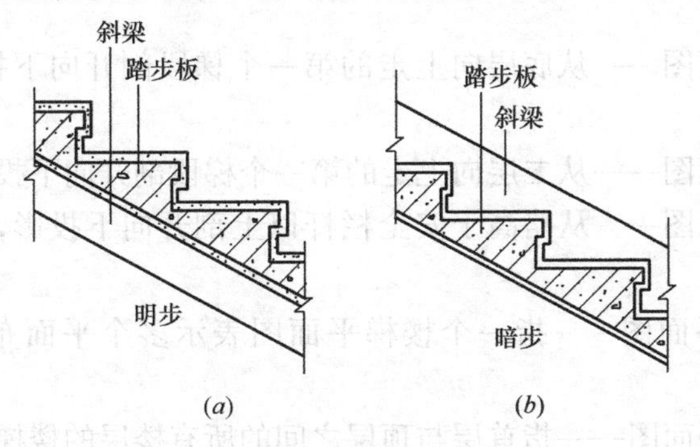

图 2-6-47 明步楼梯和暗步楼梯

(a) 明步楼梯；(b) 暗步楼梯

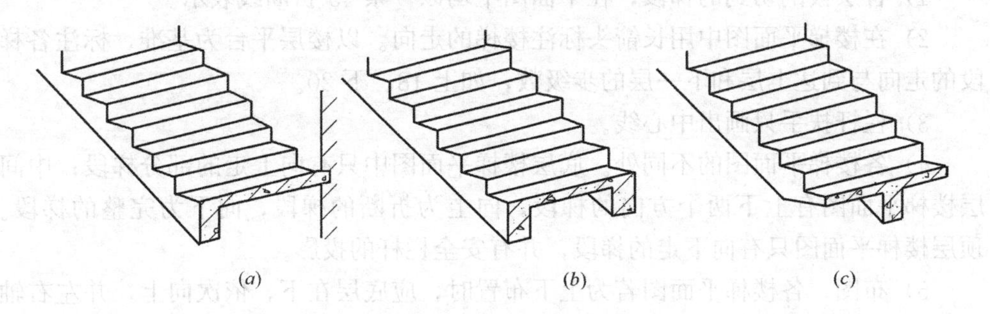

图 2-6-48 梁式楼梯

(a) 梯段一侧设斜梁；(b) 梯段两侧设斜梁；(c) 梯段中间设斜梁

6.3.2 楼梯详图的识读

楼梯的构造一般较复杂，需要另画详图表示。主要表示楼梯的类型、结构形式、各部位的尺寸及装修做法，是楼梯施工放样的重要依据。

楼梯详图一般包括平面图、剖面图及踏步、栏杆扶手节点详图，并尽可能画在同一张图纸内。平、剖面图比例要一致，以便对照阅读。踏步、栏杆扶手节点详图比例要大一些，以便表达清楚该部分的构造情况。楼梯详图一般分建筑详图和结构详图，并分别编入“建施”和“结施”中。但对于一些构造和装修较简单的现浇钢筋混凝土楼梯，其建筑和结构详图可合并绘制，一般编入“结施”中。

1. 楼梯平面图

(1) 形成

假想用一个水平面沿从该层往上走的第一个梯段（休息平台下）的任一位置处水平剖开，移走上部，下部进行水平投影，得到的水平剖面图称为楼梯平面图。

(2) 平面图的数量与名称

一般每一层楼都要画一个楼梯平面图。三层以上的房屋，若中间各层的位置、梯段数、踏步数和尺寸大小都相同时，通常只画出底层、中间层、顶层平面图就可以了。

底层楼梯平面图——从底层向上走的第一个梯段剖开向下投影，表达楼梯的起始位置。

二层楼梯平面图——从二层向上走的第一个梯段剖开向下投影。

顶层楼梯平面图——从略高于安全栏杆以上剖开向下投影，表达楼梯的终止位置。

标准层楼梯平面图——指一个楼梯平面图表示多个平面布置相同的楼梯平面图。

中间层楼梯平面图——指首层与顶层之间的所有楼层的楼梯平面图。

(3) 规定画法

1）各层被剖切到的梯段，在平面图中均以一条45°折断线表示。

2）在楼梯平面图中用长箭头标注楼梯的走向。以楼层平台为基准，标注各梯段的走向与到达上层和下一层的步级数，如上18、下20。

3）栏杆扶手只画出中心线。

4）各楼梯平面图的不同处。底层楼梯平面图中只有向上走的部分梯段；中间层楼梯平面图有上下两个方向的梯段，向上为折断的梯段，向下为完整的梯段。顶层楼梯平面图只有向下走的梯段，并有安全栏杆的投影。

5）布图。各楼梯平面图若为上下布置时，应底层在下，依次向上，并左右轴线上下对齐。各楼梯平面图若为左右布置时，应底层在左，依次向右，并上下轴线左右平齐。

(4) 楼梯平面图的内容及阅读

以河北城乡建设学校实训楼的建筑施工图第14张楼梯详图中的楼梯平面图为

例，概述楼梯平面图的内容及阅读方法。

1）图名和比例。了解 4 个楼梯平面图，比例为 1∶50。

2）看轴线编号，与建筑平面图对照确定楼梯或楼梯间在建筑中的平面位置和楼梯间的大小（开间、进深）。图中可知楼梯靠⑤轴线的左侧，在Ⓒ、Ⓓ轴线之间布置，楼梯间的开间为 3.3m、进深为 6.9m。

3）判断楼梯的类型、楼梯间的平面形式。该楼梯为双跑平行楼梯，封闭楼梯间。

4）熟悉梯段、平台的宽度、楼梯段的水平投影长度、踏步的宽度和数量等细部尺寸。从图中可知梯段宽 1.5m、楼梯井宽 100mm。在一层和二层平面图中可知从一层到二层为长短跑设计，第一跑的水平投影长度为 3900mm，有 13 个踏面；第二跑的水平投影长度为 2700mm，有 9 个踏面，踏面宽均为 300mm。在三层和七层平面图中可知从三层到七层为等跑设计，每跑的水平投影长度为 3300mm，有 11 个踏面。

5）确定楼梯的走向以及上下楼梯起步的位置。楼梯的走向用长箭头表示，右侧为向上行走的梯段，左侧为向下行走的梯段。从一层平面图中可知梯段起步距Ⓒ轴线 1500mm，从其他平面图中可知梯段起步距Ⓒ轴线 2100mm。

6）了解楼梯间四周的墙、柱、门窗平面位置及尺寸。结合建筑设计总说明和建筑平面图可知楼梯间外墙 250mm 厚、三面内墙均为 200mm 厚；右侧两角在⑤轴线上布置框架柱；在各层均设 1500mm 宽的门洞进入楼梯间、一层平台下设 1000mm 宽的门洞、二层及以上平台上方距⑤轴线 300mm 分别设 1000mm 宽的窗洞。

7）查看各层平台的标高。如二层平面图中楼层平台的标高为 3.6m，中间平台的标高为 2.1m。

8）在一层楼梯平面图中了解楼梯剖面图的剖切位置。从图中可以看到 A-A 剖切符号，表达出剖面图的剖切位置和剖视方向。

2. 楼梯剖面图

假想用一个铅垂面，通过各层的一个梯段和门窗洞，将楼梯剖开，向另一个未剖到的梯段方向投影，所得到的剖面图，即为楼梯剖面图。楼梯剖面图主要表达楼梯踏步、平台的构造与连接，以及栏杆的形式和相关尺寸。习惯上，楼梯间的屋顶没有特殊之处，一般可不画出。在楼房中，若中间各层的楼梯构造相同时，则剖面图可只画出底层、中间层和顶层剖面，中间用折断线分开。

以河北城乡建设学校实训楼的建筑施工图第 14 张楼梯详图中的楼梯剖面图为例，概述楼梯剖面图的内容及阅读方法。

(1) 图名。根据一层楼梯平面图了解其剖面图的剖切位置、投影方向。该楼梯是从向上走的梯段剖开、并通过门窗洞口向左侧（即向下走的梯段方向）投影。

(2) 比例 1∶50，与楼梯平面图相同，以便对照阅读。

(3) 判断楼梯的材料、构造形式、结构形式和施工方法。从图中可以看出该楼梯为全现浇的钢筋混凝土双跑平行板式楼梯。

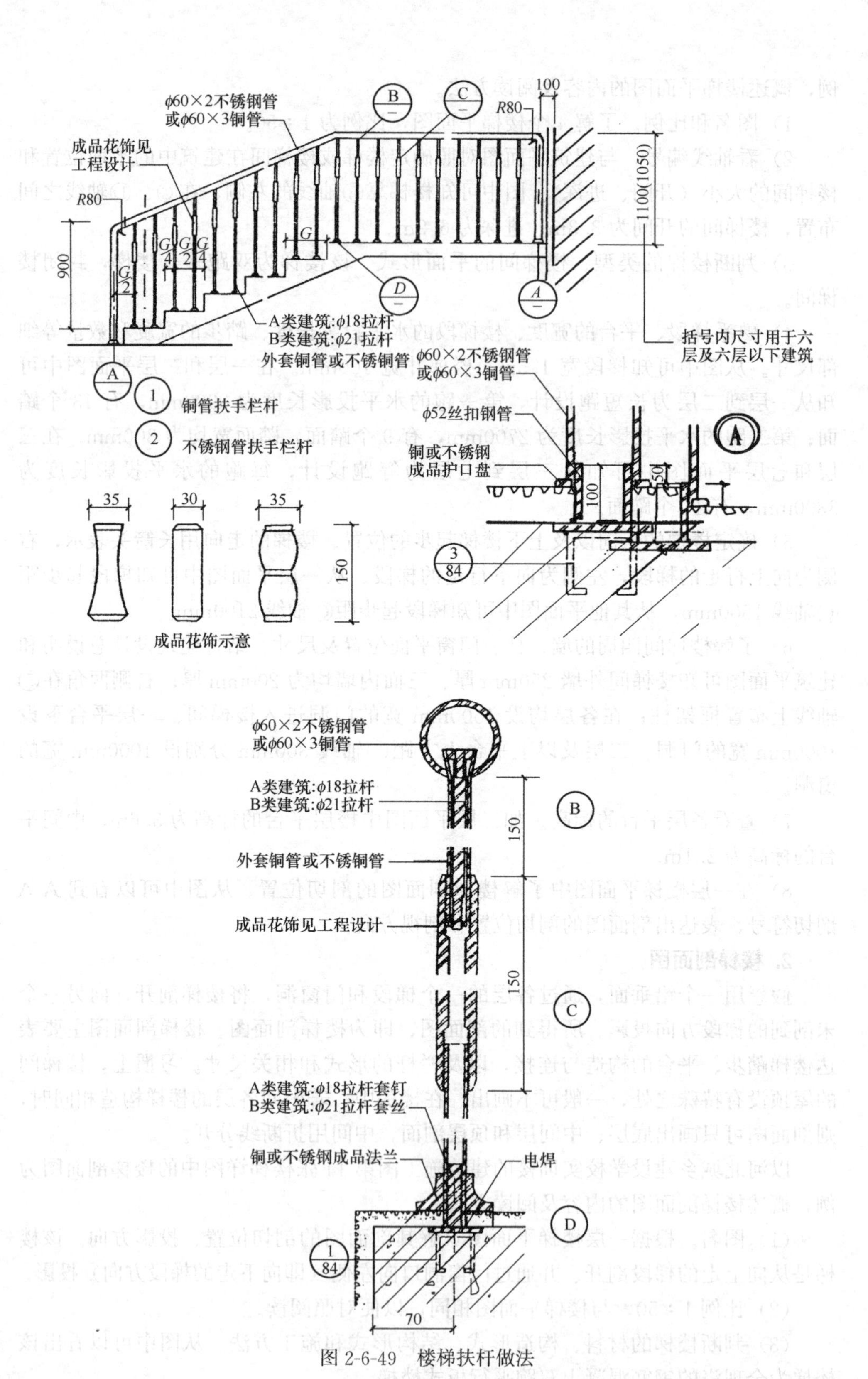

图 2-6-49　楼梯扶杆做法

(4) 熟悉楼梯在高度和进深方向的梯段数、步级数和各平台的标高。

(5) 查看楼梯段高、踢面高、步级数。图中一层楼梯为长短跑，第一梯段投影高度2100mm、第二梯段投影高度1500mm；二层及以上为等跑，高为1800mm。

(6) 墙身上的门窗洞口的标高及尺寸大小。窗台标高同楼层，窗高1500mm。

(7) 了解踏步的尺寸、扶手高度及细部节点详图的索引符号。

3. 楼梯节点详图

楼梯节点详图表达楼梯踏步详图、栏杆详图、扶手详图。它们分别用索引符号与楼梯平面图、楼梯剖面图或《建筑标准图集》联系。设计时一般采用《建筑标准图集》。

河北城乡建设学校实训楼的楼梯栏杆扶手做法见05J8（图2-6-49），踏步防滑条做法见05J8（图2-6-50）。

楼梯栏杆扶手详图表达栏杆扶手形式、材料、尺寸大小及连接构造。从图2-6-49可知实训楼属B类建筑。采用Φ21拉杆外套不锈钢管的竖向栏杆，距扶手下表面150mm处设150mm高的成品花饰，竖向栏杆间距为G/2即150mm，栏杆顶面为Φ60×2不锈钢扶手，其高度为900mm、水平栏杆扶手高度为1100mm。栏杆与梯段采用预埋铁件焊接、栏杆与扶手为焊接。

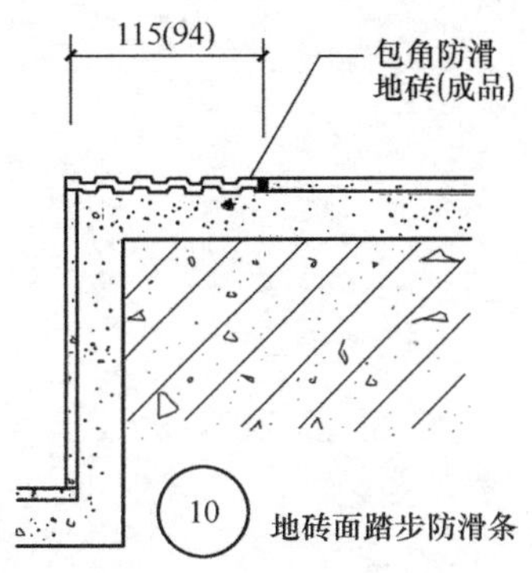

图2-6-50　踏步防滑条做法

踏步防滑条做法是在踏步前缘铺贴115mm或94mm宽的梯级地砖。

6.3.3　楼梯详图的画法

1. 楼梯平面图的画法，以建筑施工图第14张楼梯详图中的三至六层楼梯平面图为例，说明其步骤如下：

(1) 画底图（2H）。

1）根据楼梯间的开间和进深，绘制出楼梯四周的墙和柱。

2）确定每一个梯段的起止位置、梯段宽度和梯井宽度。

3）根据踏面的数量，用等分两平行线间距的方法画出踏面的投影。

4）绘制栏杆中心线、楼梯走向的长箭头、楼梯间的门窗。

(2) 修图，加深图线（HB）。

剖切到的楼梯间四周的墙、柱的轮廓线为粗实线，其他均为细实线。

(3) 注写标高、尺寸、图名、比例等。

2. 楼梯剖面图的画法，以建筑施工图第14张楼梯详图中的楼梯剖面图为例，说明其主要如下：

(1) 画底图（2H）。

1）结合楼梯平面图，根据楼梯间的进深，绘制出楼梯四周的墙和柱。

2）根据平台的标高，绘制各平台地面的控制线。

3）确定每一个梯段的起止位置、根据踢面的数量，用等分两平行线间距的方法画出踏面和踢面的投影。

4）根据结构图确定平台、梯段的厚度，平台梁的断面尺寸。

5）绘制栏杆扶手的投影、楼梯间的门窗、雨篷等。

（2）修图，加深图线（HB）。

剖切到的楼梯间四周的墙、柱的轮廓线，平台、梯段、平台梁等的轮廓线为粗实线，其他均为细实线。

（3）注写标高、尺寸、图名、比例等。

3　其他构造知识的学习

任务 1

基础构造知识的学习

过程 1.1　熟悉相关概念

1. 基础　基础是建筑物的墙或柱埋在地下的扩大部分，是建筑物地面以下的承重构件，它承受建筑物上部结构传下来的全部荷载，并把这些荷载与基础自身荷载一起传给地基。

2. 地基　地基是基础下面承受荷载的土层，承受着基础传来的全部荷载。地基不属于房屋组成部分。

地基分为天然地基和人工地基。凡土层具有足够的承载能力，不需经人工加固或改良可以直接在上面建造建筑物，并满足变形要求的地基叫天然地基。凡天然土层的承载力差，或上部荷载较大，直接在上面建造建筑物时，缺乏足够的坚固性和稳定性，必须对土层进行人工加固后，才能在上面建造建筑物的地基叫人工地基。人工地基的加固方法：压实法、换土法、挤密桩法、化学加固法等。

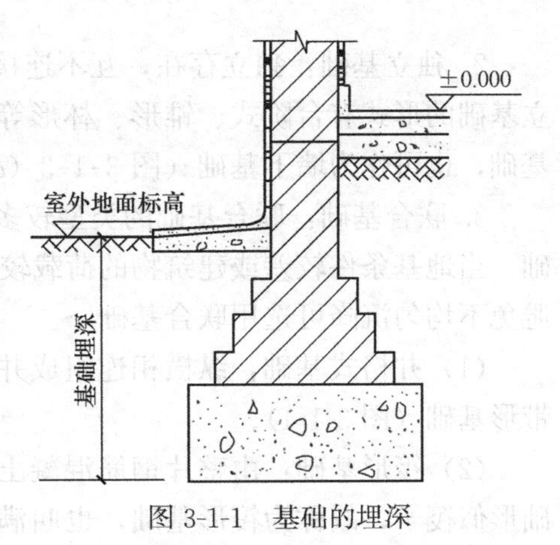

图 3-1-1　基础的埋深

3. 基础埋置深度　基础的埋置深度指

室外设计地坪至基础底面的垂直距离，简称基础埋深（图 3-1-1）。基础应有合适的深度才能保证建筑物的安全耐久，又节约材料，加快进度。一般情况下埋深不小于 0.5m。

过程 1.2 认识基础类型

1.2.1 按基础所用材料分类

基础按所用材料一般分为砖基础、毛石基础、混凝土基础、毛石混凝土基础、灰土基础和钢筋混凝土基础。

1.2.2 按基础的构造形式分类

基础按构造形式分：条形基础、独立基础、联合基础（包括井格基础、筏式基础、箱形基础）和桩基础等。

1. 条形基础：基础为连续的长条状时称为条形基础（见图 3-1-2）。

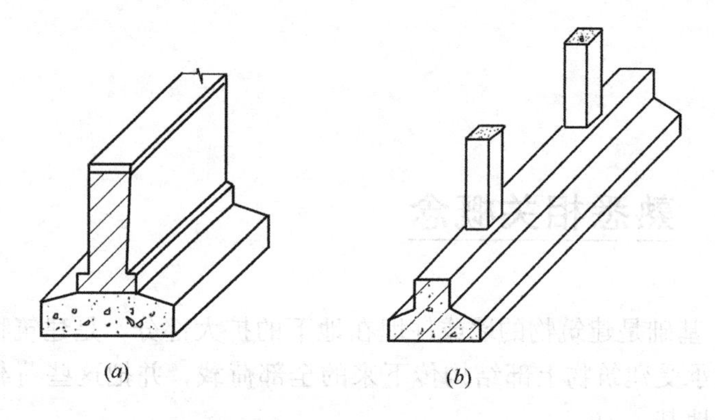

图 3-1-2 条形基础
(*a*) 墙下条形基础；(*b*) 柱下条形基础

2. 独立基础：独立存在，互不连接的基础称为独立基础，也叫单独基础。独立基础的形式有台阶式、锥形、杯形等（图 3-1-3（*a*）、（*b*）、（*c*））。一般为柱下基础，也可作为墙下基础（图 3-1-3（*d*））。

3. 联合基础：联合基础的类型较多，常见的有井格基础、筏板基础和箱形基础。当地基条件较差或建筑物的荷载较大时，为提高建筑物的整体刚度和稳定性，避免不均匀沉降可选用联合基础。

（1）井格式基础：纵横相连组成井子格状的柱下基础叫井格基础，也叫十字带形基础（图 3-1-4）。

（2）筏形基础：由整片钢筋混凝土板承受建筑物的荷载并传给地基，这种基础形似筏子，故称为筏形基础，也叫满堂基础（图 3-1-5）。筏形基础有板式和梁

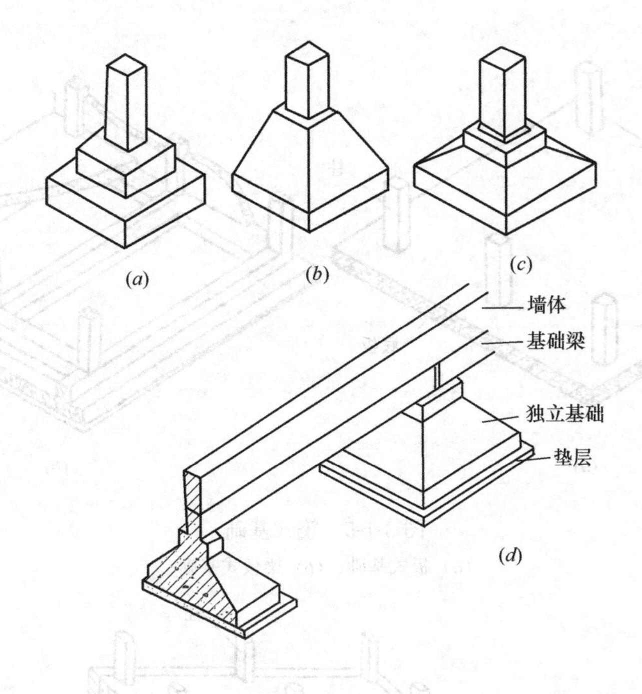

图 3-1-3　独立基础

(a) 阶梯形；(b) 锥形；(c) 杯形；(d) 墙下独立基础

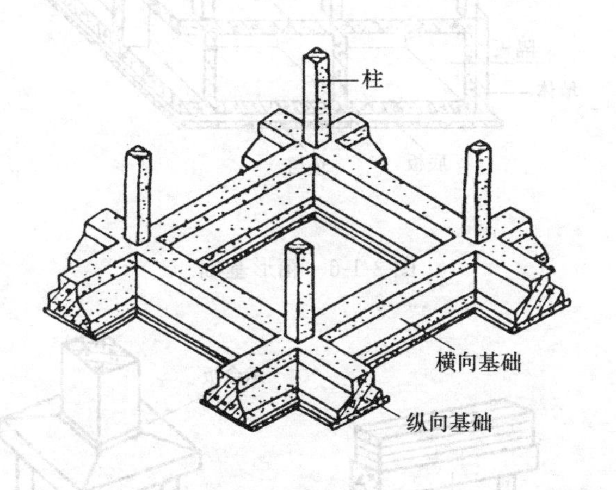

图 3-1-4　井格式基础

板式之分。

(3) 箱形基础：箱形基础是由底板、顶板、外墙和若干纵横墙组成的，形成空心箱体整体结构，共同承受上部结构荷载（图 3-1-6）。

4. 桩基础：桩基础由桩身和承台组成，桩身伸入土中，承受上部荷载；承台用来连接上部结构和桩身（图 3-1-7）。

另外，由砖、毛石、混凝土或毛石混凝土、灰土和三合土等材料制成的墙下条形基础或柱下独立基础称为无筋扩展基础；由钢筋混凝土制成的柱下独立基础和墙下条形基础称为扩展基础。

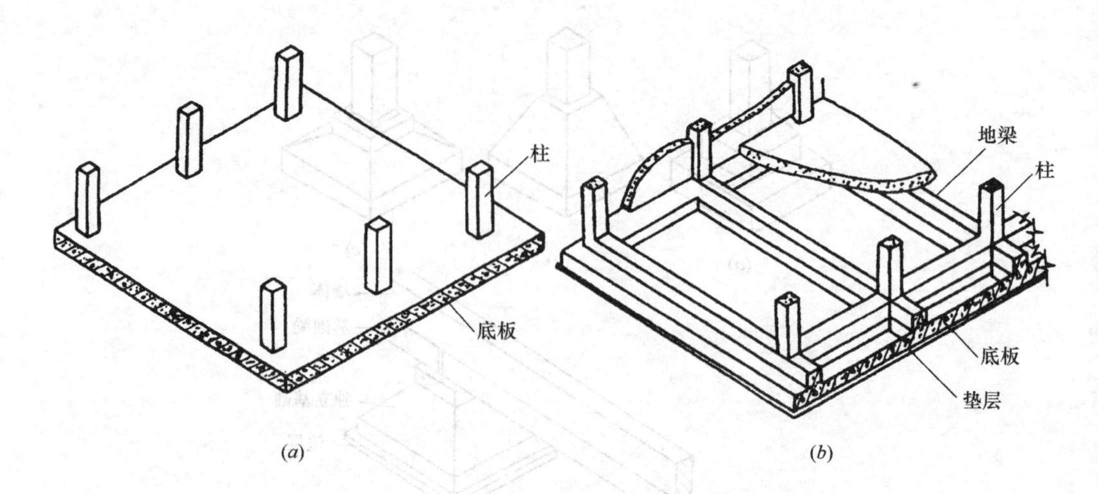

图 3-1-5　筏式基础

（a）板式基础；（b）梁板式基础

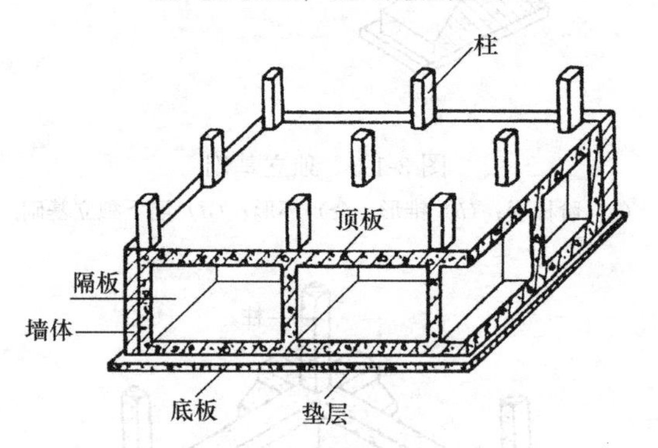

图 3-1-6　箱形基础

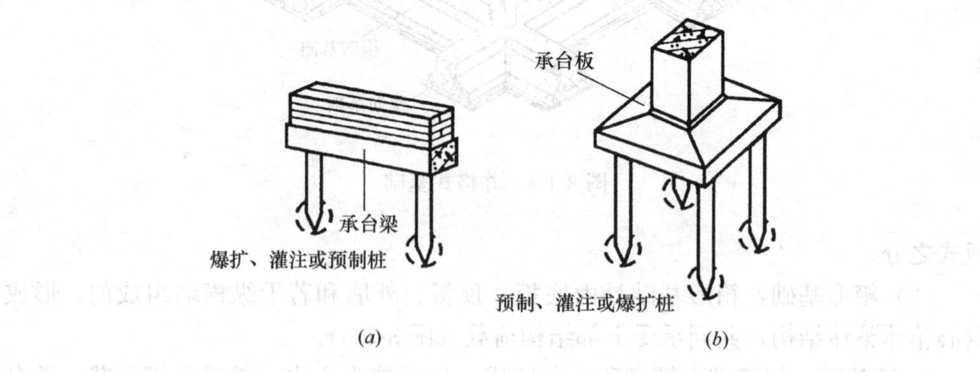

图 3-17　桩基础

（a）墙下桩基础；（b）柱下桩基础

过程 1.3　了解基础沉降缝的构造

基础沉降缝的构造处理方案有双墙式、挑梁式和交叉式三种。

1. 双墙式　双墙式的基础是在沉降缝两侧的墙下设置各自的基础，此处理方案易出现两墙之间间距较大，或基础偏心受压的情况，因此常用于基础荷载较小的建筑（图 3-1-8）。

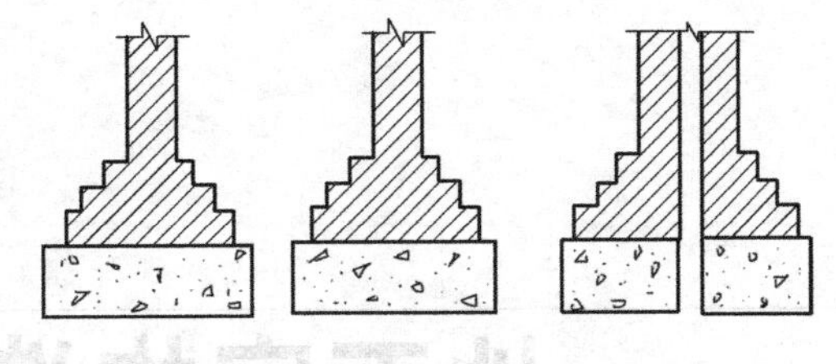

图 3-1-8　双墙式基础沉降缝

2. 交叉式　将沉降缝两侧的基础均设置成独立基础，交叉设置，在各自的基础上设置基础梁以支承墙体（图 3-1-9）。

3. 挑梁式　将沉降缝一侧的基础按一般构造做法处理，而另一侧则采用挑梁支承基础梁，基础梁上支承轻质墙的做法（图 3-1-10）。

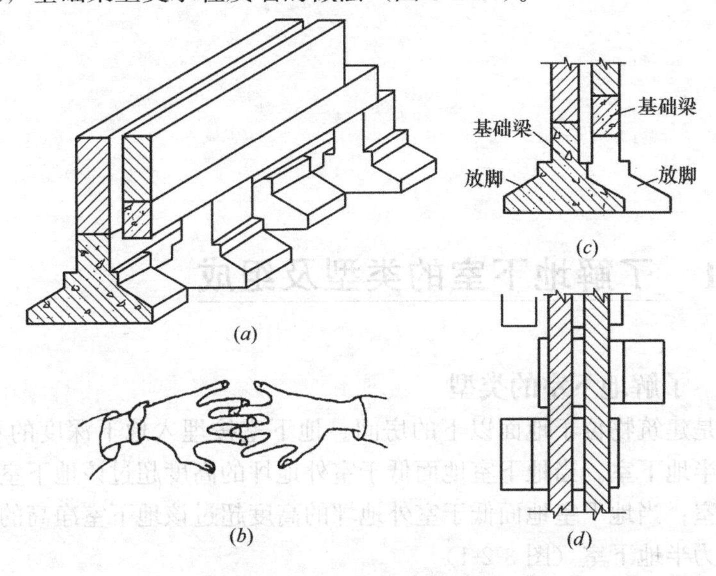

图 3-1-9　交叉式基础沉降缝

(*a*) 外观；(*b*) 示意；(*c*) 剖面；(*d*) 平面

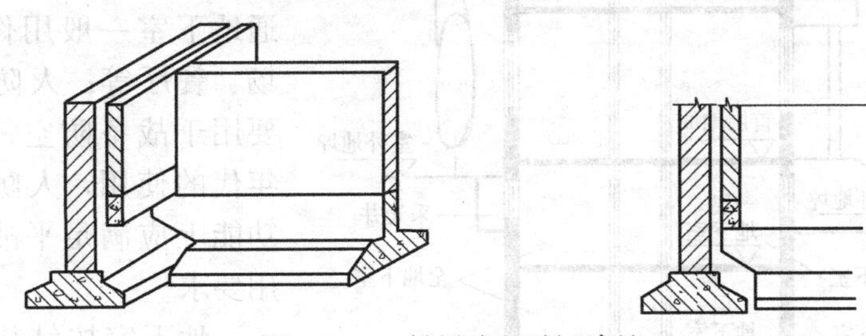

图 3-1-10　挑梁式基础沉降缝

任务 2

地下室构造知识的学习

过程 2.1　了解地下室的类型及组成

2.1.1　了解地下室的类型

地下室是建筑物位于地面以下的房间。地下室按埋入地下深度的不同，分为全地下室和半地下室。当地下室地面低于室外地坪的高度超过该地下室净高的 1/2 时为全地下室；当地下室地面低于室外地坪的高度超过该地下室净高的 1/3，但不超过 1/2 时为半地下室（图 3-2-1）。

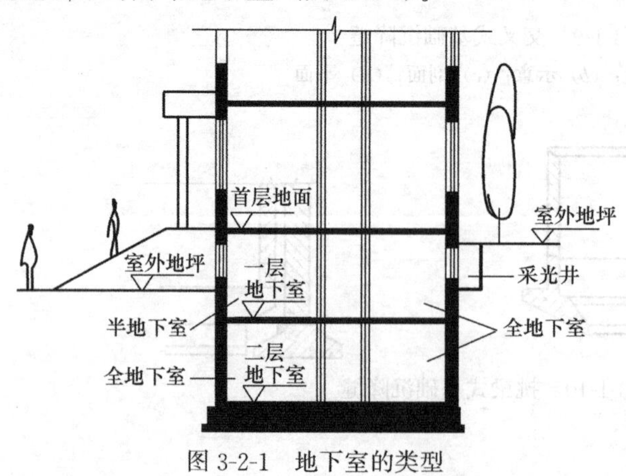

图 3-2-1　地下室的类型

地下室按功能分，有普通地下室和人防地下室。普通地下室一般用作储藏、商场、餐厅等；人防地下室主要用于战备防空，考虑和平年代的使用，人防地下室在功能上应满足平战结合的使用要求。

地下室按结构分为砖墙结构地下室和钢筋混凝土墙体地下室。

2.1.2 了解地下室的组成

地下室一般由墙、底板、顶板、门窗、楼梯和采光井 6 部分组成（图 3-2-2）。

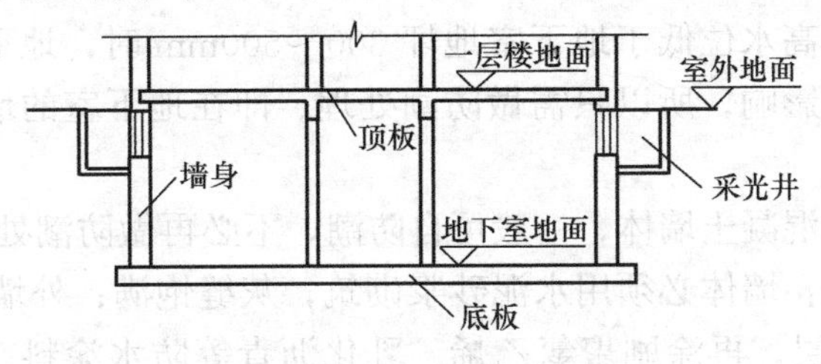

图 3-2-2 地下室的组成

1. 墙体 地下室的墙不仅要承受上部的垂直荷载，还承受土、地下水及土壤冻胀时产生的侧压力。所以当采用砖墙时，厚度不宜小于 490mm，当采用钢筋混凝土墙体时，厚度不宜小于 200mm。

2. 底板 地下室的地坪主要承受地下室的使用荷载，当地下水位高于地下室地面时，还承受地下水的浮力，一般采用钢筋混凝土底板。

3. 顶板 地下室的顶板主要承受建筑物首层的使用荷载，一般采用钢筋混凝土板。

4. 门窗 普通地下室的门窗构造同地面以上门窗，当地下室窗台低于室外地面时，为达到采光和通风的目的，应设采光井（图 3-2-3）。

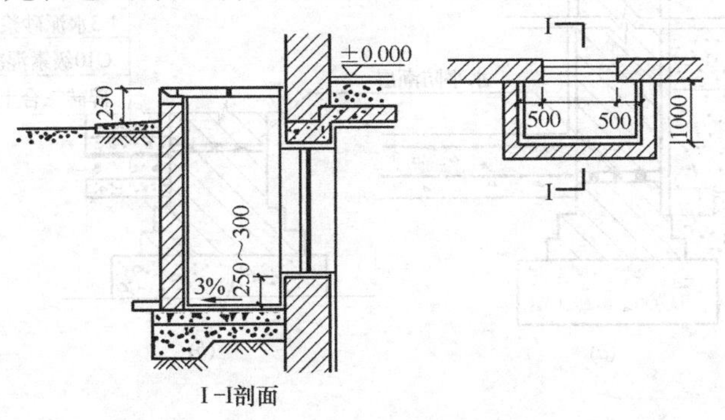

图 3-2-3 地下室的采光井

5. 楼梯 地下室的楼梯一般与地面以上楼梯结合设置，楼梯多为单跑式。对于防空地下室，应至少设置两部楼梯，并且必须有一部楼梯通向安全出口。

过程 2.2 地下室的防潮及防水构造

地下室的墙身、底板埋在土中，长期受到潮气或地下水的侵蚀，会引起室内地面、墙面发霉，墙面装修层脱落，影响人的身体健康；严重时使室内进水，影响地下室的正常使用和建筑物的耐久性。因此必须对地下室采用相应的防潮、防水措施。

2.2.1 地下室的防潮构造

当地下水的最高水位低于地下室地坪 300～500mm 时，地下室的墙体和底板仅受到土中潮气的影响，所以只需做防潮处理。即在地下室的墙体和底板中采取防潮构造。

对于现浇钢筋混凝土墙体，一般可自防潮，不必再做防潮处理。但对于砖墙，其防潮构造要求是：墙体必须用水泥砂浆砌筑，灰缝饱满；外墙外侧刷 20 厚 1：2.5 水泥砂浆找平层，再涂刷聚氯乙烯、乳化沥青等防水涂料；然后在防潮层外侧回填黏土或 3：7 灰土等弱透水性土，宽约 500mm，并分层夯实。此外，地下室的所有墙体都必须设两道水平防潮层，一道设在地下室地坪附近，另一道设在室外地坪以上 150～200mm 处（图 3-2-4）。

地下室的底板防潮，可先做混凝土的垫层，再做面层。

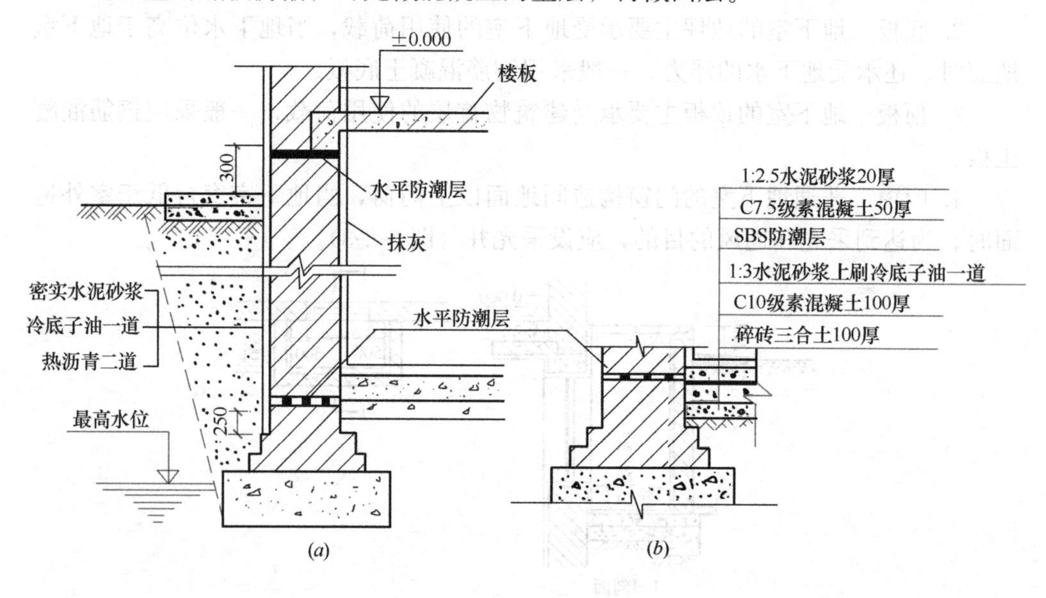

图 3-2-4 地下室防潮构造

（a）墙身防潮；（b）地坪防潮

2.2.2 地下室的防水构造

当地下水的最高水位高于地下室的底板时，地下室的墙体和底板浸泡在水中，这时地下室的外墙受到地下水侧压力的作用，底板受到地下水浮力的作用，这些压力水具有很强的渗透能力，会导致地下室漏水，影响正常使用。所以地下室的外墙和底板必须采取防水措施。具体做法有卷材防水、防水涂料和构件自防水。现主要介绍卷材防水和涂料防水。

如图 3-2-5 为地下室外防水构造。

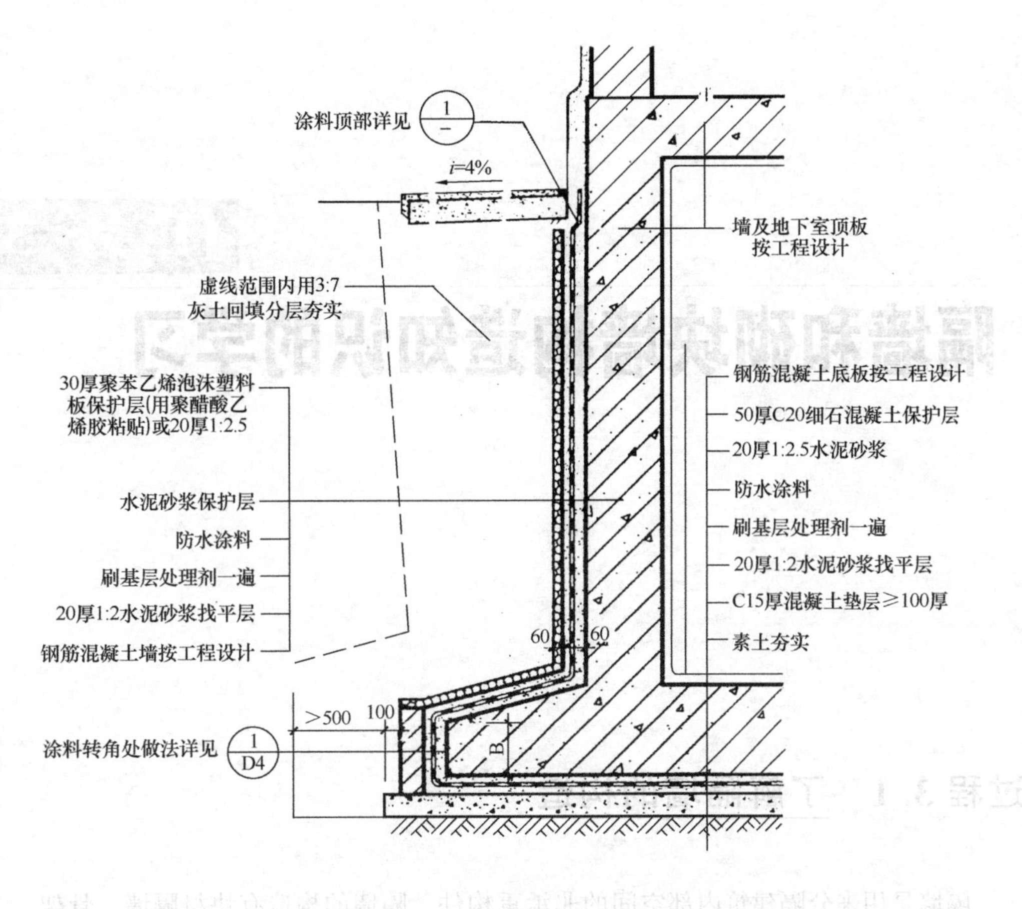

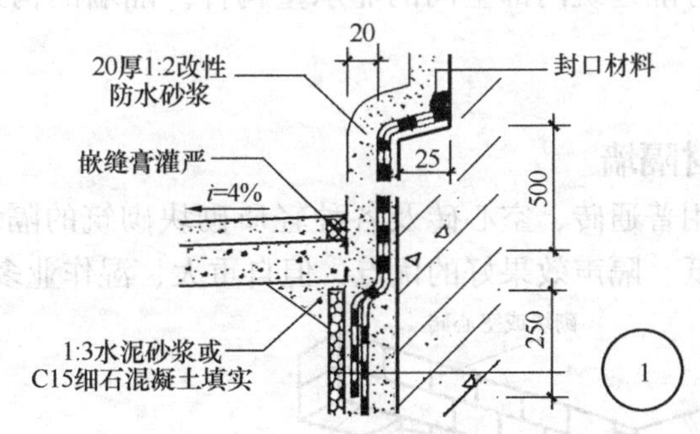

图 3-2-5　地下室外防水

任务2　地下室构造知识的学习

任务 3

隔墙和砌块墙构造知识的学习

过程 3.1 了解隔墙的构造

隔墙是用来分隔建筑内部空间的非承重构件。隔墙的构造有块材隔墙、骨架隔墙和板材隔墙。

3.1.1 块材隔墙

块材隔墙是用普通砖、空心砖及各种轻质砌块砌筑的隔墙（图 3-3-1）。具有取材方便、造价低、隔声效果好的优点，但自重大、湿作业多、拆装不便。

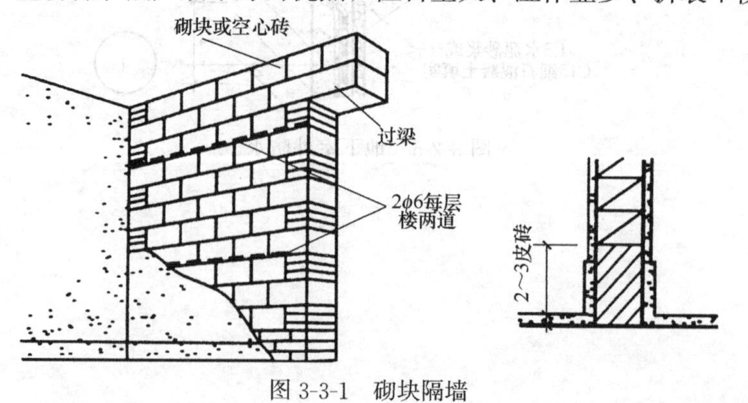

图 3-3-1 砌块隔墙

3.1.2 轻骨架隔墙

轻骨架隔墙是以木材、钢材或铝合金等构成骨架，把面层粘贴、涂抹、镶嵌、钉在骨架上形成的隔墙。这类隔墙自重轻，一般可直接搁置在楼板上，具有代表性的是轻钢龙骨石膏板隔墙（图 3-3-2）。

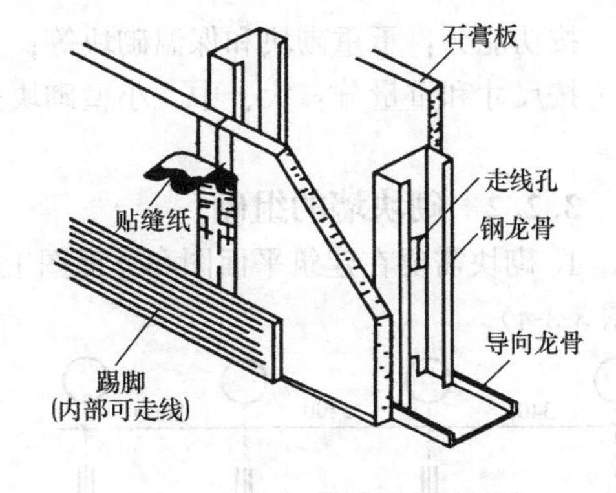

图 3-3-2 轻钢龙骨石膏板隔墙

3.1.3 板材隔墙

板材式隔墙是采用工厂生产的板材制品，用粘结材料拼合固定形成的隔墙。常见的板材有加气混凝土条板、石膏条板、碳化石灰板、泰柏板及各种复合板等（图 3-3-3）。

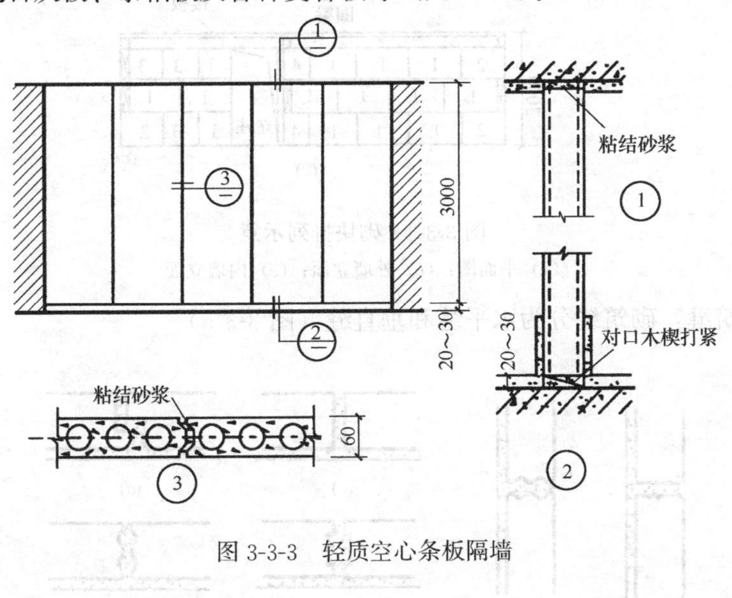

图 3-3-3 轻质空心条板隔墙

过程 3.2 了解砌块墙构造

砌块墙是采用尺寸比普通砖大的预制块材（称砌块）砌筑而成的墙体。

3.2.1 砌块的类型

按材料分：普通混凝土砌块、轻骨料混凝土砌块、加气混凝土砌块以及利用各种工业废料制成的砌块（炉渣混凝土砌块、蒸养粉煤灰砌块等）；

按构造形式分：实心砌块和空心砌块；

按功能分：承重砌块和保温砌块等；

按尺寸和重量分：大、中、小型砌块三种类型。

3.2.2 砌块墙的组砌

1. 砌块需要在建筑平面图和立面图上进行砌块的排列，注明每一砌块的型号（图 3-3-4）。

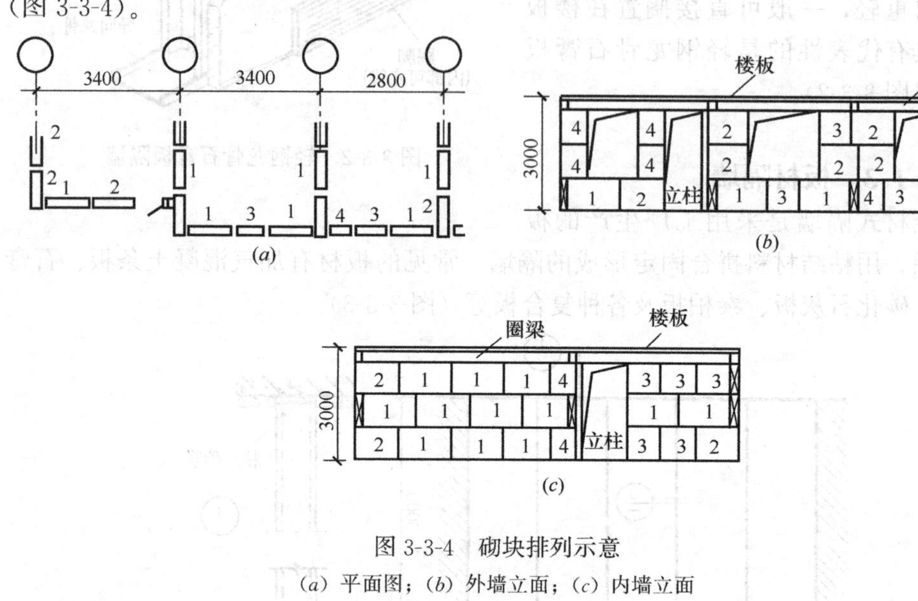

图 3-3-4 砌块排列示意

（a）平面图；（b）外墙立面；（c）内墙立面

2. 砌筑缝：砌筑缝分为水平缝和垂直缝（图 3-3-5）。

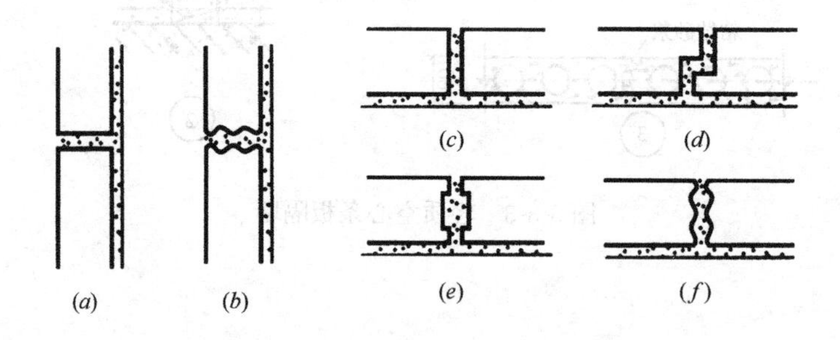

图 3-3-5 砌筑缝

（a）水平平缝；（b）水平双槽缝；（c）垂直平缝；（d）垂直错口缝；（e）垂直方槽缝；（f）垂直双槽缝

3. 砌块的组砌：砌筑砌块时，上下皮应错缝，搭接长度为砌块长度的 1/4，高度的 1/3～1/2，并不应小于 150mm。当无法满足搭接长度要求时，在灰缝内应设 $\phi4$ 的钢筋网片拉接（图 3-3-6）。纵横墙交接和外墙转角处均应咬接（图 3-3-7）。

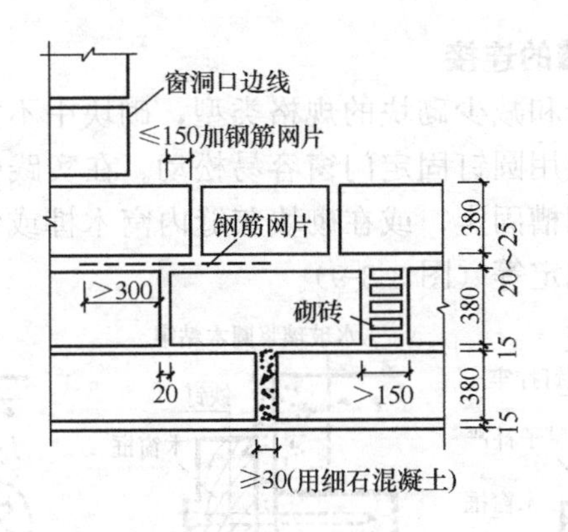

图 3-3-6　砌块的组砌

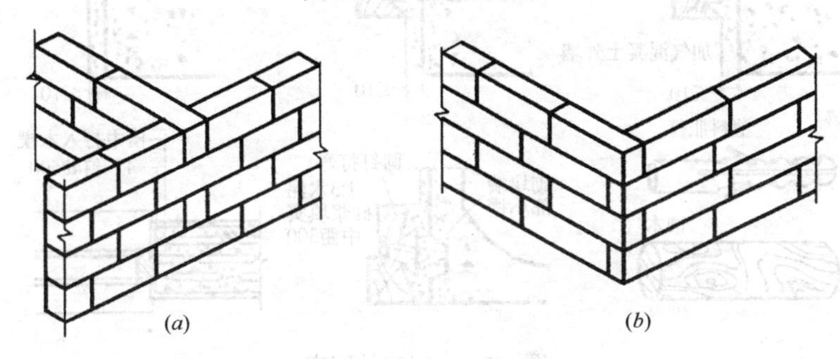

图 3-3-7　砌块的咬接

(*a*) 纵横墙交接；(*b*) 外墙转角交接

3.2.3　砌块墙的构造

1. 圈梁及构造柱

砌块墙的圈梁常和过梁统一考虑，有现浇和预制两种。不少地区采用 U 形预制构件，在槽内配置钢筋，现浇混凝土形成圈梁（图 3-3-8（*a*））。

构造柱系将砌块上下孔对齐，于孔中配 2Φ10～2Φ12 的钢筋，然后用细石混凝土分层灌实。构造柱须与圈梁连接（图 3-3-8（*b*））。

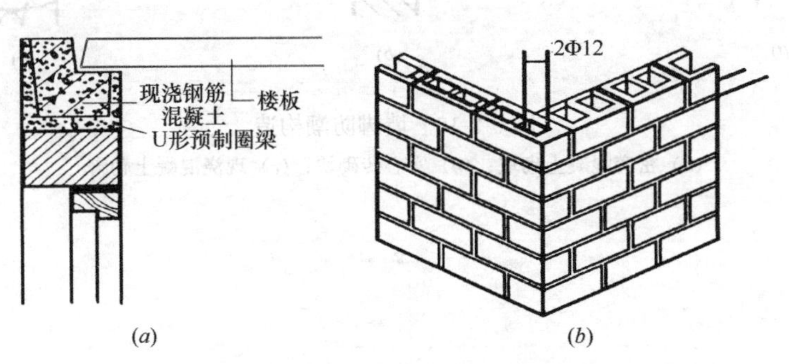

图 3-3-8　圈梁和构造柱

(*a*) U 形预制圈梁块；(*b*) 外墙转角处的构造柱

2. 门窗樘与砌块墙的连接

为了简化砌块生产和减少砌块的规格类型，砌块中不宜设木砖和铁件，此外有些砌块强度低，直接用圆钉固定门窗容易松动。在实践中门窗樘与砌块墙的连接方式，可利用砌块凹槽固定，或在砌块灰缝内窝木榫或铁件固定，或利用膨胀木块固定及膨胀螺栓固定等（图 3-3-9）。

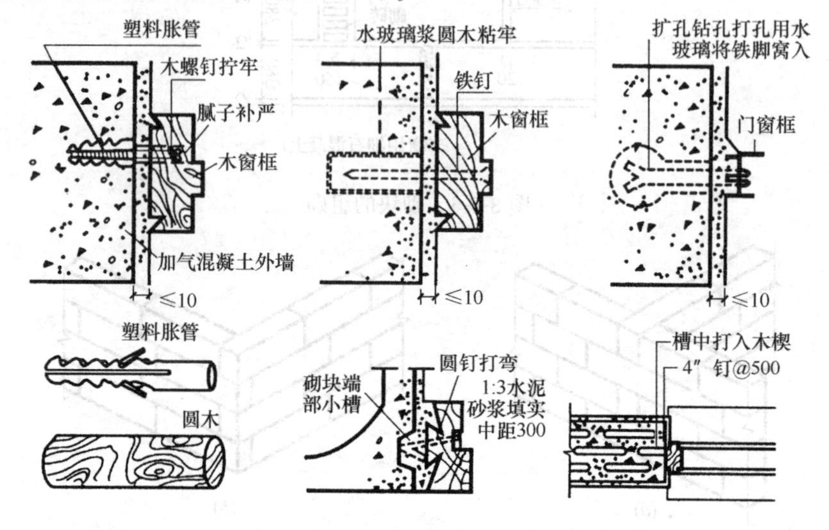

图 3-3-9 门窗的固定

3. 防潮构造

砌块多为多孔材料，吸水性强，容易受潮，特别是在檐口、窗台、勒脚及落水管附近墙面等部位。在湿度较大的房间中，砌块墙也须有相应的防潮措施（图 3-3-10）。

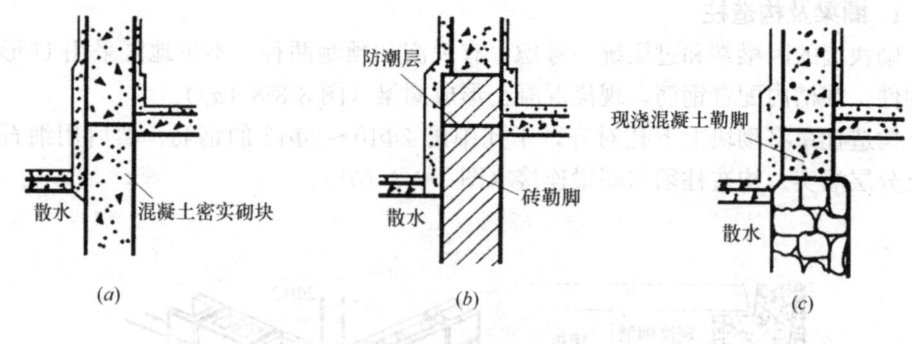

图 9-3-10 墙脚防潮构造

（a）密实混凝土砌块；（b）实心砖砌块；（c）现浇混凝土勒脚

参 考 文 献

[1] 高远、张艳芳，建筑构造与识图．北京：中国建筑工业出版社，2006.

[2] 孙鲁、甘佩兰，建筑构造．北京：高等教育出版社，2008

[3] 赵研，建筑构造与识图．北京：中国建筑工业出版社，2008.

[4] 房屋建筑制图统一标准 GB/T 5001—2001.

[5] 河北省工程建设标准设计 05 系列建筑标准设计图集．

[6] 张小平，建筑识图与房屋构造．武汉：武汉理工大学出版社，2005.

[7] 民用建筑设计通则．GB 50352—2005.

××建筑设计有限公司

<table>
<tr><td colspan="2" rowspan="4">图纸资料目录</td><td rowspan="4">河北城乡建设学校实训楼</td><td colspan="2">设计编号 2007-12</td></tr>
<tr><td colspan="2">专业：建筑</td></tr>
<tr><td colspan="2">共 1 页　第 1 页</td></tr>
<tr><td colspan="2">日期：2007.08</td></tr>
<tr><td>序号</td><td>图号</td><td>名　称</td><td>规格</td><td>备注</td></tr>
<tr><td>1</td><td>JS-01</td><td>总平面位置图</td><td>A2</td><td></td></tr>
<tr><td>2</td><td>JS-02</td><td>建筑设计总说明</td><td>A2+1/2</td><td></td></tr>
<tr><td>3</td><td>JS-03</td><td>门窗表　门窗详图　工程做法</td><td>A2</td><td></td></tr>
<tr><td>4</td><td>JS-04</td><td>一层平面图</td><td>A2+1/2</td><td></td></tr>
<tr><td>5</td><td>JS-05</td><td>二层平面图</td><td>A2+1/2</td><td></td></tr>
<tr><td>6</td><td>JS-06</td><td>三层平面图</td><td>A2+1/2</td><td></td></tr>
<tr><td>7</td><td>JS-07</td><td>四、五层平面图</td><td>A2+1/2</td><td></td></tr>
<tr><td>8</td><td>JS-08</td><td>六层平面图</td><td>A2+1/2</td><td></td></tr>
<tr><td>9</td><td>JS-09</td><td>屋顶平面图</td><td>A2+1/2</td><td></td></tr>
<tr><td>10</td><td>JS-10</td><td>南立面图</td><td>A2+1/2</td><td></td></tr>
<tr><td>11</td><td>JS-11</td><td>北立面图</td><td>A2+1/2</td><td></td></tr>
<tr><td>12</td><td>JS-12</td><td>东立面图　西立面图</td><td>A2+1/2</td><td></td></tr>
<tr><td>13</td><td>JS-13</td><td>1-1 剖面图</td><td>A2</td><td></td></tr>
<tr><td>14</td><td>JS-14</td><td>楼梯详图</td><td>A2</td><td></td></tr>
<tr><td>15</td><td>JS-15</td><td>厕所详图　普通教室详图</td><td>A2+1/4</td><td></td></tr>
<tr><td>16</td><td>JS-16</td><td>墙身大样一　墙身大样二</td><td>A2</td><td></td></tr>
<tr><td>17</td><td>JS-17</td><td>墙身大样三　墙身大样四</td><td>A2</td><td></td></tr>
<tr><td>18</td><td>JS-18</td><td>墙身大样五　墙身大样六</td><td>A2</td><td></td></tr>
</table>

注：图纸见插页。

××建筑设计有限公司

<table>
<tr><td colspan="2" rowspan="4">图纸资料目录</td><td rowspan="4">河北城乡建设学校实训楼</td><td colspan="2">设计编号 2007-12</td></tr>
<tr><td colspan="2">专业：结构</td></tr>
<tr><td colspan="2">共 1 页　第 1 页</td></tr>
<tr><td colspan="2">日期：2007.08</td></tr>
<tr><td>序号</td><td>图号</td><td>名　称</td><td>规格</td><td>备注</td></tr>
<tr><td></td><td></td><td>目录</td><td>A4</td><td></td></tr>
<tr><td>1</td><td>GS-01</td><td>框架结构设计总说明</td><td>A2＋1/4</td><td></td></tr>
<tr><td>2</td><td>GS-02</td><td>基础平面图</td><td>A2＋1/2</td><td></td></tr>
<tr><td>3</td><td>GS-03</td><td>基础平详图</td><td>A2</td><td></td></tr>
<tr><td>4</td><td>GS-04</td><td>框架柱配筋平面图</td><td>A2＋1/2</td><td></td></tr>
<tr><td>5</td><td>GS-05</td><td>二层结构平面图</td><td>A2＋1/2</td><td></td></tr>
<tr><td>6</td><td>GS-06</td><td>二层梁配筋平面图</td><td>A2＋1/2</td><td></td></tr>
<tr><td>7</td><td>GS-07</td><td>三层结构平面图</td><td>A2＋1/2</td><td></td></tr>
<tr><td>8</td><td>GS-08</td><td>三层梁配筋平面图</td><td>A2＋1/2</td><td></td></tr>
<tr><td>9</td><td>GS-09</td><td>四、五层结构平面图</td><td>A2＋1/2</td><td></td></tr>
<tr><td>10</td><td>GS-10</td><td>四、五层梁配筋平面图</td><td>A2＋1/2</td><td></td></tr>
<tr><td>11</td><td>GS-11</td><td>六层结构平面图</td><td>A2＋1/2</td><td></td></tr>
<tr><td>12</td><td>GS-12</td><td>六层梁配筋平面图</td><td>A2＋1/2</td><td></td></tr>
<tr><td>13</td><td>GS-13</td><td>屋顶结构平面图</td><td>A2＋1/2</td><td></td></tr>
<tr><td>14</td><td>GS-14</td><td>屋顶梁配筋平面图</td><td>A2＋1/2</td><td></td></tr>
<tr><td>15</td><td>GS-15</td><td>水箱间、电梯机房屋顶结构平面图
水箱间、电梯机房屋顶梁配筋平面图</td><td>A2</td><td></td></tr>
<tr><td>16</td><td>GS-16</td><td>楼梯一详图</td><td>A2＋1/4</td><td></td></tr>
<tr><td>17</td><td>GS-17</td><td>楼梯二详图</td><td>A2＋1/4</td><td></td></tr>
</table>

注：图纸见插页。

××建筑设计有限公司

设计变更通知单

建设单位	河北城乡建设学校	项目编号	2007-12	变更编号	03
项目名称	实训楼	专业	结构	第 1 页　共 1 页	
设计变更或修改原因：电梯井道修改					

变更内容：

一、GS-02，03：

1. 根据电梯厂家要求，剖面 2-2 变更见详图 2-2G，平面图中尺寸相应调整

2. 双柱独基短边长≥2500 时，底板长向钢筋长度取短边尺寸 0.9 倍（端部钢筋除外），并交错放置

二、GS-05：

1. 根据电梯厂家要求，电梯井道范围内节点③改为③G，见详图。

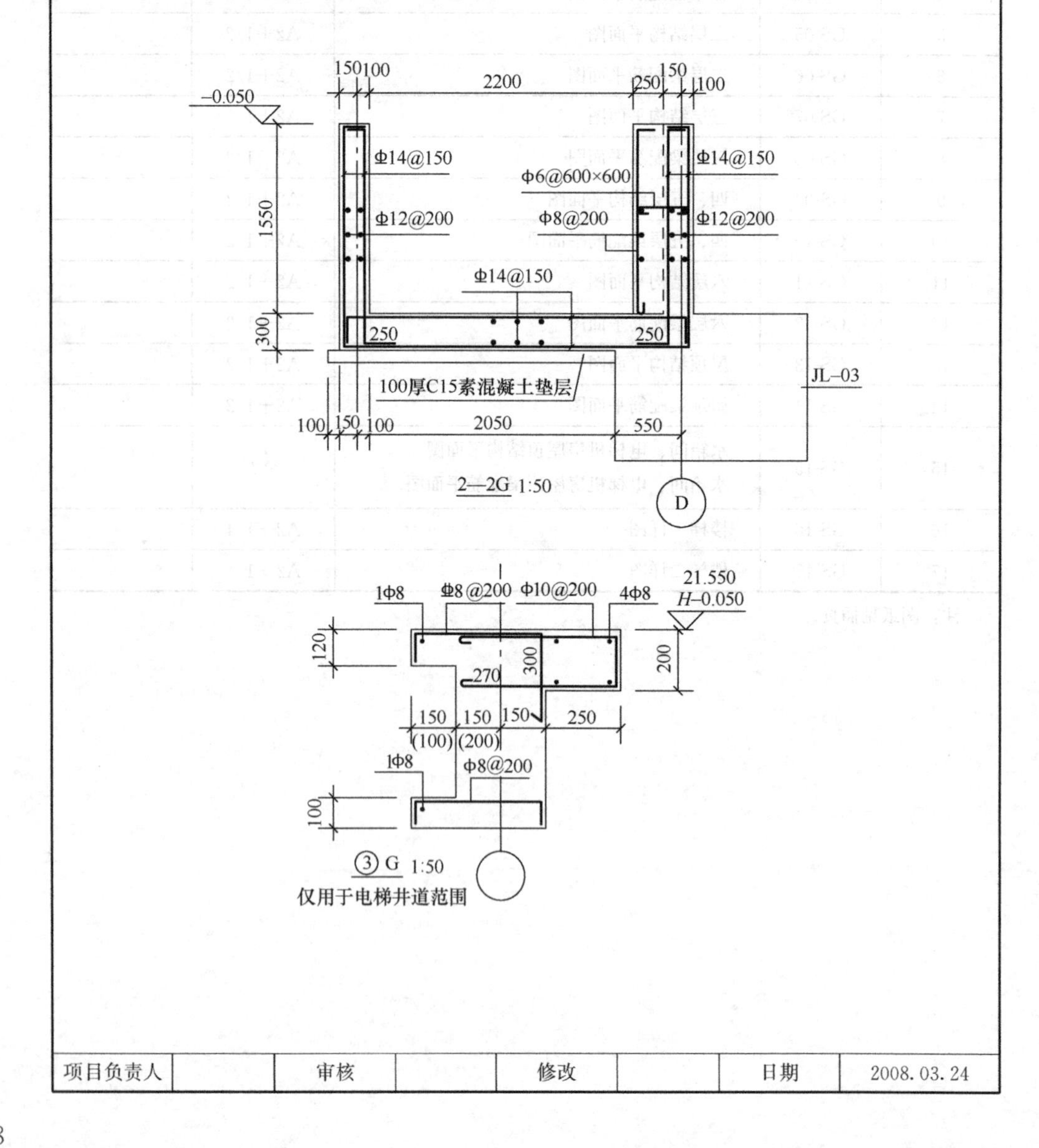

项目负责人		审核		修改		日期	2008. 03. 24

建筑设计总说明

部门批准的文件。
范。
制图集。
内容:
GB50352-2005
GB50016-2006
GB 50189-2005
GB50011-2001
GBJ99-86
GB50345-2004
GB50108-2001
JGJ102-2003
JGJ 50-2001
GB/T50353-2005
JGJ113-2003
JGJ50-2001

构。
二级设计使用年限50年。

为370厚烧结普通页岩砖,
居中，特殊注明者除外。
墙与柱外皮平， 外加

特殊注明者除外。

砌筑墙预留洞见建施和设备图;

施，其余砌筑墙留洞待管道设备
火墙上留洞为防火岩棉密封填实。

四. 门窗

1. 本工程内外门窗立框均居墙中,净片玻璃门窗由甲方选厂制作安装（加工厂需经强度计算核实实际尺寸后确定型材)。
2. 门窗立面分格图的外包尺寸为洞口尺寸,制作时适当减去安装尺寸，立面分格尺寸可作微小调整,门窗用料大小及玻璃厚度根据洞口大小及分格尺寸合理确定。
   西南侧玻璃幕墙采用LOW-E玻璃单面镜面反射隐框铝合金玻璃幕墙。其余，外门窗采用塑钢门窗，5+10+5中空玻璃。
   大厅外门采用安全玻璃平开门，除特殊注明外其它房间内门选用木门。设备用房采用甲级防火门。 面积大于1.5m 的窗玻璃或玻璃底边离最终装修面小于 500 mm 的落地窗，必须使用安全玻璃。建筑外门窗抗风压性能分级为大于4 级,气密性能分级为II级,水密性能分级为不低于3 级。玻璃幕墙玻璃气密性为I级,门窗规格及型号详见门窗表。
   玻璃和安装门窗隔声性大于40dB，除特殊注明外内门窗为木门窗，刷白色面漆。
   管井门为墙中立口，其它门为墙中立口。
3. 防火门窗
   所有防火门窗产品均须经消防部门认可。
   防火门窗由甲方自行订货并应满足相应耐火极限:甲级1.2h,乙级0.9h,丙级0.6h。

五. 外装修

1. 面砖面层做法参见05J1外13，涂料面层做法参见05J1外21。
   规格及颜色见立面图。
2. 凡露明金属构件均除锈后刷防锈漆二道调和漆二道,颜色同相邻墙面。
3. 外装饰材料的材质及色彩:要求按立面标注材料施工,材质色彩应均匀。
   施工前要求提供材料样块,经甲方和设计人员认可后方可施工。

六. 内装修

1. 建筑物内墙面阳角用1:2水泥砂浆做护角，高2100，两边各宽50厚度同相邻墙面粉刷。
2. 不同面层材料除特殊注明者外一般在门下设分界线。
3. 楼梯间扶手栏杆做法详见05J8 (2/43) 踏步防滑条做法详见05J8 (10/82)。
   本建筑物内所有低于900的楼梯窗台均设护窗栏杆， 栏杆间距不大于110mm，
   水平长度大于500时， 栏杆高度为1100mm。其做法参见05J8 (3/75)
4. 卫生间、厕所、水箱间(除门洞口外)楼板四周做高度为120的砼翻边。
   宽同墙宽。

七. 防水,防潮工程

1. 屋面防水等级: 屋面防水等级II级。
   屋面(不上人屋面)做法见05J1屋13 （B1-55-F6)。
2. 卫生间、厕所、浴室楼地面比同层一般房间楼地面低20mm防水做法详见装修表，防水层选用聚氨脂涂膜。设地漏的房间地面向地漏找坡i=0.5%，地漏周围 1000mm 范围坡度变为1%。卫生间除门洞口外楼板四周做高度为120的砼翻边。
3. 出屋面管道泛水见 05J5-1 (2/30)。
4. 管道穿墙做法见05J2 (-/B16)。
5. 墙身防潮做法见05J2 (2/G2) 防潮层为聚胺酯涂料防水材料。

八.电梯

1. 本新建建筑物共设客梯1部，均为无障碍电梯。
2. 电梯的井道和电梯门洞尺寸及底坑的预埋件经电梯厂家确认后必须按所定产品设置并于施工前确定.电梯型号如有变化，应在主体施工前通知设计单位，以便及时根据设备进行二次设计。
   电梯停站6次，提升高度21.60m。规格：载重量1000kg，速度1.5米/秒。

九. 节能保温措施及做法:

1. 主入口玻璃幕墙采用LOW-E玻璃单框断桥铝合金窗外，
   其余所有外门窗均采用中空玻璃带纱扇塑钢窗，
   产品性能指标：抗风压等级为III级。气密性等级为4级。
2. 外墙为250厚加气混凝土砌块墙，外墙外保温贴30厚网聚苯板。
   聚苯乙烯泡沫保温板导热系数为0.042W/m.K，
   构造详见05J3-1(A1-A15)。
3. 屋面为55厚挤塑聚苯乙烯泡沫塑料板。
4. 不采暖楼梯间及走廊200厚加气混凝土砌块墙。
5. 建筑物体形系数为0.20。

外墙:

东:250厚加气混凝土砌块墙，外墙外保温贴30厚聚苯板　传热系数0.566
南:250厚加气混凝土砌块墙，外墙外保温贴30厚聚苯板　传热系数0.566
西:250厚加气混凝土砌块墙，外墙外保温贴30厚聚苯板　传热系数0.566
北:250厚加气混凝土砌块墙，外墙外保温贴30厚聚苯板　传热系数 0.566

外窗:

东: 塑钢中空玻璃窗　窗墙面积比 (%): 0.20　传热系数2.7
南: 塑钢中空玻璃窗　窗墙面积比 (%): 0.35　传热系数 2.7
西: 塑钢中空玻璃窗　窗墙面积比 (%): 0.37　传热系数 2.7
北: 塑钢中空玻璃窗　窗墙面积比 (%): 0.26　传热系数 2.7

屋面:　55厚挤塑聚苯乙烯泡沫塑料板，　传热系数0.47
地面:　传热系数 1.5
不采暖楼梯间:　200厚加气混凝土砌块墙　传热系数0.98

十. 无障碍设计

1. 室外公共部位出入口均设置无障碍坡道，电梯为无障碍电梯。
2. 入口平台，均按照无障碍要求设计。

十一. 其他

1. 管道穿楼板做法 05J12-68-A C E。
2. 雨水管采用Ø110UPVC管,颜色为白色，距室外地坪 2.0米加钢管保护。
3. 所有预埋木砖应做防腐处理，预埋件应先除锈再做防腐处理。
4. 本图中所注门窗大小均为洞口尺寸，厂家安装前应仔细核对洞口尺寸及数量后方可订货施工。
5. 配电箱暗装时，配电箱厚度大于200时，需在墙体背面钉上钢丝网抹灰。

6. 散水长度6-10 米设20宽伸缩缝用沥青砂浆嵌缝，流水坡度4%。
   散水均为1000宽做法见05J1散1台阶做法参见05J9-1 (2/87)。
   挡墙做法参见05J9-1 (1/69)　坡道做法参见 05J9-1 (4/58)。
7. 厕所楼地面较本层其他房间楼地面低 20mm,
   地面向地漏找坡0.5%, 防水层见工程做法。
8. 群管穿墙防水做法见 05J2 (1/A28)。
9. 所有外露铁件均刷防锈漆二道，调合漆二道。
10. 外墙面变形缝 05J3-1 (1/A13) (2/A13)　楼地面变形缝 05J7-1 (5/102) (6/102)。
    内墙面变形缝 05J7-1 (1/102) (2/102)。
11. 玻璃幕墙工程由专业厂家施工安装。

十二. 施工注意事项

1. 本施工图所注尺寸标高以米为单位,其余均以毫米为单位,图中尺寸以标注为准。
2. 甲方应在开始地上部位土建工程前，委托有相应资质的装饰设计公司完成室内装饰设计，向设计单位提供装饰设计图纸，经设计单位认可后方可施工。
3. 本施工图未尽事宜应严格遵守国家和地方主管部门颁布的现行施工及验收规范、标准。施工中遇到与设计文件有关的问题，甲方会同施工单位、监理，在施工该部位7日前单位负责修通知设计单位，须由设计改或确认后方可施工。
4. 所有饰面材料的材质、颜色、规格必须由甲方看样板后施工,
   工程所要材料必须符合国家规定的质量标准,应具备合格证及准用证。
5. 本图施工时应与各相关专业资料互相协调密切配合以防错缺漏碰，土建施工应与各设备专业密切配合，预埋件、预留洞应按图对照留设，不得事后挖凿。
6. 甲方有责任保护设计单位知识产权，未经设计单位同意，不得将该项目技术图纸用于其他项目或与该项目无关的其他事宜。
7. 本套图纸必须经有关部门审查通过后方可施工。

××建筑设计有限公司　　设计证书级别:乙级 编号: 033244-sy

经　理		建设单位	河北城乡建设学校	工 号	2007-12
专业负责人		项目名称	实训楼	阶 段	施工图
审　核		图纸名称	建筑设计总说明	专 业	建 筑
校　对				图 号	JS-02
设　计				日 期	2007.08

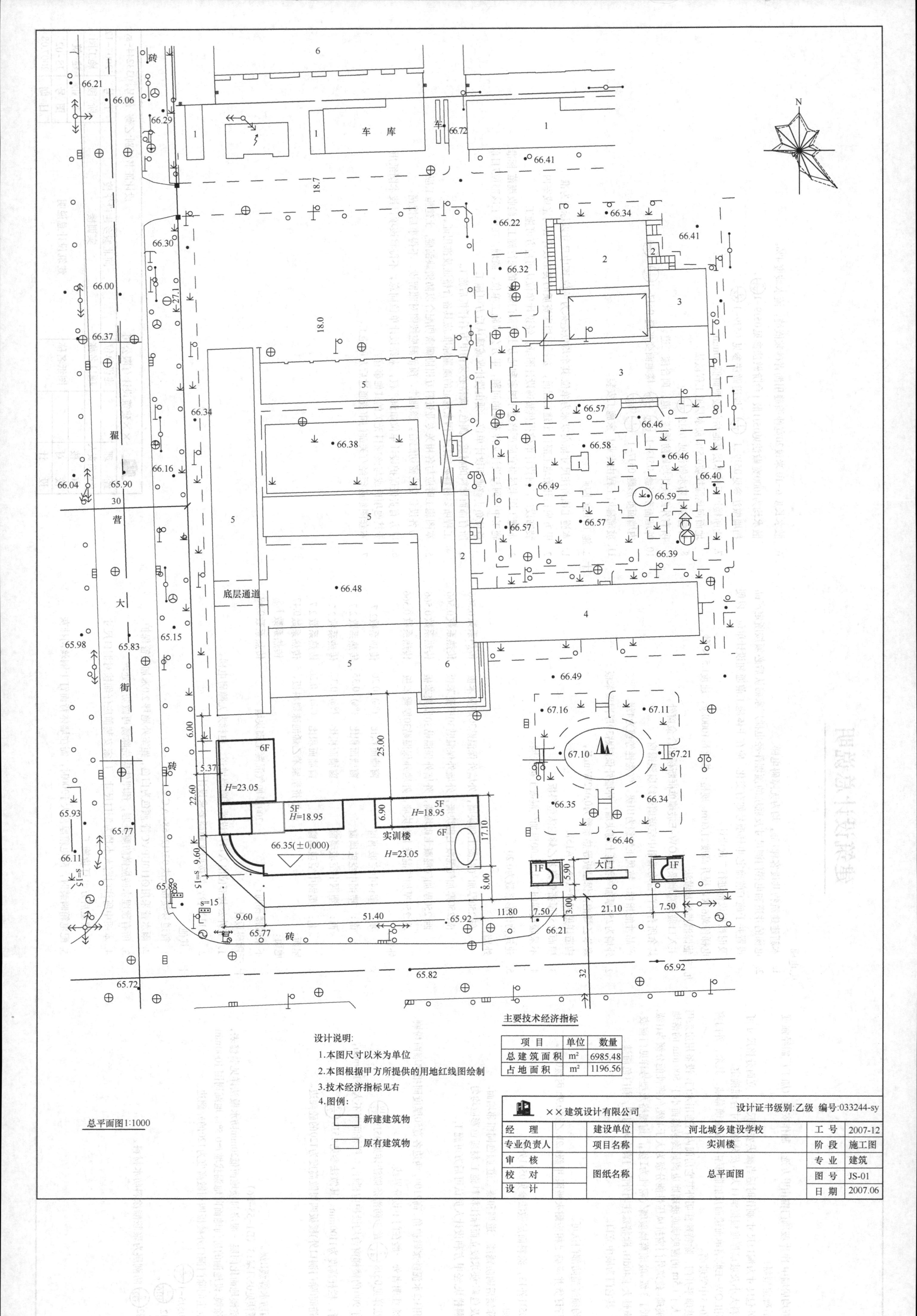

总平面图1:1000

设计说明：

1.本图尺寸以米为单位

2.本图根据甲方所提供的用地红线图绘制

3.技术经济指标见右

4.图例：

新建建筑物

原有建筑物

主要技术经济指标

项目	单位	数量
总建筑面积	m²	6985.48
占地面积	m²	1196.56

××建筑设计有限公司		设计证书级别:乙级 编号:033244-sy			
经理		建设单位	河北城乡建设学校	工号	2007-12
专业负责人		项目名称	实训楼	阶段	施工图
审核		图纸名称	总平面图	专业	建筑
校对				图号	JS-01
设计				日期	2007.06

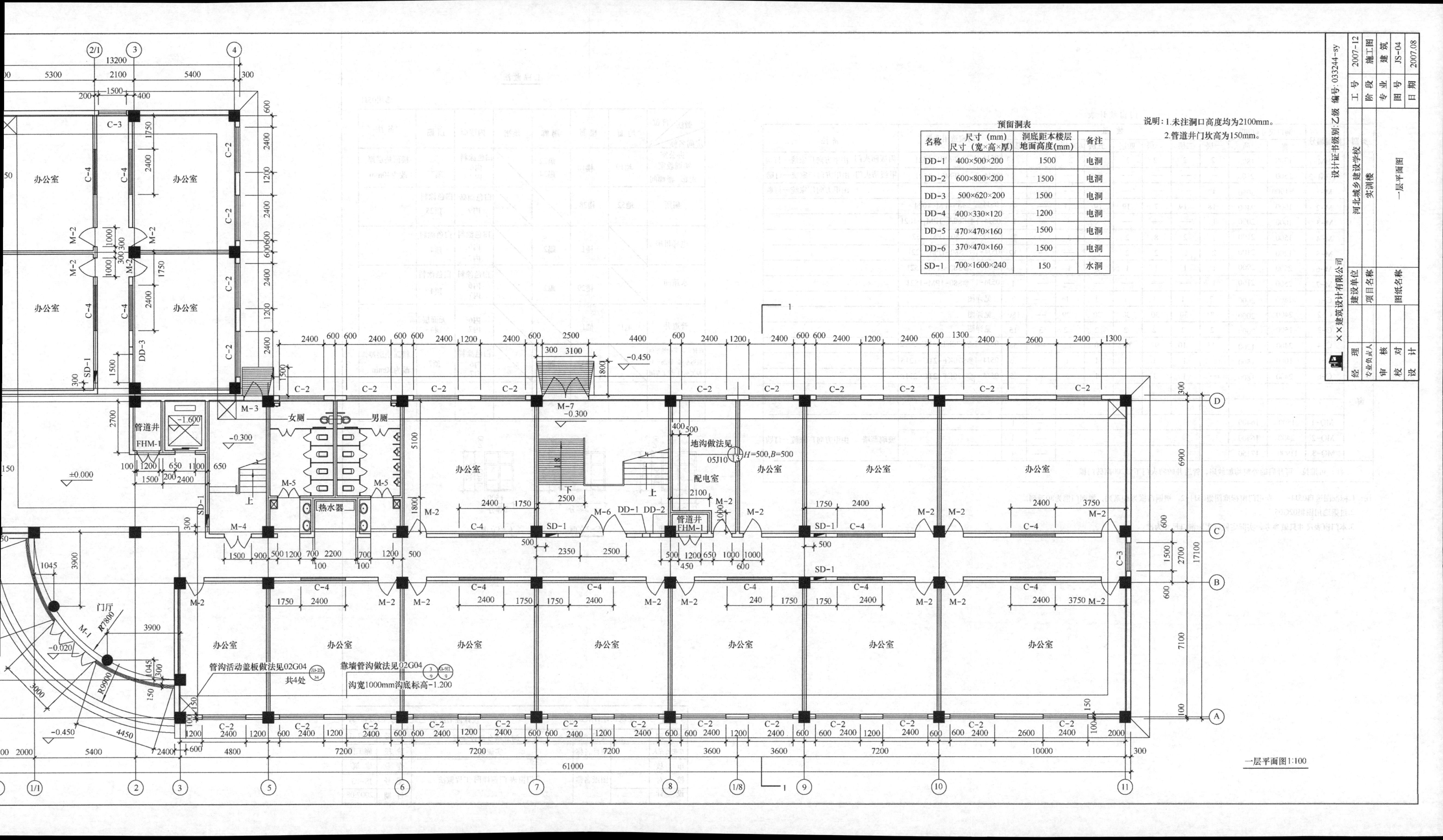

预留洞表

名称	尺寸（mm） 尺寸（宽×高×厚）	洞底距本楼层地面高度(mm)	备注
DD-1	400×500×200	1500	电洞
DD-2	600×800×200	1500	电洞
DD-3	500×620×200	1500	电洞
DD-4	400×330×120	1200	电洞
DD-5	470×470×160	1500	电洞
DD-6	370×470×160	1500	电洞
SD-1	700×1600×240	150	水洞

门窗统计表

类别	门窗编号	洞口尺寸(mm)		数量								门窗选用图集	备注
		宽	高	一层	二层	三层	四层	五层	六层	屋顶	总计		
门	FHM-1	1200	1800	2	2	2	2	2	2	1	13	05J4-2 MFM01-1521	丙级防火门 由甲方向厂家统一订购
	FHM-2	1500	2100	—	—	—	—	—	—	1	1	05J4-2 MFM01-1521	甲级防火门 由甲方向厂家统一订购
	M-1	11900	3050	1	—	—	—	—	—	—	1		由甲方向厂家统一订购
	M-2	1000	2400	18	19	7	19	19	11	—	93	05J4-1 M-4PM-1024	
	M-3	1000	2000	1	—	—	—	—	—	—	1	05J4-1参S80A-1PM$_1$-1021	
	M-4	1500	2100	1	2	8	2	2	3	3	21	05J4-1 S80-1PM-1521	
	M-5	1200	2100	2	2	2	2	2	—	—	12	05J4-1 S80-1PM-1221	
	M-6	2500	2900	1	1	1	1	1	1	—	6	05J4-1 参S80-1PM-1521	
	M-7	2500	2100	1	—	—	—	—	—	—	1	05J4-1 参S80-1PM-1521	
窗	C-1	1800	2000	2	1	1	1	1	1	—	7	见详图	
	C-2	2400	2000	31	30	30	30	30	29	—	180	见详图	
	C-3	1500	2000	2	2	2	2	2	2	3	15	见详图	
	C-4	2400	1200	13	10	9	10	10	6	—	58	05J4-1参S70KF-1TC-2112	
	C-5	1000	1500	—	1	1	1	1	1	1	6	05J4-1参S70KF-2TC-1215	
	C-6	2400	1800	—	1	1	1	1	1	—	5	05J4-1参S70KF-2TC-2118	
	MQ-1	1500	16400		1					—	1		玻璃幕墙 由甲方向厂家统一订购
	MQ-2	2400	16400		1					—	1		
	MQ-3	11900	17150		1					—	1		
注：可推拉、可开启的外窗均加纱扇；管道井的防火门下做200高砖门槛。													

注：1.标准图选自05J4-1。专用门窗标准图集05J4-2。塑钢窗框为80系列，塑钢门框为80系列。

2.过梁选用图集02G05。

3.本门窗表尺寸只做参考，实际定做以实际洞口尺寸为准。

工程做法

选用05J1

做法 部位 / 房间名称	地面	楼面	踢脚	墙裙	内墙面	顶棚	备注
办公室 实训教室 走廊 楼梯间	地19	楼10	踢22 踢24		白色涂料 内6 内7	顶7	楼面垫层厚改为40mm
厕所	地52	楼28			白色面砖 内9	白色涂料 顶25	
电梯机房		楼1	踢2		白色涂料 内6 内7	白色涂料 顶4	
水箱间		楼29	踢2		白色涂料 内6 内7	白色涂料 顶4	
管道井	地1	楼1			内6 内7	无面层 顶4	
建材实验室 砌筑车间 装饰车间 钢筋车间 焊工车间 管工车间		楼3	踢2		白色涂料 内6 内7	顶7	楼面垫层厚改为50mm

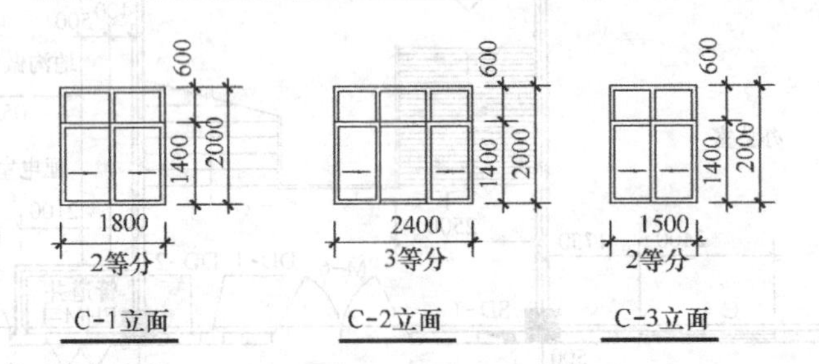

C-1立面　C-2立面　C-3立面

××建筑设计有限公司		设计证书级别:乙级 编号:033244-sy			
经 理		建设单位	河北城乡建设学校	工 号	2007-12
专业负责人		项目名称	实训楼	阶 段	施工图
审 核				专 业	建 筑
校 对		图纸名称	门窗表 门窗详图 工程做法	图 号	JS-03
设 计				日 期	2007.08

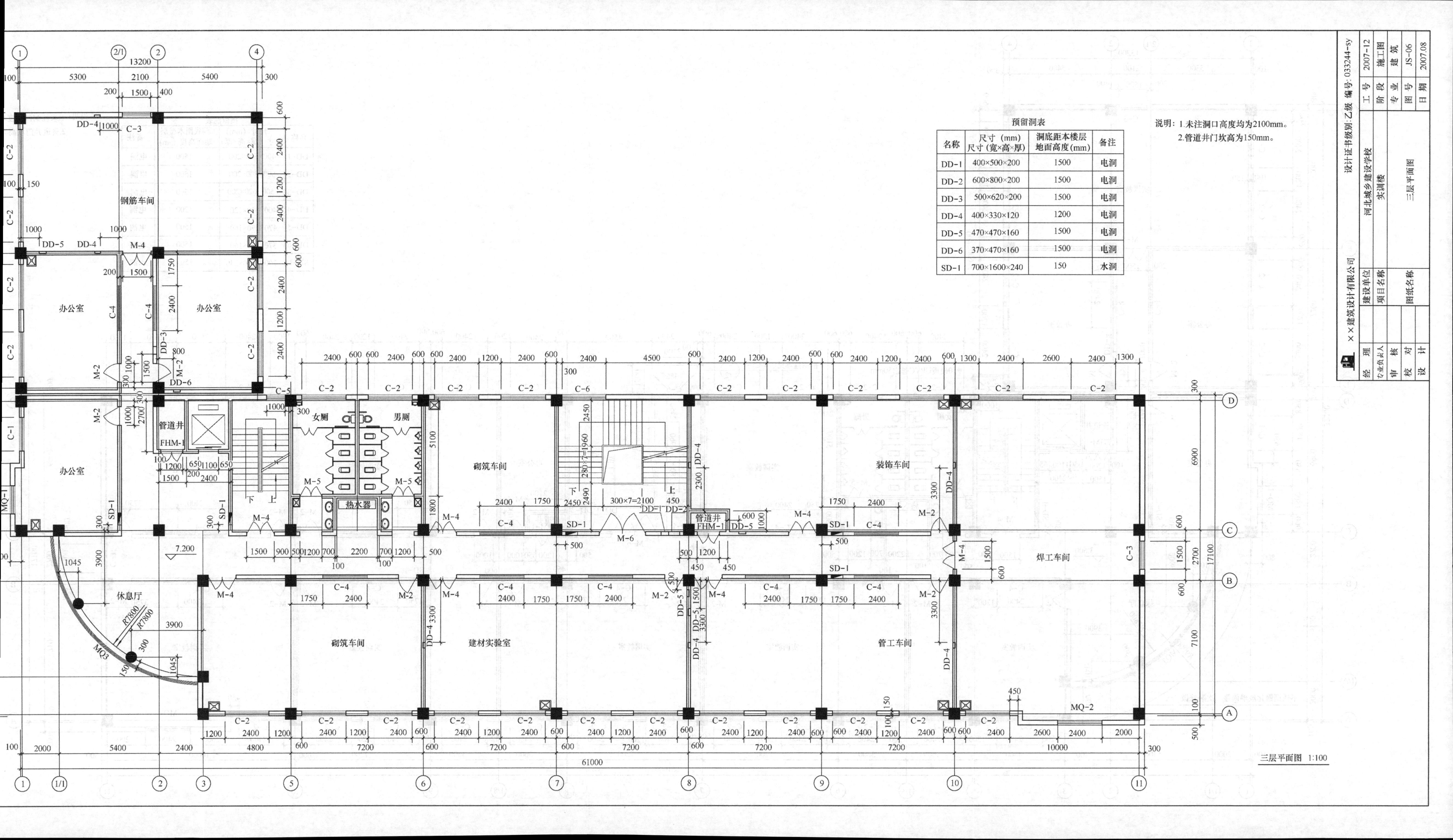

预留洞表

名称	尺寸（mm）尺寸（宽×高×厚）	洞底距本楼层地面高度(mm)	备注
DD-1	400×500×200	1500	电洞
DD-2	600×800×200	1500	电洞
DD-3	500×620×200	1500	电洞
DD-4	400×330×120	1200	电洞
DD-5	470×470×160	1500	电洞
DD-6	370×470×160	1500	电洞
SD-1	700×1600×240	150	水洞

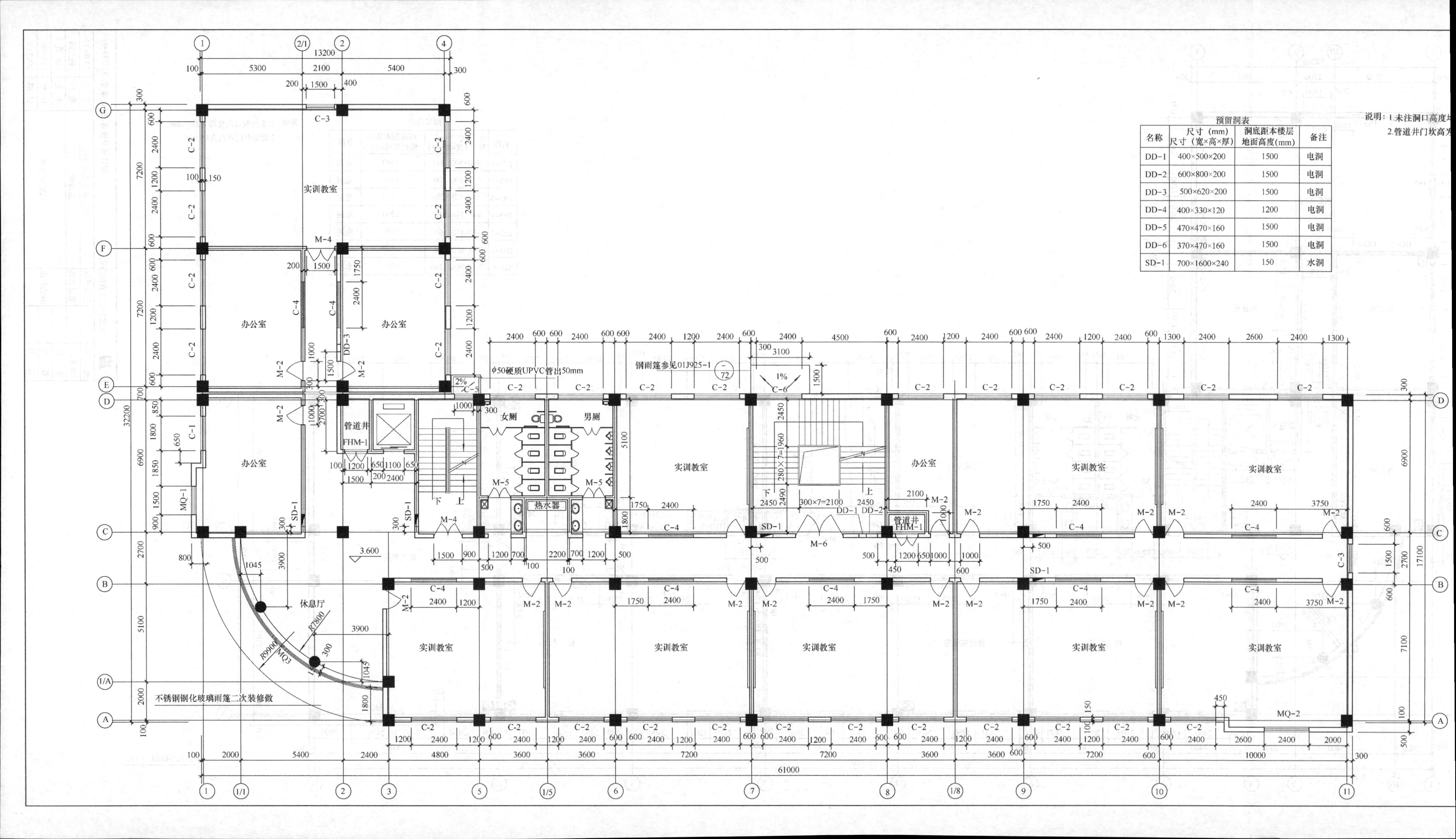

预留洞表

名称	尺寸（mm） 尺寸（宽×高×厚）	洞底距本楼层 地面高度(mm)	备注
DD-1	400×500×200	1500	电洞
DD-2	600×800×200	1500	电洞
DD-3	500×620×200	1500	电洞
DD-4	400×330×120	1200	电洞
DD-5	470×470×160	1500	电洞
DD-6	370×470×160	1500	电洞
SD-1	700×1600×240	150	水洞

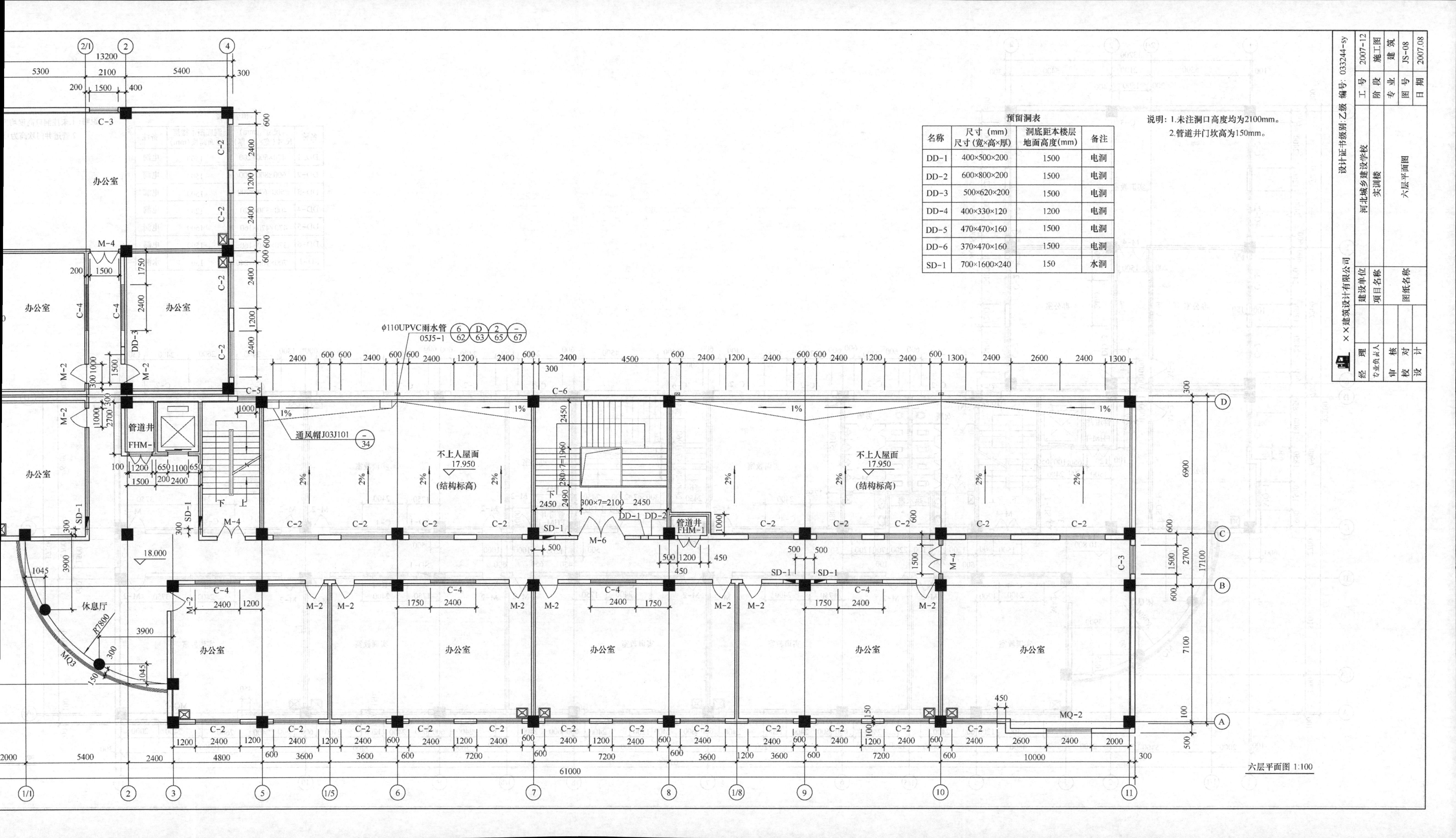

预留洞表

名称	尺寸（mm）尺寸（宽×高×厚）	洞底距本楼层地面高度(mm)	备注
DD-1	400×500×200	1500	电洞
DD-2	600×800×200	1500	电洞
DD-3	500×620×200	1500	电洞
DD-4	400×330×120	1200	电洞
DD-5	470×470×160	1500	电洞
DD-6	370×470×160	1500	电洞
SD-1	700×1600×240	150	水洞

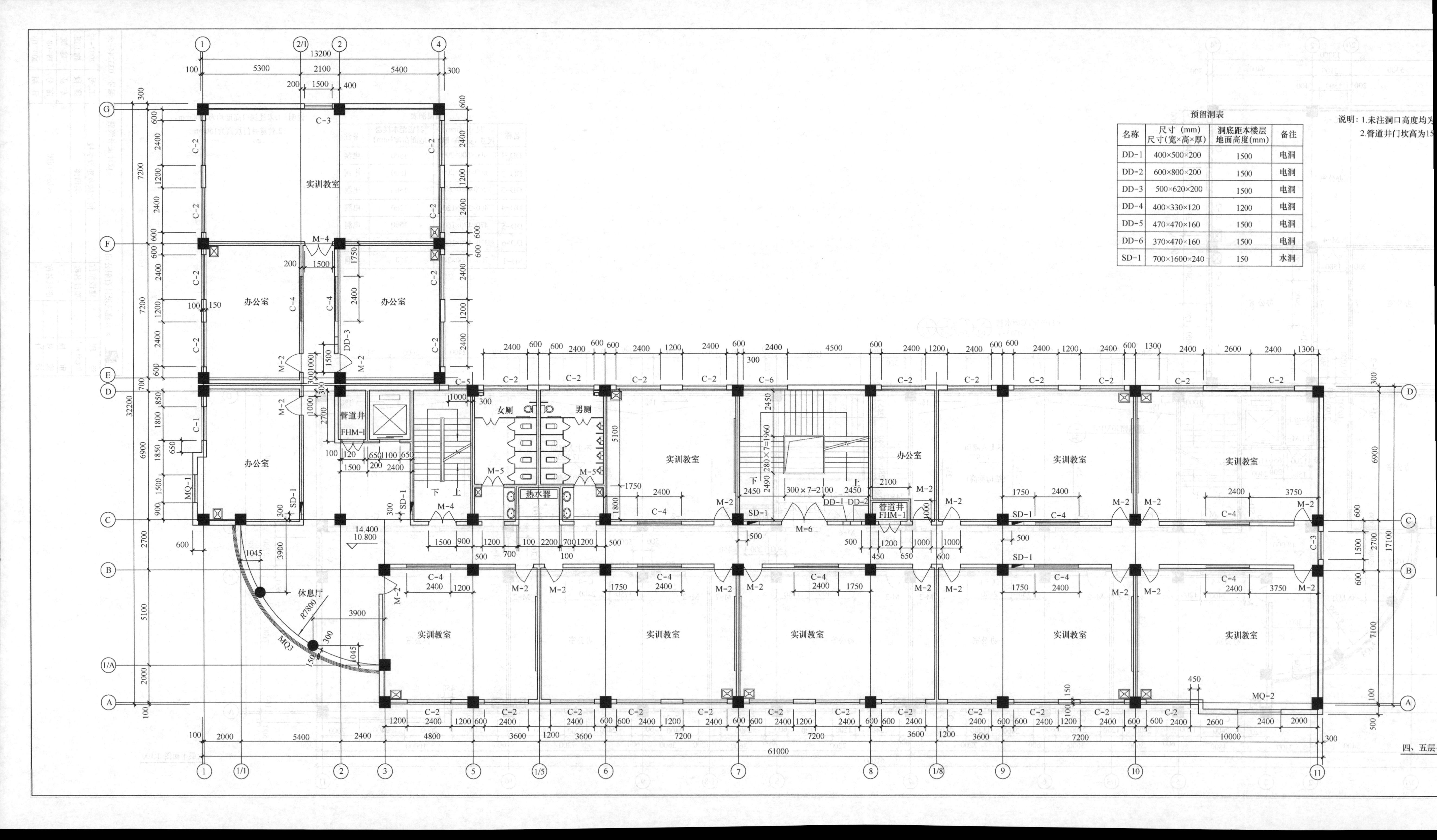

预留洞表

名称	尺寸（mm）尺寸(宽×高×厚)	洞底距本楼层地面高度(mm)	备注
DD-1	400×500×200	1500	电洞
DD-2	600×800×200	1500	电洞
DD-3	500×620×200	1500	电洞
DD-4	400×330×120	1200	电洞
DD-5	470×470×160	1500	电洞
DD-6	370×470×160	1500	电洞
SD-1	700×1600×240	150	水洞

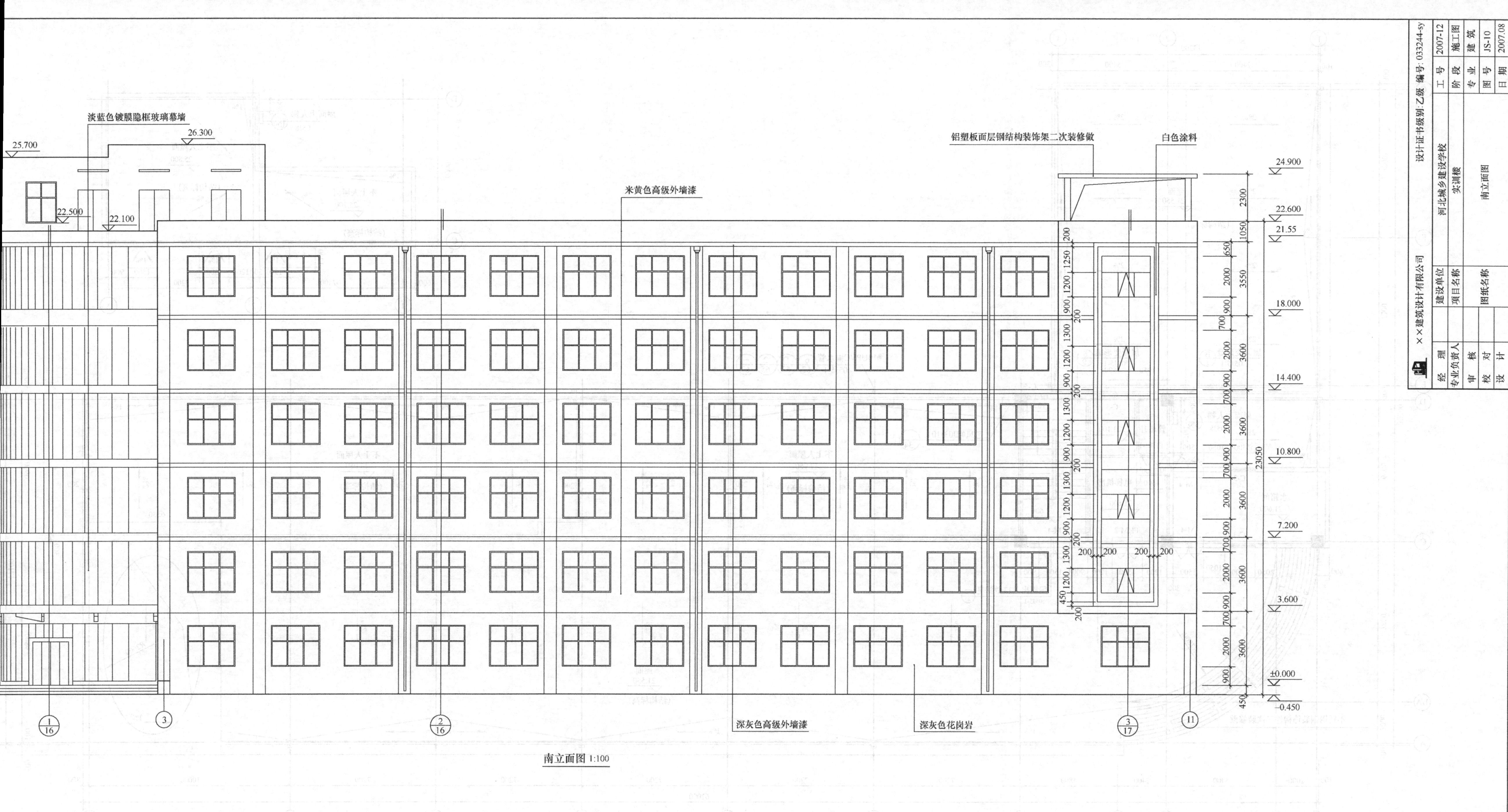
淡蓝色镀膜隐框玻璃幕墙
25.700
26.300
22.500
22.100
米黄色高级外墙漆
铝塑板面层钢结构装饰架二次装修做
白色涂料
24.900
22.600
21.55
18.000
14.400
10.800
7.200
3.600
±0.000
-0.450
23050
深灰色高级外墙漆
深灰色花岗岩
××建筑设计有限公司
设计证书级别:乙级 编号:033244-sy
经理
专业负责人
审核
校对
设计
建设单位
河北城乡建设学校
项目名称
实训楼
图纸名称
南立面图
工号 2007-12
阶段 施工图
专业 建筑
图号 JS-10
日期 2007.08

南立面图 1:100

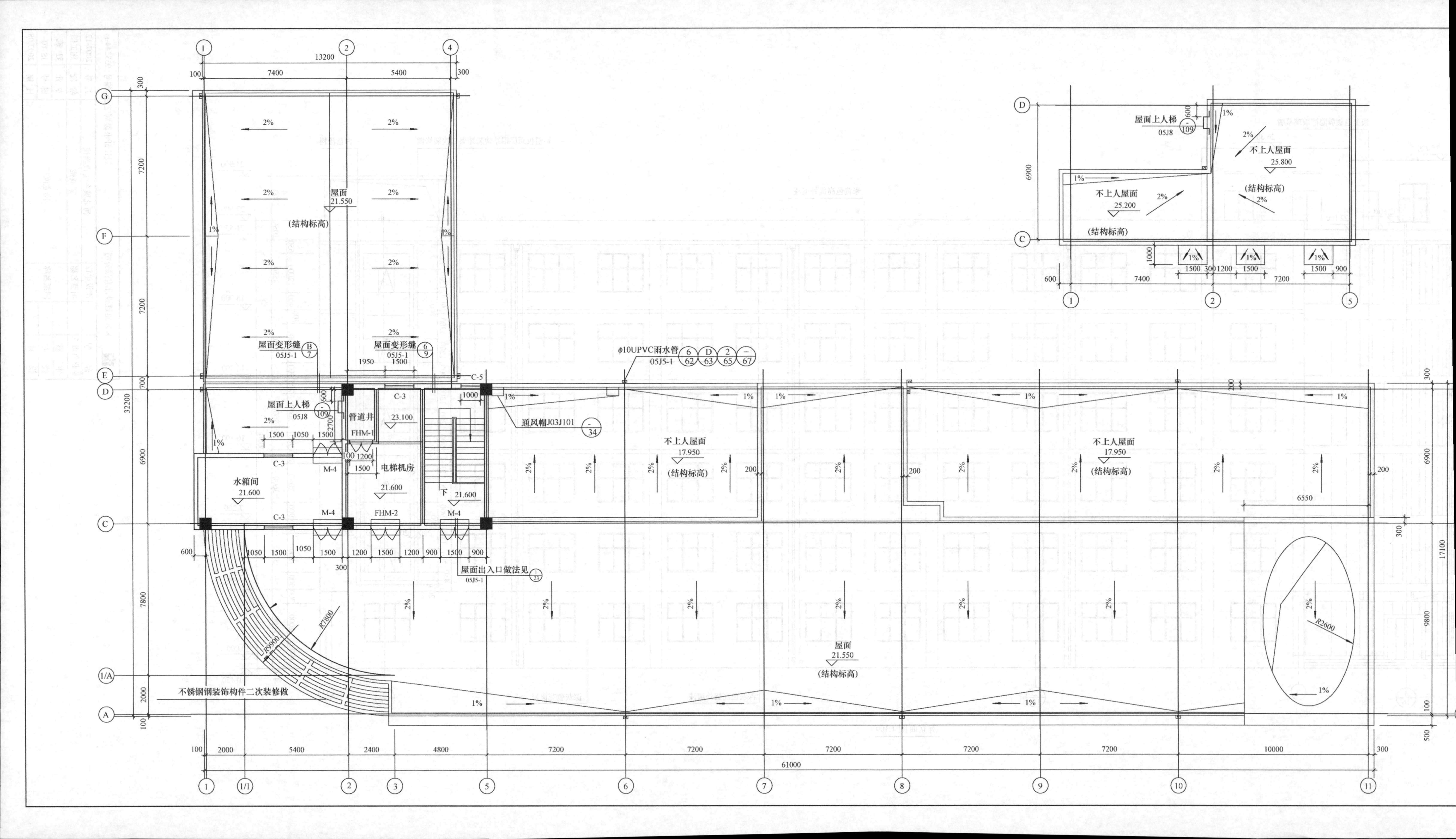

屋面
21.550
(结构标高)
屋面变形缝
05J5-1
ϕ10UPVC雨水管
05J5-1
屋面上人梯
05J8
管道井
23.100
FHM-1
通风帽J03J101
水箱间
21.600
电梯机房
21.600
FHM-2
下
C-3
C-5
M-4
不上人屋面
17.950
(结构标高)
屋面出入口做法见
05J5-1
不锈钢钢装饰构件二次装修做
R7800
R9900
R2600
不上人屋面
25.200
不上人屋面
25.800
(结构标高)
13200
7400
5400
61000
32200

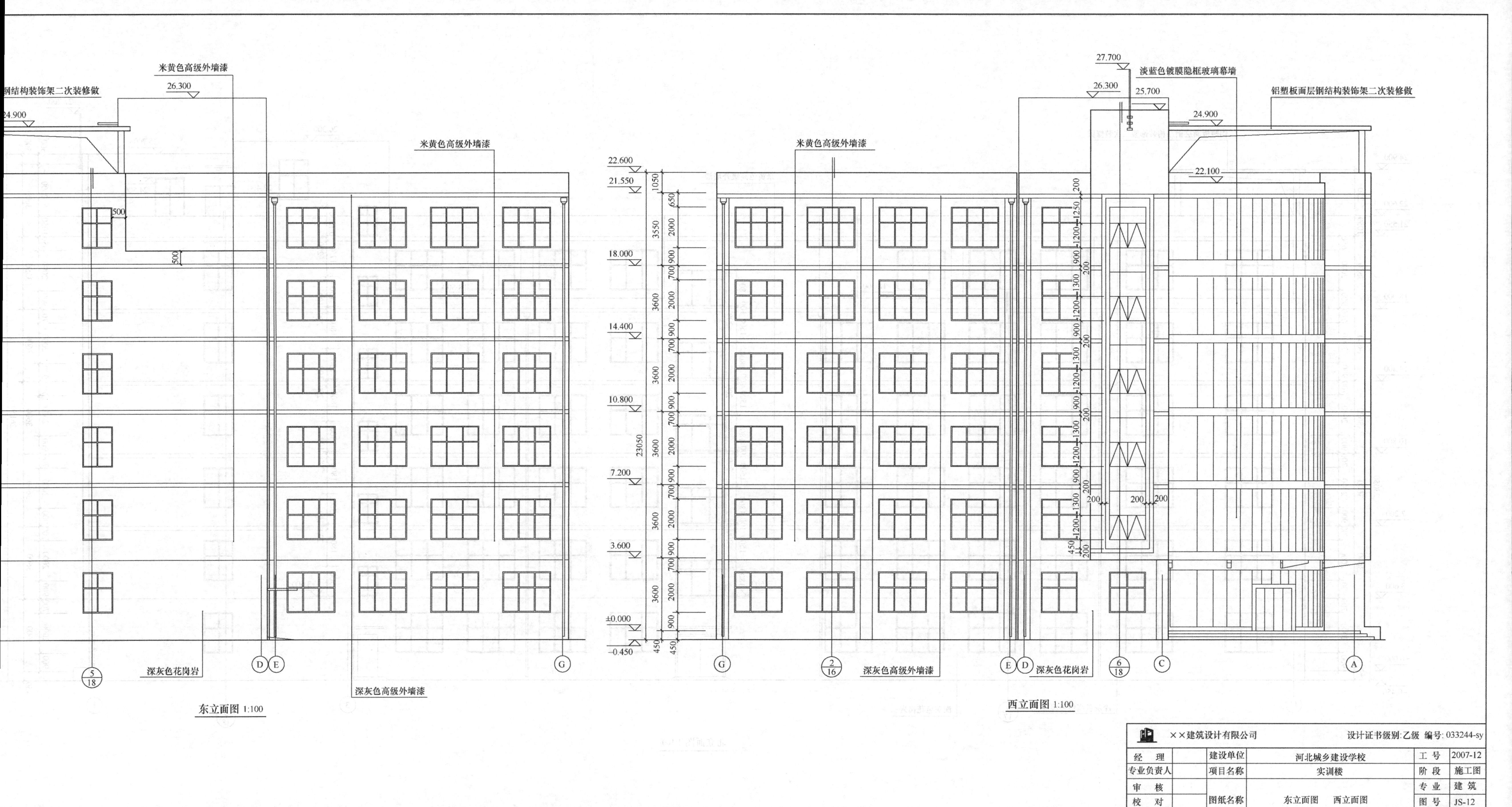

××建筑设计有限公司			设计证书级别:乙级 编号:033244-sy		
经 理		建设单位	河北城乡建设学校	工 号	2007-12
专业负责人		项目名称	实训楼	阶 段	施工图
审 核		图纸名称	东立面图 西立面图	专 业	建 筑
校 对				图 号	JS-12
设 计				日 期	2007.08

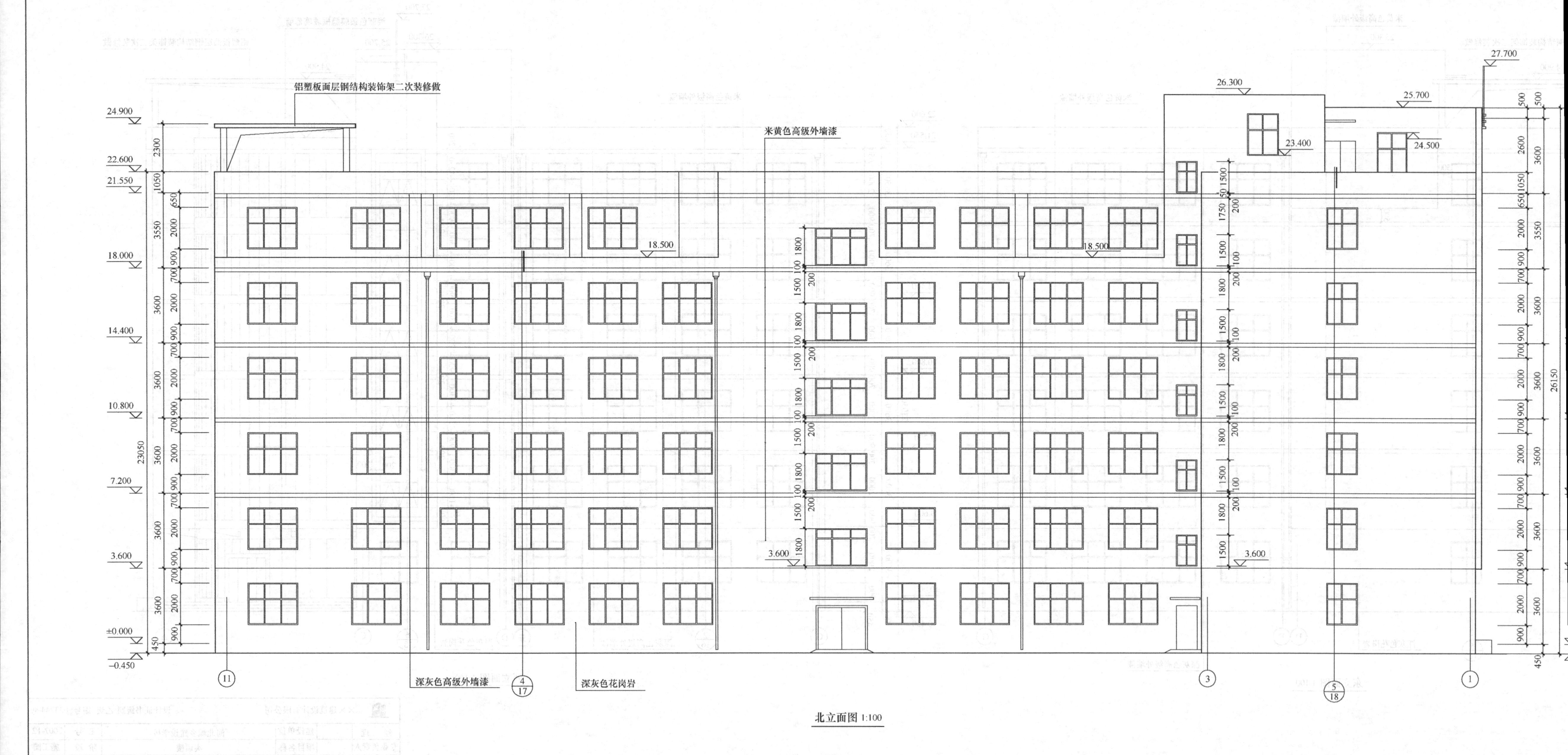
铝塑板面层钢结构装饰架二次装修做
米黄色高级外墙漆
深灰色高级外墙漆
深灰色花岗岩
24.900
22.600
21.550
18.000
14.400
10.800
7.200
3.600
±0.000
−0.450
18.500
26.300
27.700
25.700
23.400
24.500
23050
26150

北立面图 1:100

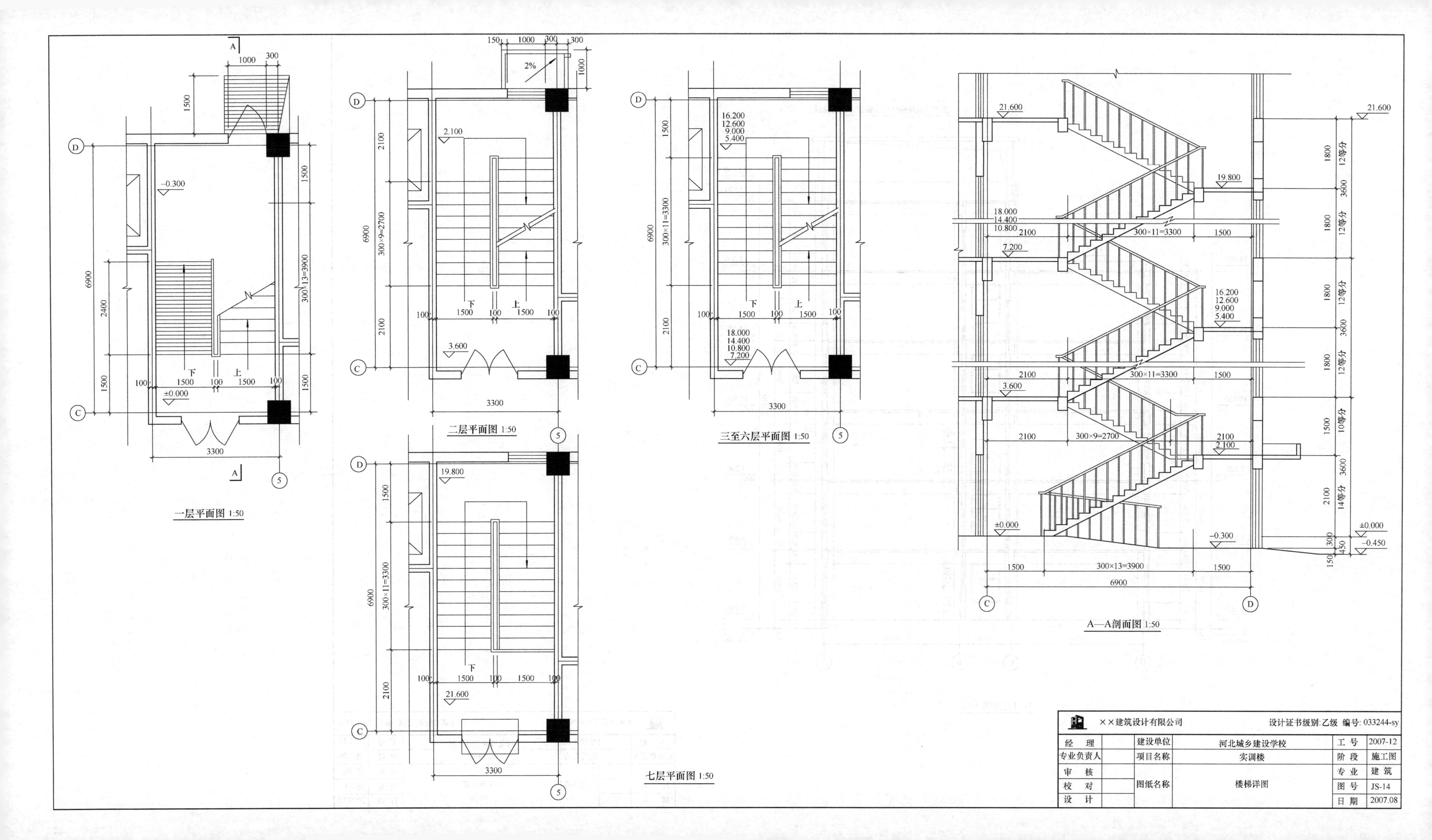
一层平面图 1:50
二层平面图 1:50
三至六层平面图 1:50
七层平面图 1:50
A—A剖面图 1:50
下
上
3300
6900
300×13=3900
300×9=2700
300×11=3300
±0.000
-0.300
-0.450
2.100
3.600
7.200
10.800
14.400
18.000
5.400
9.000
12.600
16.200
19.800
21.600
2%
12等分
10等分
14等分
××建筑设计有限公司
设计证书级别:乙级 编号: 033244-sy
经 理
专业负责人
审 核
校 对
设 计
建设单位
河北城乡建设学校
项目名称
实训楼
图纸名称
楼梯详图
工 号
2007-12
阶 段
施工图
专 业
建 筑
图 号
JS-14
日 期
2007.08

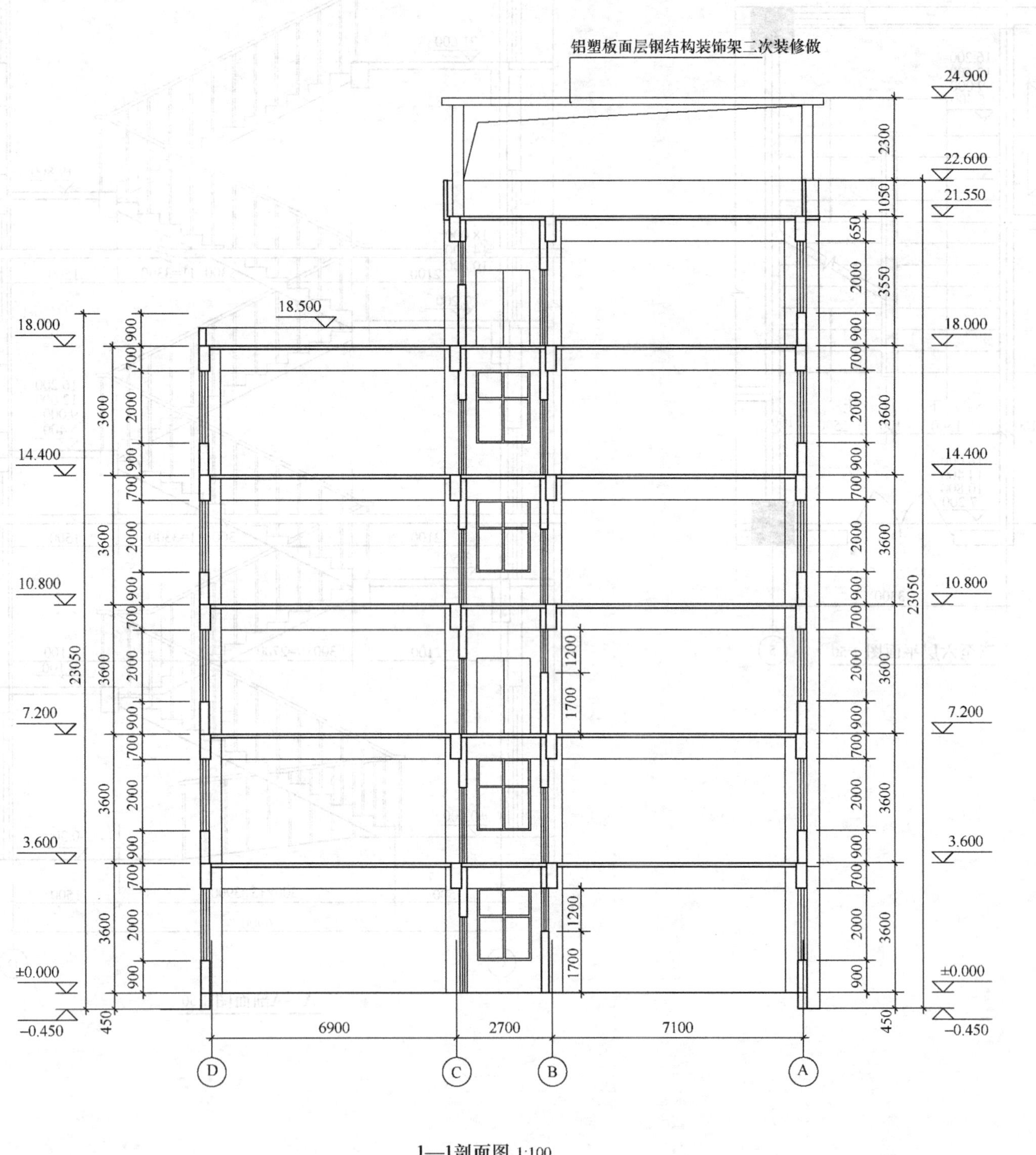

1—1剖面图 1:100

××建筑设计有限公司		设计证书级别:乙级 编号:033244-sy			
经 理		建设单位	河北城乡建设学校	工 号	2007-12
专业负责人		项目名称	实训楼	阶 段	施工图
审 核		图纸名称	1—1 剖面图	专 业	建 筑
校 对				图 号	JS-13
设 计				日 期	2007.08

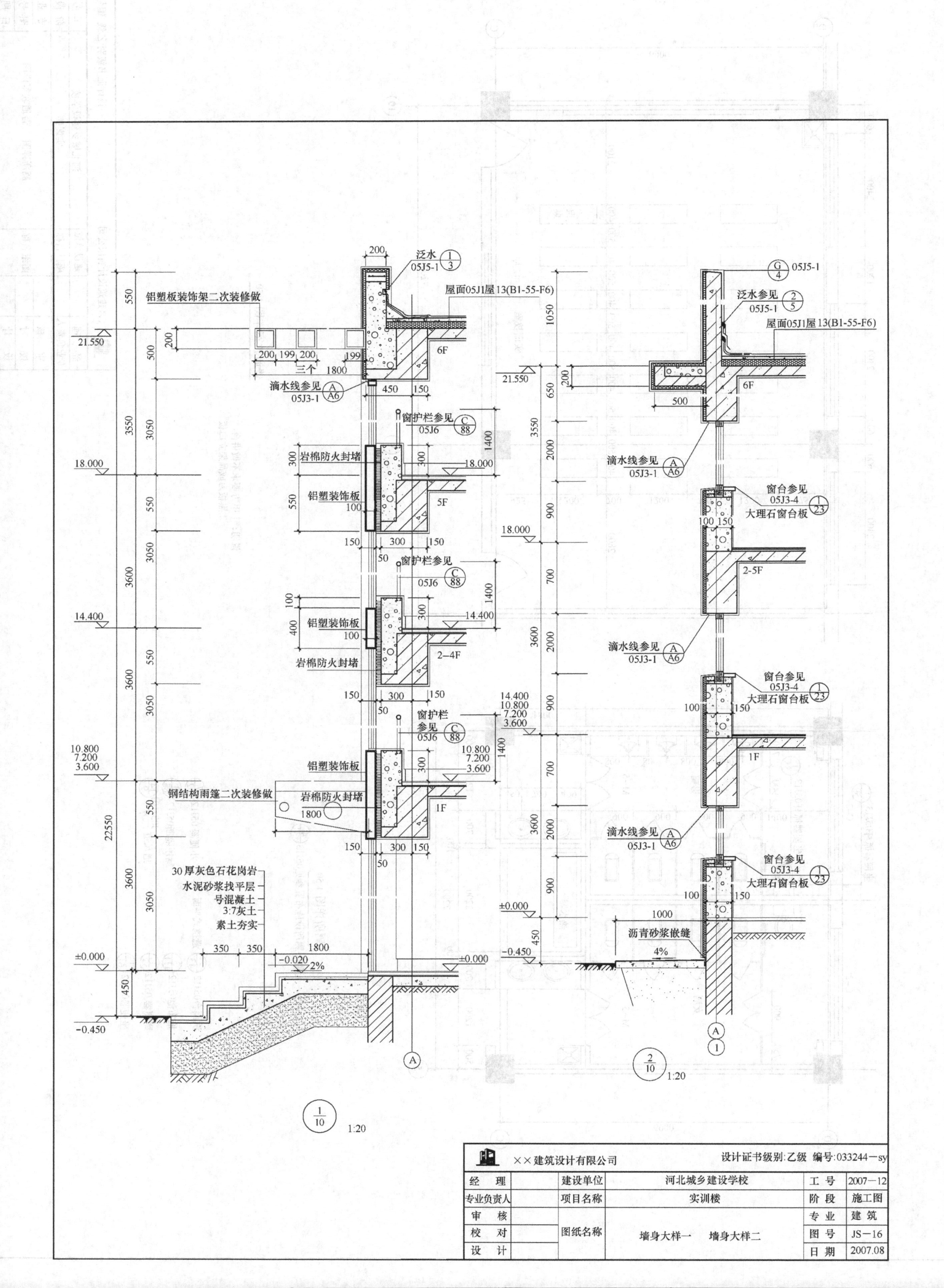

××建筑设计有限公司		设计证书级别:乙级 编号:033244—sy		
经 理	建设单位	河北城乡建设学校	工 号	2007—12
专业负责人	项目名称	实训楼	阶 段	施工图
审 核	图纸名称	墙身大样一 墙身大样二	专 业	建 筑
校 对			图 号	JS—16
设 计			日 期	2007.08

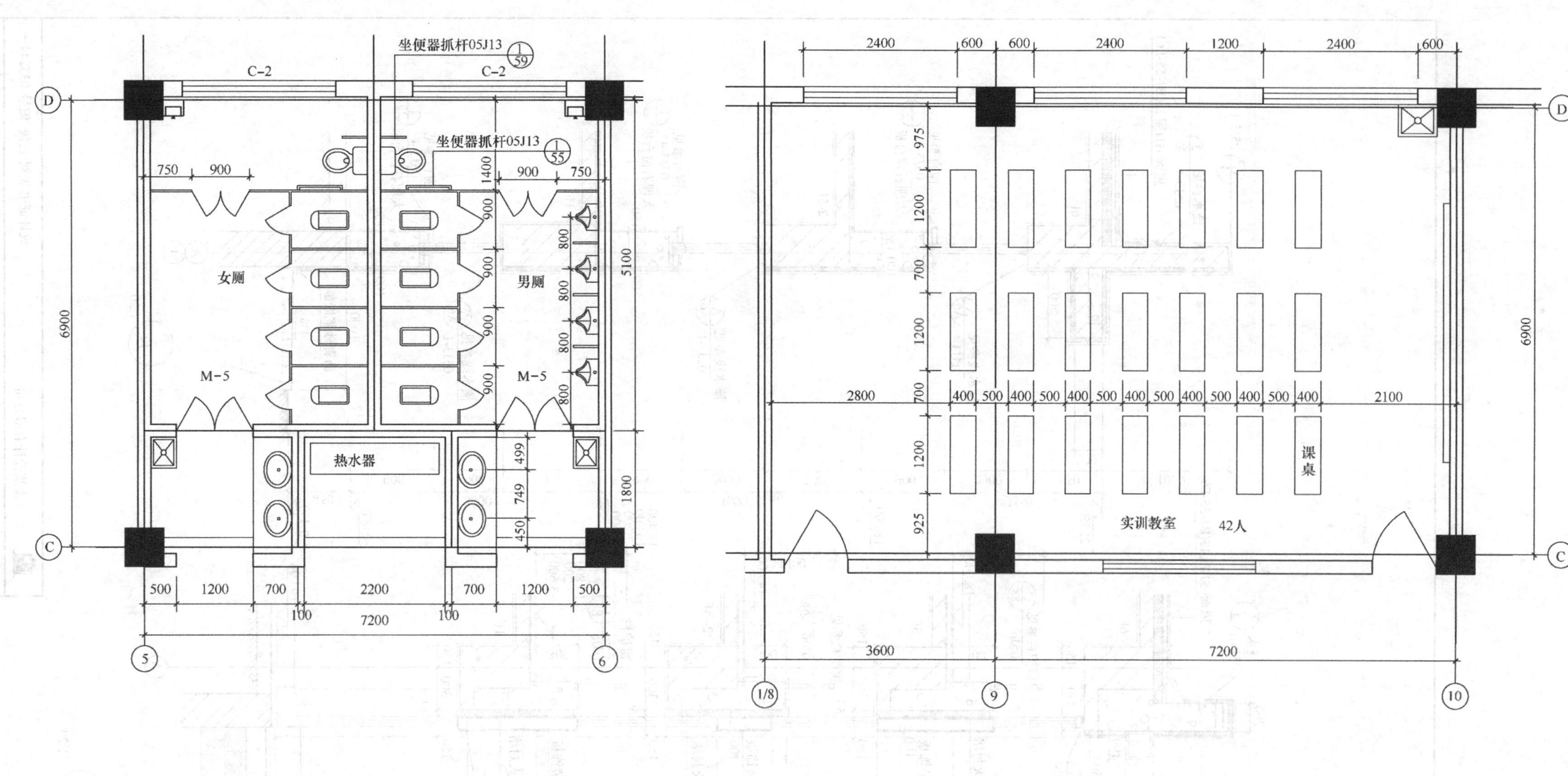

说明：1.甲方要求不做讲台。
2.黑板为成品架立白板。

洗面台05J12 -/43 悬挑式平面
拖布池05J12 3/111
蹲便器 05J12 1/59
坐便器05J12 1/61
小便器 05J12 7/62
厕所隔断05J12 3/83
通风道 J03J101/7 14/9

××建筑设计有限公司		设计证书级别:乙级 编号:033244-sy		
经 理	建设单位	河北城乡建设学校	工 号	2007-12
专业负责人	项目名称	实训楼	阶 段	施工图
审 核	图纸名称	厕所详图 普通教室详图	专 业	建 筑
校 对			图 号	JS-15
设 计			日 期	2007.08

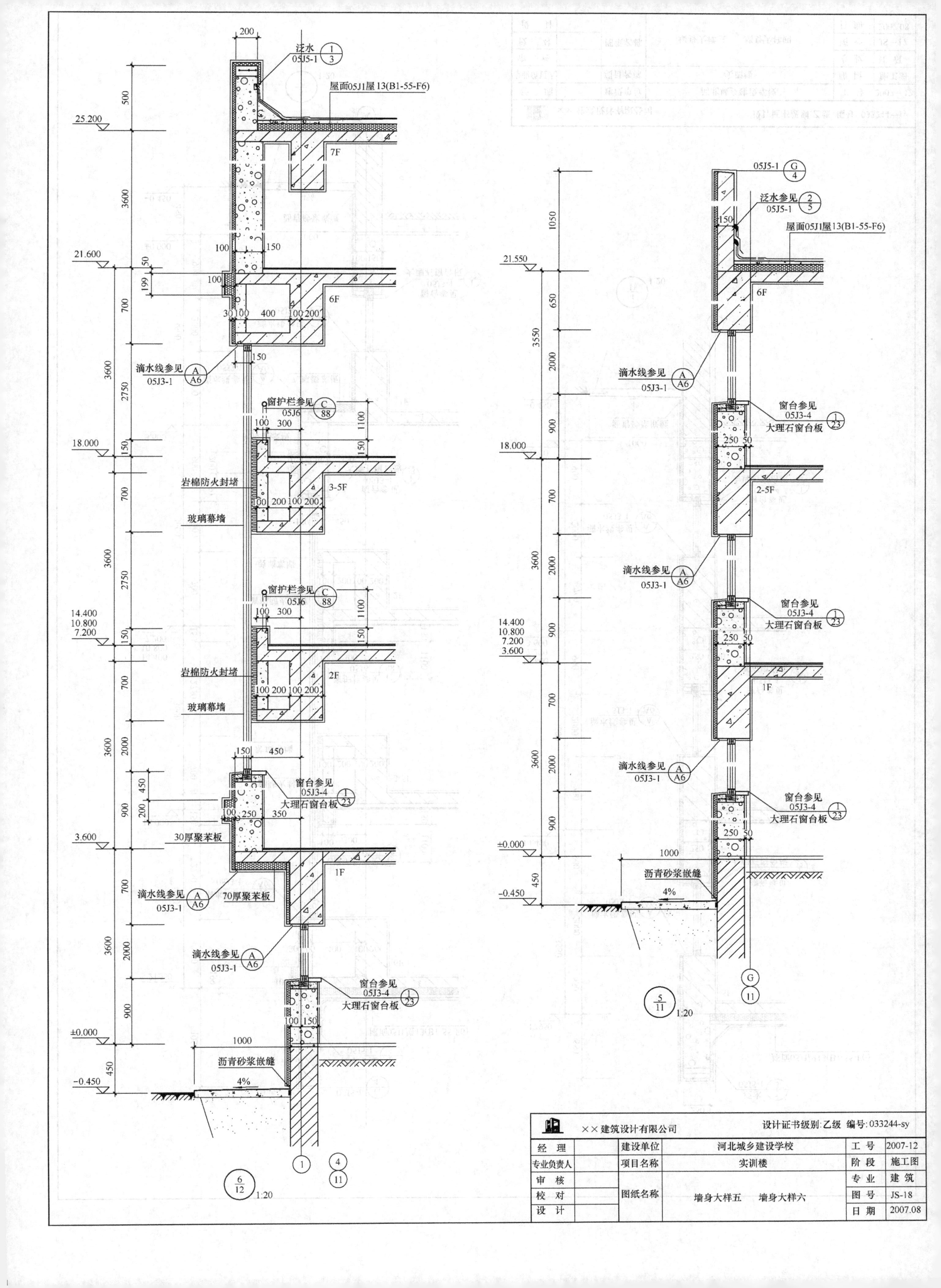

××建筑设计有限公司		设计证书级别:乙级 编号:033244-sy			
经　理		建设单位	河北城乡建设学校	工　号	2007-12
专业负责人		项目名称	实训楼	阶　段	施工图
审　核				专　业	建　筑
校　对		图纸名称	墙身大样五　墙身大样六	图　号	JS-18
设　计				日　期	2007.08

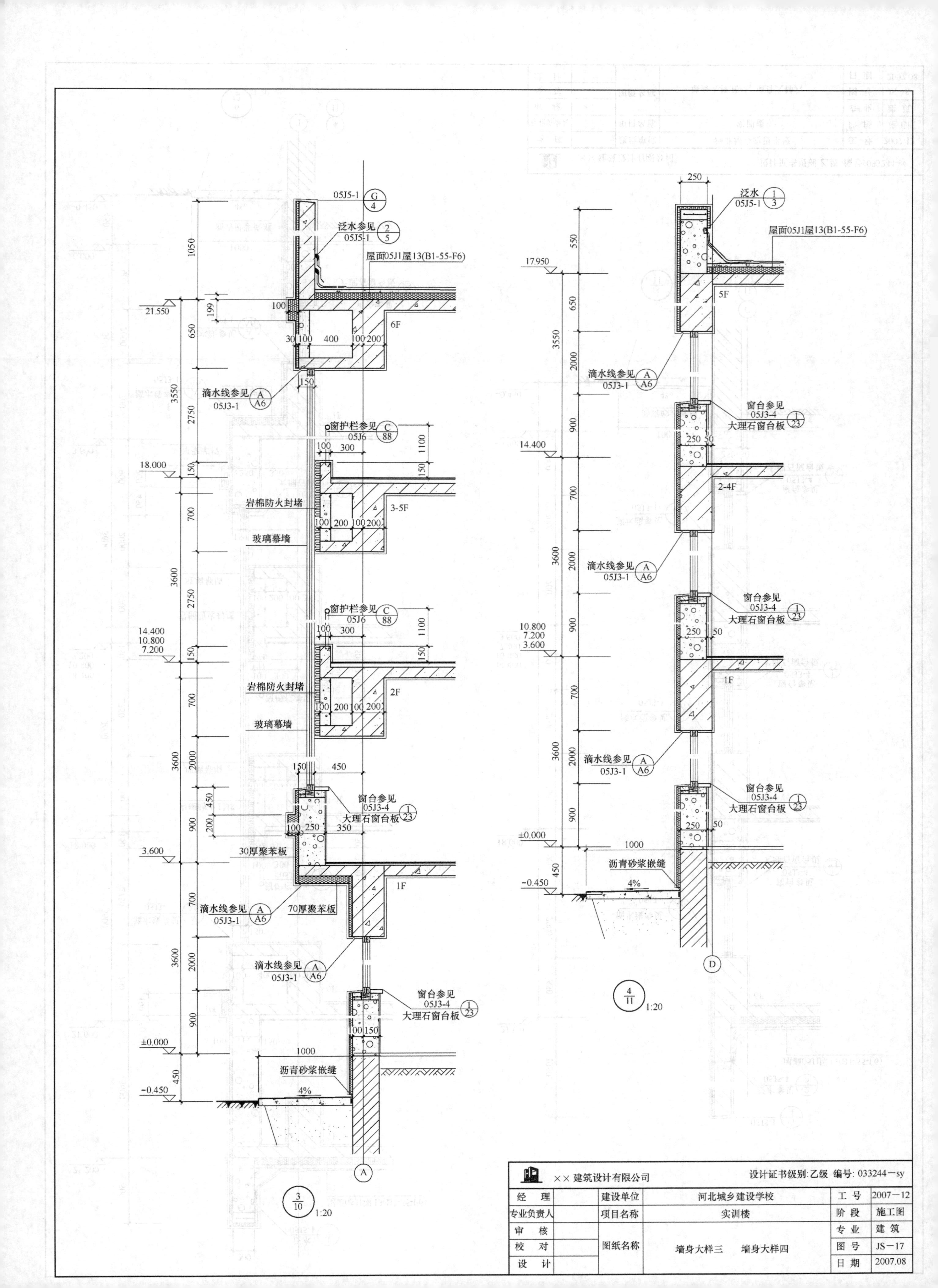

05J5-1
泛水参见 05J5-1
屋面05J1屋13(B1-55-F6)
滴水线参见 05J3-1
窗护栏参见 05J6
岩棉防火封堵
玻璃幕墙
窗台参见 05J3-4
大理石窗台板
30厚聚苯板
70厚聚苯板
沥青砂浆嵌缝
4%
21.550
18.000
14.400
10.800
7.200
3.600
±0.000
−0.450
6F
3-5F
2F
1F
3/10 1:20
泛水 05J5-1
17.950
5F
2-4F
4/11 1:20
××建筑设计有限公司
设计证书级别:乙级 编号: 033244−sy
经理
专业负责人
审核
校对
设计
建设单位 河北城乡建设学校
项目名称 实训楼
图纸名称 墙身大样三 墙身大样四
工号 2007−12
阶段 施工图
专业 建筑
图号 JS−17
日期 2007.08

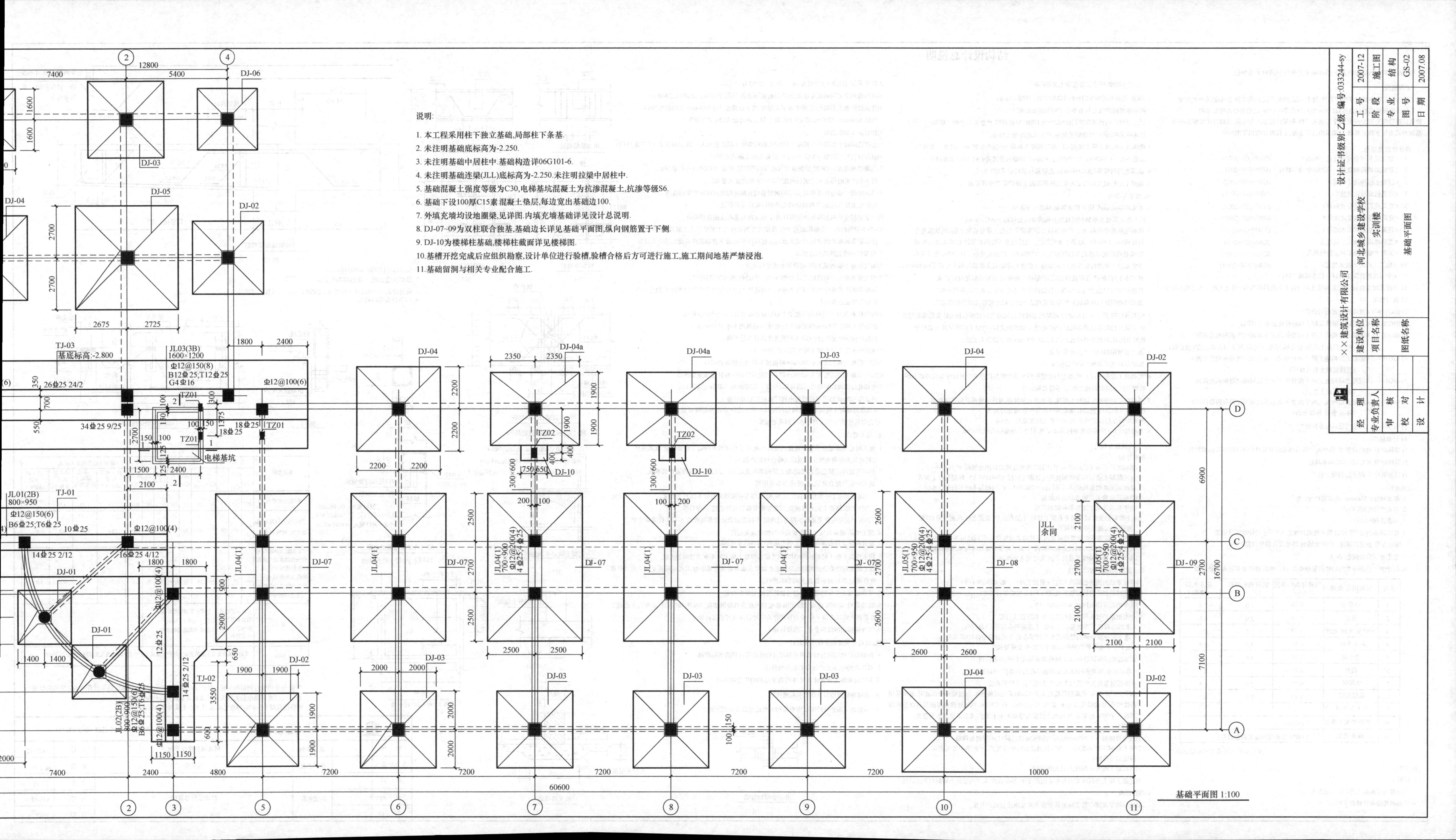
说明:
1. 本工程采用柱下独立基础,局部柱下条基.
2. 未注明基础底标高为-2.250.
3. 未注明基础中居柱中.基础构造详06G101-6.
4. 未注明基础连梁(JLL)底标高为-2.250.未注明拉梁中居柱中.
5. 基础混凝土强度等级为C30,电梯基坑混凝土为抗渗混凝土,抗渗等级S6.
6. 基础下设100厚C15素混凝土垫层,每边宽出基础边100.
7. 外填充墙均设地圈梁,见详图.内填充墙基础详见设计总说明.
8. DJ-07~09为双柱联合独基,基础边长详见基础平面图,纵向钢筋置于下侧.
9. DJ-10为楼梯柱基础,楼梯柱截面详见楼梯图.
10.基槽开挖完成后应组织勘察,设计单位进行验槽,验槽合格后方可进行施工,施工期间地基严禁浸泡.
11.基础留洞与相关专业配合施工.
基础平面图 1:100
电梯基坑
基底标高:-2.800
设计证书级别乙级 编号-033244-sy
××建筑设计有限公司
建设单位 河北城乡建设学校
项目名称 实训楼
图纸名称 基础平面图
工号 2007-12
阶段 施工图
专业 结构
图号 GS-02
日期 2007.08
经理
专业负责人
审核
校对
设计

结构设计总说明

本工程的全部尺寸(除注明者外)均以毫米为单位,标高以米为单位.

一.工程概况:

本工程为河北城乡建设学校实训楼,地上六层,局部五层,结构主体总高度(室外地坪至主要屋面板板顶或檐口高度)22.00m.室内外高差0.450m.结构类型为框架结构,

建筑抗震设防类别为丙类,安全等级为二级.框架抗震等级为三级,基础设计等级为丙级,基础形式为柱下独立基础.局部采用柱下条基,工程设计使用年限50年.

二.设计依据及规范

1.《建筑结构可靠度设计统一标准》 (GB50068-2001)

2.《建筑结构荷载规范》及2006年局部修订 (GB50009-2001)

3.《混凝土结构设计规范》 (GB50010-2002)

4.《建筑抗震设计规范》 (GB50011-2001)

5.《建筑抗震设防分类标准》 (GB50223-2004)

6.《建筑地基基础设计规范》 (GB50007-2002)

7.《建筑地基处理技术规范》 (JGJ79-2002)

8.《湿陷性黄土地区建筑规范》 (GB50025-2004)

9.《混凝土结构施工质量验收规范》 (GB50204-2001)

10.《地下工程防水技术规范》 (GB 50108-2001)

11.《全国民用建筑工程设计技术措施-结构》

12.《河北城乡建设学校实训楼及大门岩土工程勘察报告》河北大地土木工程有限公司

13.选用图集

1) 03G329-1《建筑物抗震构造详图》

2) 03G363 《多层砖房钢筋混凝土构造柱抗震节点详图》

3) 03G101-1《混凝土结构施工图平面整体表示方法制图规则和构造详图》
(现浇混凝土框架,剪力墙,框架,剪力墙,框支剪力墙结构)(修正版)

4) 03G101-2《混凝土结构施工图平面整体表示方法制图规则和构造详图》
(现浇混凝土板式楼梯)

5) 04G101-4《混凝土结构施工图平面整体表示方法制图规则和构造详图》
(现浇混凝土楼板)

6) 06G101-6《混凝土结构施工图平面整体表示方法制图规则和构造详图》
(独基,条基,桩基承台)

7) 02G01-09《02系列结构标准图集》

14.计算软件:

1) 整体计算.楼板计算:结构平面计算机辅助设计软件PMCAD2007.04单机版

2) 基础计算:JCCAD2007.04单机版

3) 普通梁计算:理正结构设计软件

三.自然条件:

1. 基本风压0.35kN/m² 地面粗糙度C类.

2. 基本雪压0.30kN/m².

3. 标准冻深0.60m.

4. 地震基本烈度7度,设计基本地震加速度为0.10g.设计地震分组第一组.
场地为Ⅲ类建筑场地,中软土场地.场地设计特征周期0.45s.

5. 稳定地下水位深度>20米.

6. 设计中主要部分采用的楼面装修荷载,活荷载标准值及其准永久值系数

序号	房间用途.类别	装修荷载标准值 kN/m²	活荷载标准值 kN/m²	准永久值系数
1	办公室	0.70	2.0	0.4
2	教室	0.70	2.0	0.5
3	实验室 车间 走廊	0.70	2.5	0.5
4	焊工车间	0.70	3.0	0.5
5	卫生间	0.70	4.0	0.5
6	楼梯	0.70	3.5	0.3
7	水箱间	0.70	2.0	0.5
8	电梯机房	0.40	7.0	0.8
9	不上人屋面		0.5	0
10	栏杆等水平推力	1.0KN/m		
11	雨蓬.挑檐	1.0KN(每米范围施工检修活荷)		

其它荷载按规范及实际情况取用

四.材料:

1.混凝土:

1)基础垫层混凝土为C15素混凝土

2)基础及梁板柱楼梯:C30

3)其余圈梁.构造柱等混凝土采用C20

2.钢筋:钢筋采用HPB235(Φ),HRB335(Φ),HRB400(Φ).

钢筋强度标准值应具有不小于95%的保证率.

受力预埋件的锚筋应采用HPB235级.HRB335级钢筋,严禁采用冷加工钢筋.

吊环应采用HPB235级钢筋制作,严禁采用冷加工钢筋.

3.砌体:±0.00以上填充墙用A3.5加气混凝土砌块,M5混合砂浆,加气混凝土砌块的容重不大于6.5KN/m³ ±0.00以下采用MU10烧结普通页岩砖,M7.5水泥砂浆.

4.需预埋的钢板采用Q235B级钢.直锚筋与锚板应采用T型焊.

5.混凝土结构耐久性的要求及钢筋的混凝土保护层厚度详附表一.

五.地基与基础

1.本工程基础形式:柱下独立基础,局部柱下条基,
柱下独立基础及条基制图规则及构造详图见国标《06G101-6》.

2.依据地质勘察资料.本工程地基持力层为第②层黄土状粉质粘土层,地基承载力特征值fak=130kPa. 地基土无湿陷性, 天然地基不能满足设计要求,需进行地基处理,处理后地基承载力特征值fspk≥200kPa. 压缩模量Es≥11.5MPa.建议采用夯实水泥土桩进行地基处理,桩端持力层进入④层黄土状粉质粘土层或⑤层粉砂层,且不小于1倍桩径.并在桩顶铺设200厚碎石褥垫层,处理后满足沉降要求,
且地基应均匀.复合地基承载力特征值应通过现场复合地基载荷试验确定,
或采用增强体的载荷试验结果和其周边土的承载力特征值结合经验确定.

3.基坑开挖时,挖土应分层进行,以防挖土过快,造成卸载过速而引起土体失稳塌陷等后果.基坑开挖时需设置基坑保护措施(施工组织确定),以确保工程质量及人员安全.
机械开挖时,应挖至基础底标高上200~400mm,余下部分人工挖土.

4.施工及使用期间应严防地基浸水.

5.隔墙基础型式见图1,定位详建筑图.

6.基础施工前应进行验槽,如有与地质资料不符时应与勘察单位及设计单位协商处理.
验槽合格后应立刻施工垫层,不得长期凉槽.

7.基础施工完毕应立即回填基坑,不允许长期暴露,基坑回填前必须排除积水,
清除浮土和杂物,然后在基础四周均匀回填,遵循原则为:
四周均匀分层夯实回填,要求回填土压实系数≥0.94.

8.本栋楼±0.000相当绝对标高详建施,相当于地质报告中50.45m.

六.结构措施及构造

1.制图原则

1)结构配筋采用平法绘图,墙梁柱制图规则及构造详图见国标《03G101-1》,
现浇混凝土楼板制图规则及构造详图见国标《04G101-4》,现浇混凝土板式楼梯制图规则及构造详图见国标《03G101-2》.国标与本图不符时以本图为准.

2)梁箍筋肢数未注明者均为双肢箍.

3)集中荷载处的附加箍筋和附加吊筋:

a.主次梁相交处以及梁上有梁上柱时,主梁在次梁(或梁上柱)两侧各附加3根箍筋,附加箍筋同主梁箍筋,如图2.

b.如附加箍筋不够而增设附加吊筋时均采用原位标注,标注值下加实线,如图3.

4)未注明梁顶标高均同较高板顶标高,个别不同梁的梁顶标高采用原位标注.

5)构件中心线与轴线关系详平面,未注明者轴线居中.

2.关于钢筋的连接.锚固.构造

1)非框架结构钢筋的锚固长度La.搭接长度L_l,见《03G101-1》.

2)框架结构钢筋的抗震锚固长度La E,L_{aE}抗震搭接长度L_{lE},见《03G101-1》.

3)其余构造详图见国标《03G101-1》.

4)受力钢筋的接头位置应相互错开,钢筋接头位置:

a.上部结构板下部钢筋在支座处,上部钢筋在跨中1/3范围内;

b.地下室外墙外侧的竖向或水平钢筋在跨中或层高中部1/3部位处;
地下室外墙内侧的竖向或水平钢筋在支座处接头.

c.基础梁顶部钢筋和KL,L梁底部钢筋在支座1/3范围内,
基础梁底部钢筋和KL,L顶部钢筋在跨中部位1/3范围内

d.筏板钢筋接头位置与上部楼板钢筋接头位置相反.

5)钢筋直径d<20时可采用搭接接头,d≥20时采用机械连接,当质量确有保证时,也可采用焊接接头;搭接接头百分率:梁,板,墙≤25%.,柱≤50%. 机械连接或焊接接头百分率均不得大于50%.框架梁.柱机械连接接头等级不小于Ⅱ级,其余部位不小于Ⅲ级。

3.关于留洞:

1)板中预留洞小于300mm时,板内钢筋需绕过洞口,不得切断钢筋.

2)板上有洞[300<(b或D)≤1000且洞边无集中荷载]时,平面图中若无表示,
洞边加筋详图4,5.

3)当次梁上需开小洞时,洞边加固详图6.

4)混凝土墙上开洞应对照各专业图纸预留,不得后凿.未注明混凝土墙洞口加筋详图7.

4.现浇梁板

1)板结构平面图中板支座负筋长度为从支座边算起的长度.

2)板分布筋:板厚h≤120时为Φ8@250,h>120时为Φ8@250.

3)双向板两个方向的底部钢筋,短跨的板底钢筋在下(图中有标记者以标记为准).

4)建筑图中板上有墙,结构图中墙下无梁时,墙下板跨度小于3000mm,板内附加3Φ14
钢筋,3000mm~4200mm附加3Φ16 钢筋,锚入两边梁内15d,详见图8.

5)楼板防裂加强措施:
各楼层结构平面图中当板跨≥3300时,板阳角处上部负筋加大一级,负筋加长至L/3处,详图9.

6)梁柱构造详图集《03G101-1》,悬臂梁构造做法见图10.

7)当梁腹板高度≥450时,梁侧面设置纵向构造钢筋,详见《03G101-1》第24页,
图中未注明的均为Φ12,钢筋间距≤200.(从现浇板底算起)

8)当次梁的一端与柱连接时,该端的钢筋锚固及箍筋加密应按框架梁构造施工.
在框架梁柱节点处,当两侧梁的主筋相同时应尽量拉通.

9)井字梁相交处附加箍筋详见图11.井字梁支座负筋断点按次梁构造.

10)当主梁的底面与次梁底面持平时,次梁底部钢筋应在主梁底筋之上放置,梁中较大直径钢筋靠截面外侧放置.当梁底面与板底面持平时,板下部钢筋应在梁底筋之上放置.

5.框架结构填充墙的构造要求.

1)加气混凝土墙砌筑,加筋,过梁等要求见建筑图.

2)加气墙长度大于两倍层高时,每隔6m设一构造柱,截面配筋详图12.
填充墙需用构造柱加强,宜先砌墙后浇构造柱.构造柱的位置详结构平面图,构造柱主筋锚入梁或板内40d.

3)构造柱,框架柱与后砌加气混凝土隔墙应沿高度设2Φ6@500拉结筋.
拉筋伸入墙中700mm,钢筋锚入框架柱,构造柱内不小于200mm.
构造柱做法详见国标03G363,配筋及截面详各层平面.

4)构造柱未完全落在梁上时生根示意,详图13.

5)加气混凝土墙长度大于5000mm时墙顶采用固定措施如图14.

6)加气混凝土墙高度大于4000mm时在门窗洞口顶标高处设圈梁如图15.

7)电梯井道四周维护墙沿墙高每隔2m设一道圈梁,圈梁截面见详图15.
圈梁高300mm.圈梁定位须经电梯厂家核实后方可施工.

6.屋顶现浇混凝土挑板及女儿墙每间隔12m设一道伸缩缝,伸缩缝宽度为20mm,
用沥青麻丝填实.伸缩缝处水平钢筋必须断开.

七.施工要求

1.施工时必须满足有关施工规范或规程的规定,工程质量不得低于设计要求,所采用材料必须为按有关规定检测或试验合格的产品.

2.基坑开挖时应注意边坡稳定,施工期间基坑及边坡严禁浸水,基坑附近严禁堆载.

3.施工中密切配合建筑,水,暖,电各专业图纸.

1)设备洞施工中密切配合建筑,水,暖,电等专业图纸并符合本图有关要求.

2)挡土墙,楼板上洞必须预留,管道穿墙穿板先预埋套管,不得后凿.

3)板中预埋电管交叉处不得超过两根.不得沿梁长通长预埋管线,不得多管成束穿梁.

4.施工中梁,板应按施工验收规范中的要求预先起拱.

5.悬挑构件支撑必须在混凝土强度达到100%后方可拆除.

6.防水混凝土施工缝做法详05J2 (4/A7).防水混凝土施工时不应留竖向施工缝.
施工缝或后浇带处使用的加强网遇水膨胀止水条必须是缓胀型,其质量应满足相应的规程规规程规定,其检测应符合 JG/T141-2001.

7.基础底板上下层钢筋之间的马凳筋按施工组织确定.

8.玻璃幕墙.钢雨篷.建筑装饰用钢架.电梯及擦窗机等钢结构预埋件,均应由厂家配合土建施工,在混凝土浇筑之前予埋.受力预埋件均应经设计认可后方可施工.

9.室外钢梯由钢结构专业厂家设计施工.

八.建设单位及物业管理应做到:

1.控制用户使用时装修荷载不得超过设计选用材料的实际荷载.

2.对承重构件,不允许用户有损伤性做法.

3.未经技术鉴定或设计许可,不得改变结构的用途和环境.

九.未尽事宜遵照有关规范和标准执行.

十.本套施工图必须经图纸审查机构审查通过后方可用于施工.

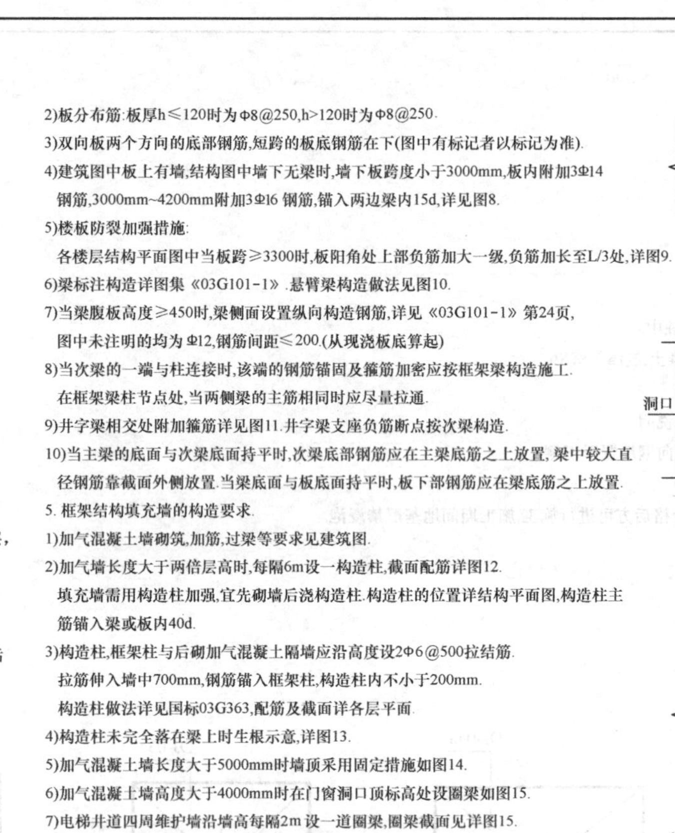

附加箍筋构造

图2

附加吊筋构造

图3

板洞边加筋

图4

板洞边加筋

图5

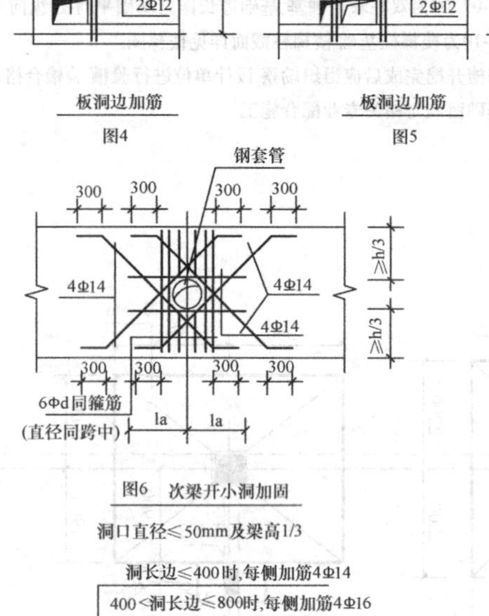

图6 次梁开小洞加固

洞口直径≤50mm及梁高1/3

混凝土墙开小洞加固

图7

悬挑梁端配筋构造

图10

注:

1.未示部分同国标《03G101-1》

2.端部无边梁时,上皮筋端部弯直钩.

3.挑梁净长<1500设置一排弯筋.挑梁净长≥1500设置二排弯筋.

4.Ln为该跨梁净跨长.

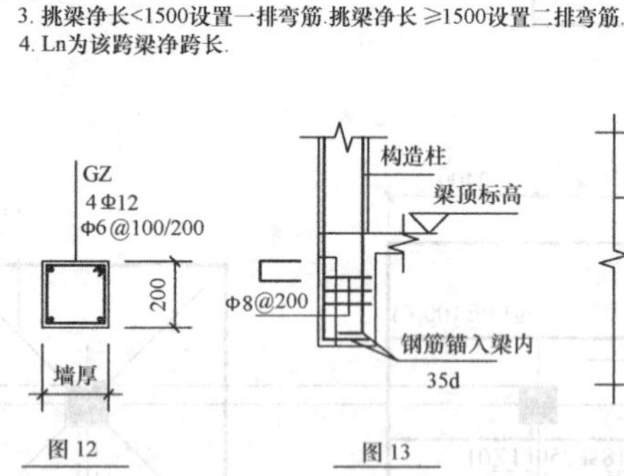

图12

图13

加气墙半层处圈梁示意

图15 ( )中用于电梯井道

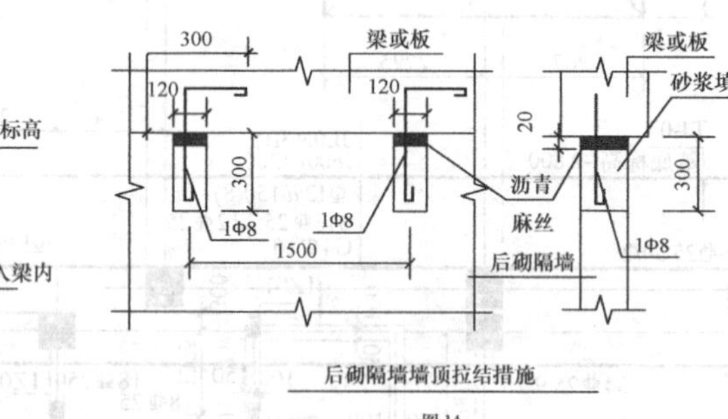

后砌隔墙墙顶拉结措施

图14

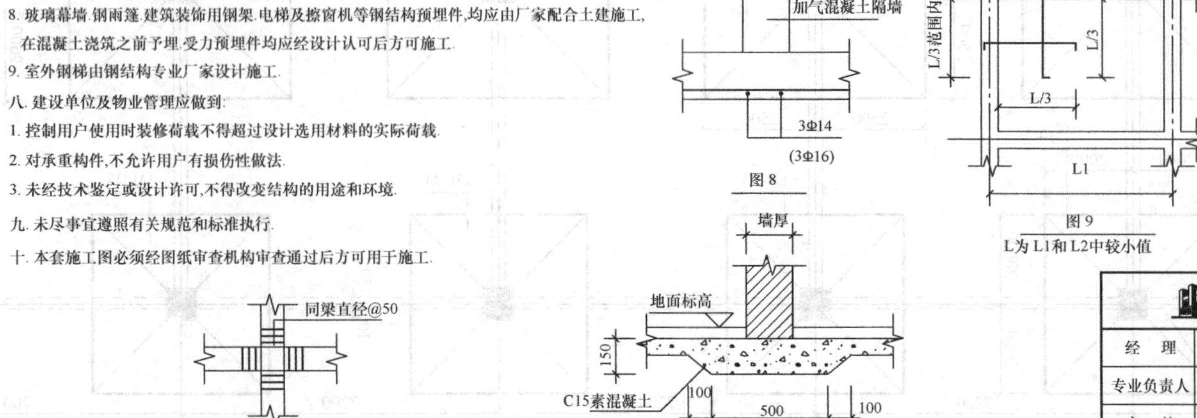

井字梁附加箍筋

图11

填充墙基础

图1

图8

图9

L为L1和L2中较小值

附表一

环境类别	板,墙,壳 ≤C20	板,墙,壳 C25~C45	板,墙,壳 ≥C50	梁 ≤C20	梁 C25~C45	梁 ≥C50	柱 ≤C20	柱 C25~C45	柱 ≥C50	混凝土耐久性基本要求 最大水灰比	最小水泥用量(kg/m³)	最低混凝土强度等级	最大氯离子含量(%)	最大碱含量(kg/m³)
一类(室内正常环境)	20	15	15	30	25	25	30	30	30	0.65	225	C20	1.0	不限制
二a类(室内潮湿环境) 如:厨房,厕所,浴室	—	20	20	—	30	30	—	30	30	0.60	250	C25	0.3	3.0
二b类(露天环境与无侵蚀性的水或土壤直接接触的环境)雨蓬,挑檐,室外楼梯,梁柱等受力钢筋与室外大气土壤接触的一侧.	—	25	20	—	35	30	—	35	30	0.55	275	C30	0.2	3.0
备注	不应小于钢筋的公称直径,不应小于10mm+分布筋直径			不应小于钢筋的公称直径,不应小于15mm+箍筋和构造筋的直径										
基础	基础中纵向受力钢筋的混凝土保护层厚度不应小于40mm;当无垫层时不应小 于70mm													

当梁,柱纵向受力钢筋的混凝土保护层厚度大于40mm时,应对保护层采取有效的防裂构造措施.
处于二,三类环境中的悬臂板,其上表面应采取有效的保护措施.
钢筋的混凝土保护层厚度见附表,且不小于纵向受力钢筋的直径.

××建筑设计有限公司		设计证书级别:乙级 编号:033244-sy			
经 理		建设单位	河北城乡建设学校	工 号	2007-12
专业负责人		项目名称	实训楼	阶 段	施工图
审 核		图纸名称	结构设计总说明	专 业	结 构
校 对				图 号	GS-01
设 计				日 期	2007.08

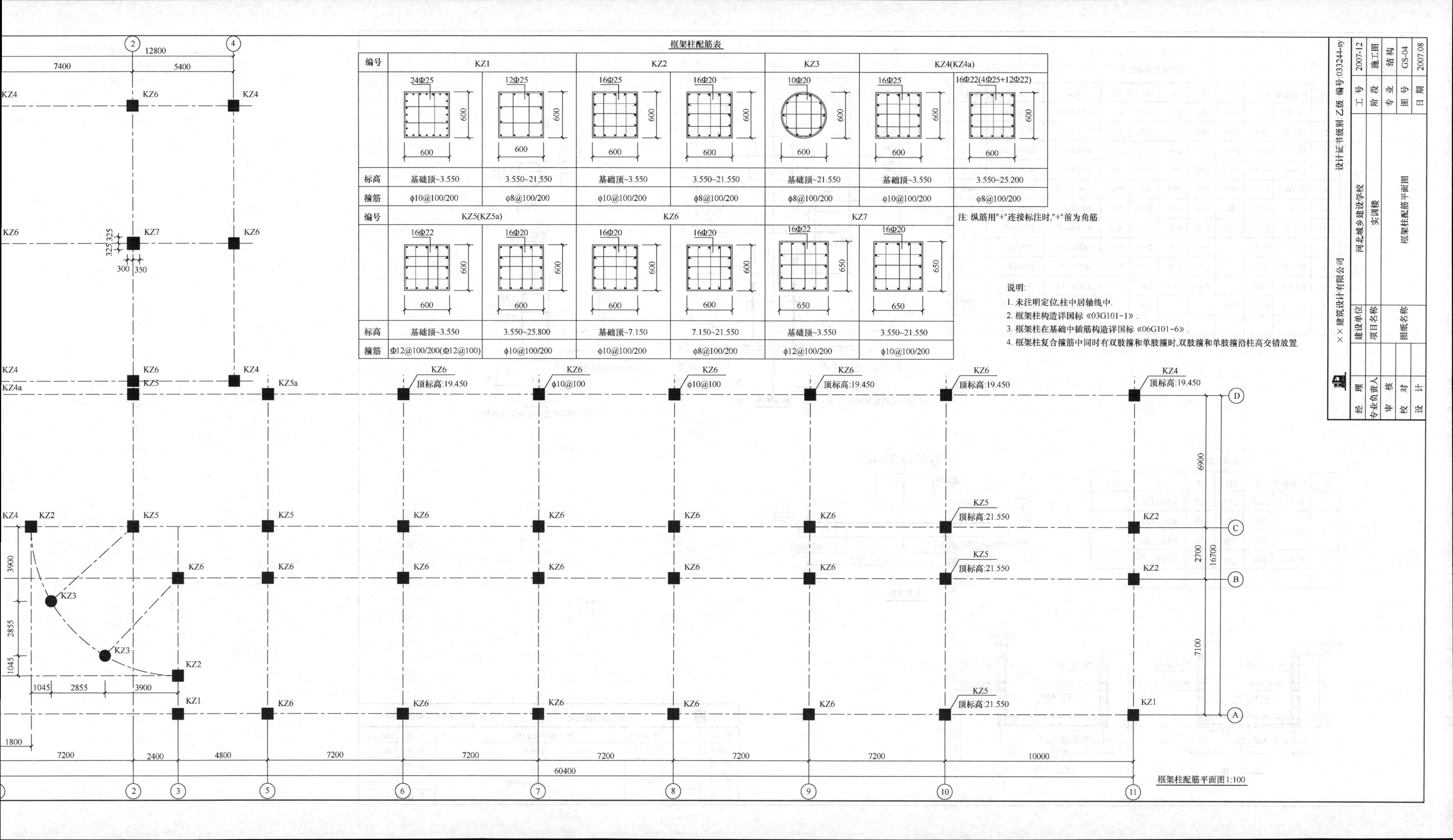

框架柱配筋表

编号	KZ1		KZ2		KZ3	KZ4(KZ4a)	
截面	24Φ25 600×600	12Φ25 600×600	16Φ25 600×600	16Φ20 600×600	10Φ20 600	16Φ25 600×600	16Φ22(4Φ25+12Φ22) 600×600
标高	基础顶~3.550	3.550~21.550	基础顶~3.550	3.550~21.550	基础顶~21.550	基础顶~3.550	3.550~25.200
箍筋	φ10@100/200	φ8@100/200	φ10@100/200	φ8@100/200	φ8@100/200	φ10@100/200	φ8@100/200

编号	KZ5(KZ5a)		KZ6		KZ7	
截面	16Φ22 600×600	16Φ20 600×600	16Φ20 600×600	16Φ20 600×600	16Φ22 650×650	16Φ20 650×650
标高	基础顶~3.550	3.550~25.800	基础顶~7.150	7.150~21.550	基础顶~3.550	3.550~21.550
箍筋	Φ12@100/200(Φ12@100)	φ10@100/200	φ10@100/200	φ8@100/200	Φ12@100/200	φ10@100/200

注: 纵筋用"+"连接标注时,"+"前为角筋.

说明:
1. 未注明定位,柱中居轴线中.
2. 框架柱构造详国标《03G101-1》.
3. 框架柱在基础中插筋构造详国标《06G101-6》.
4. 框架柱复合箍筋中同时有双肢箍和单肢箍时,双肢箍和单肢箍沿柱高交错放置.

柱下独立基础列表

序号	基础编号	B	L	b	h	H1	H2	Asy	Asx	备注
1	DJ–01	2800	2800	600	600	250	200	Φ12@160	Φ12@160	
2	DJ–02	3800	3800	600	600	250	400	Φ14@120	Φ14@120	
3	DJ–03	4000	4000	600	600	250	450	Φ14@110	Φ14@110	
4	DJ–04	4400	4400	600	600	250	550	Φ14@100	Φ14@100	
5	DJ–04a	4700	3800	600	600	250	600	Φ14@160	Φ14@100	A_{sx} 钢筋在下侧
6	DJ–05	5400	5400	600	600	250	700	Φ16@100	Φ16@100	
7	DJ–06	3200	3200	600	600	250	300	Φ12@100	Φ12@100	
8	DJ–07	5000		600	600	250	650	Φ16@90	Φ16@110	
9	DJ–08	5200		600	600	250	700	Φ16@90	Φ16@110	
10	DJ–09	4200		600	600	250	500	Φ16@110	Φ14@110	
11	DJ–10	1400	800			300	0	Φ12@200	Φ12@200	梯柱基础 A_{sx} 钢筋在下侧

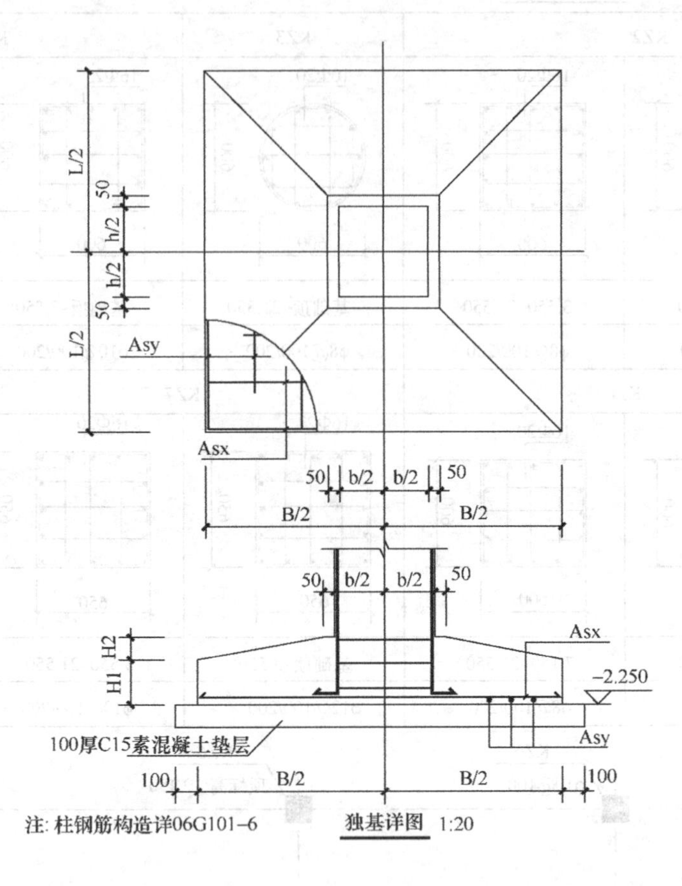

注: 柱钢筋构造详06G101–6

独基详图 1:20

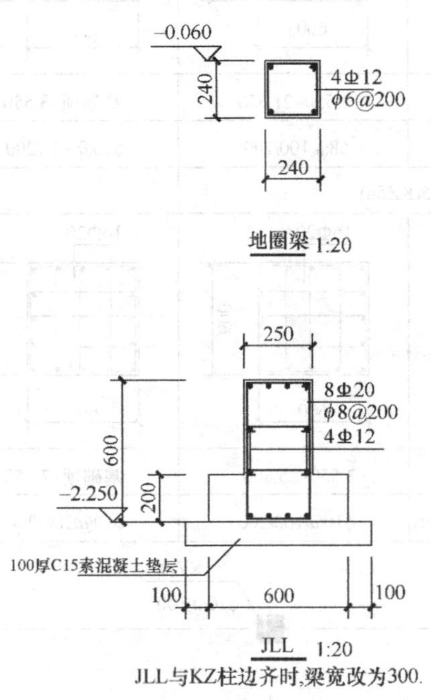

地圈梁 1:20

JLL 1:20

JLL与KZ柱边齐时,梁宽改为300.

条基列表

序号	基础编号	B	H3	H4	Asl	备注
1	TJ-01	3600	250	350	Φ16@120	
2	TJ-02	3600	250	350	Φ16@120	
		2300	250	350	Φ12@120	
3	TJ-03	4600	250	350	Φ16@110	

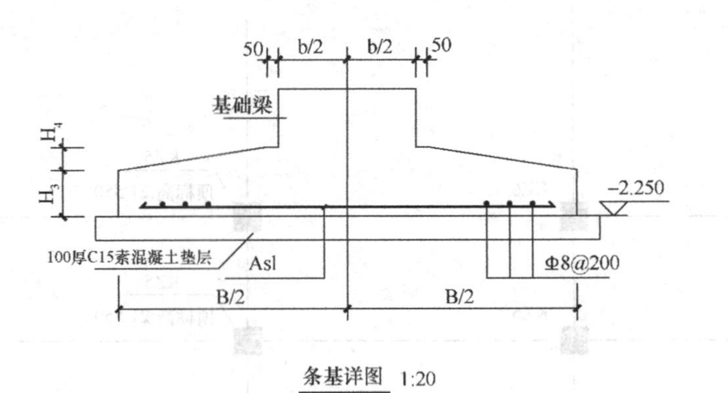

条基详图 1:20

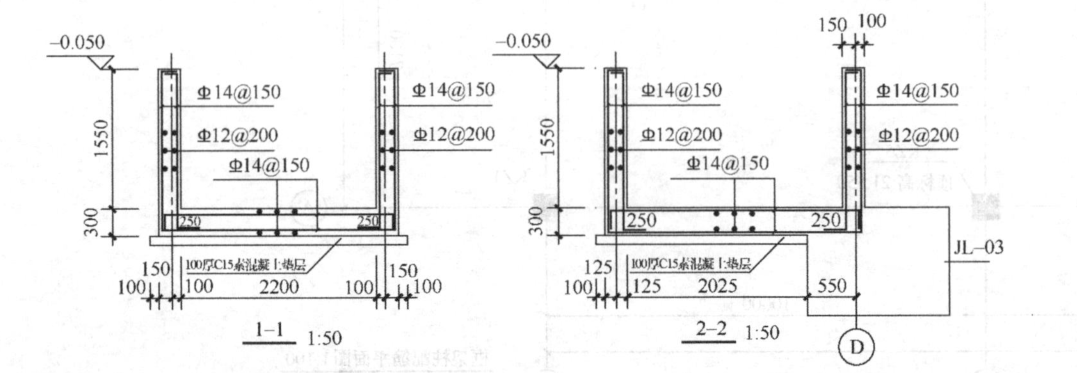

×× 建筑设计有限公司				设计证书级别:乙级 编号:033244-sy	
经 理		建设单位	河北城乡建设学校	工 号	2007–12
专业负责人		项目名称	实训楼	阶 段	施工图
审 核		图纸名称	基础平详图	专 业	
校 对				图 号	GS–03
设 计				日 期	2007.08

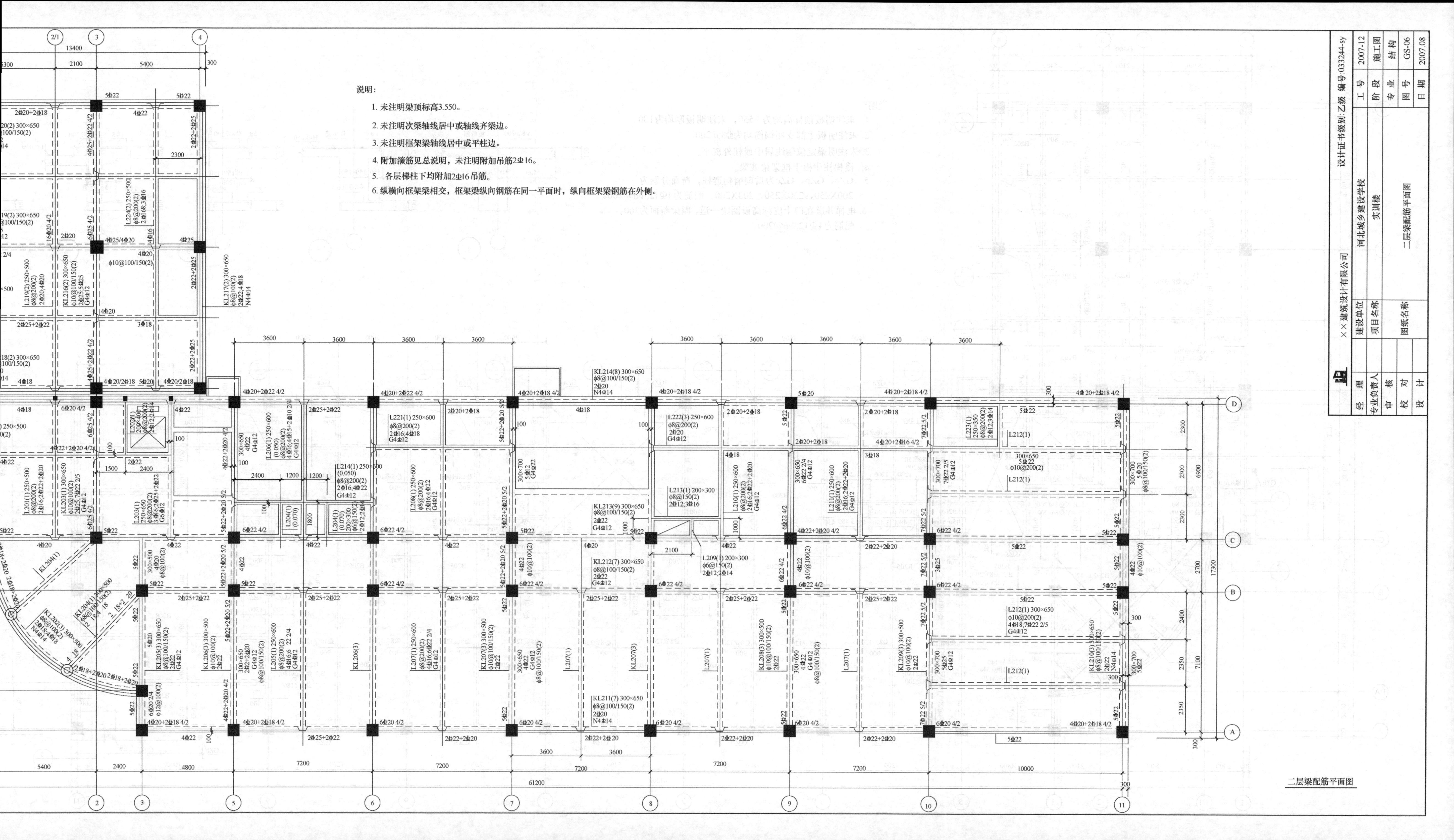
说明:
1. 未注明梁顶标高3.550。
2. 未注明次梁轴线居中或轴线齐梁边。
3. 未注明框架梁轴线居中或平柱边。
4. 附加箍筋见总说明，未注明附加吊筋2Φ16。
5. 各层梯柱下均附加2Φ16吊筋。
6. 纵横向框架梁相交，框架梁纵向钢筋在同一平面时，纵向框架梁钢筋在外侧。
××建筑设计有限公司
设计证书级别:乙级 编号:033244-sy
经理
专业负责人
审核
校对
设计
建设单位 河北城乡建设学校
项目名称 实训楼
图纸名称 二层梁配筋平面图
工号 2007-12
阶段 施工图
专业 结构
图号 GS-06
日期 2007.08
二层梁配筋平面图

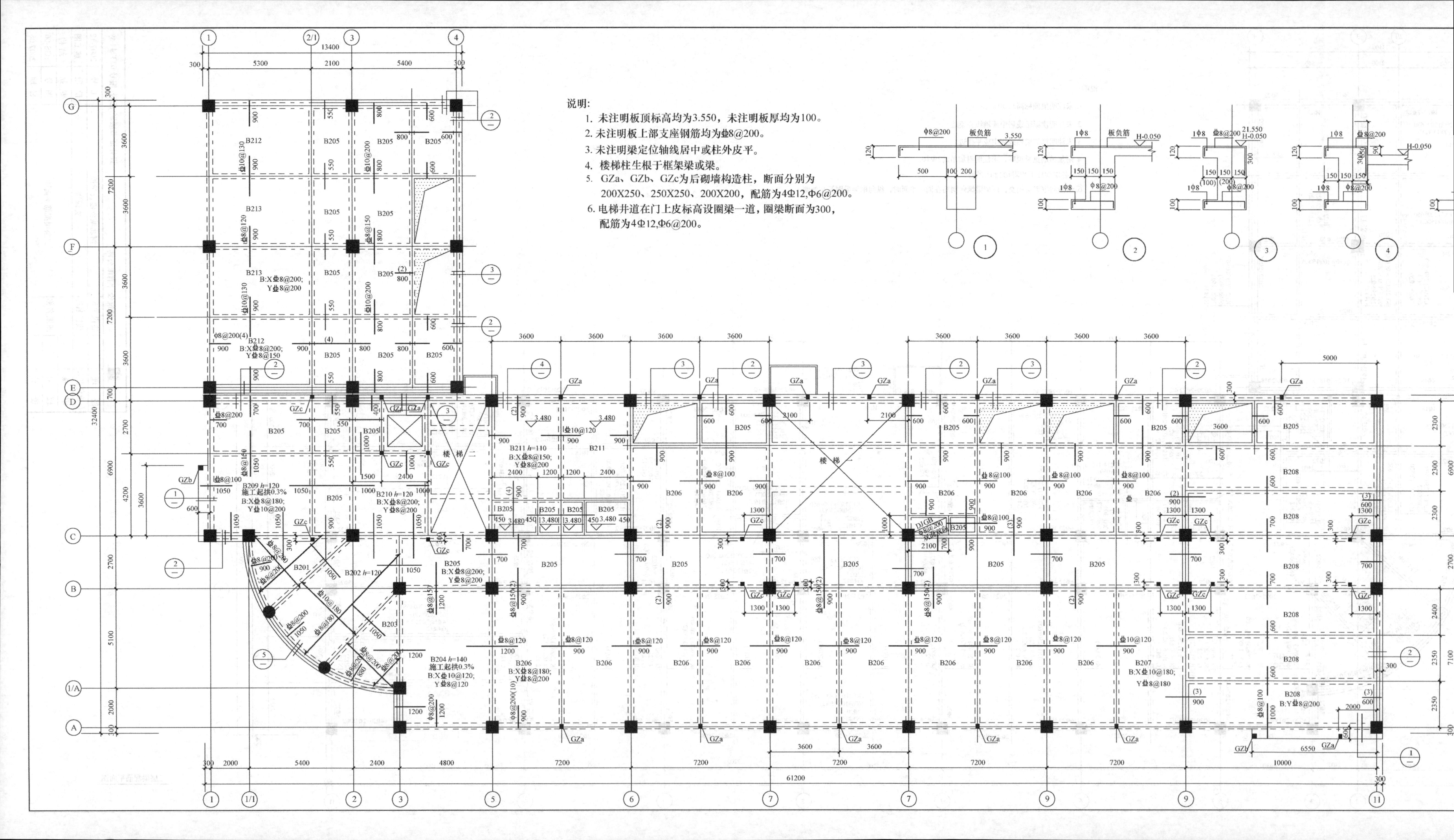

说明:
1. 未注明板顶标高均为3.550，未注明板厚均为100。
2. 未注明板上部支座钢筋均为⌀8@200。
3. 未注明梁定位轴线居中或柱外皮平。
4. 楼梯柱生根于框架梁或梁。
5. GZa、GZb、GZc为后砌墙构造柱，断面分别为
200X250、250X250、200X200，配筋为4Φ12,Φ6@200。
6. 电梯井道在门上皮标高设圈梁一道，圈梁断面为300，
配筋为4Φ12,Φ6@200。
楼梯一
楼梯二

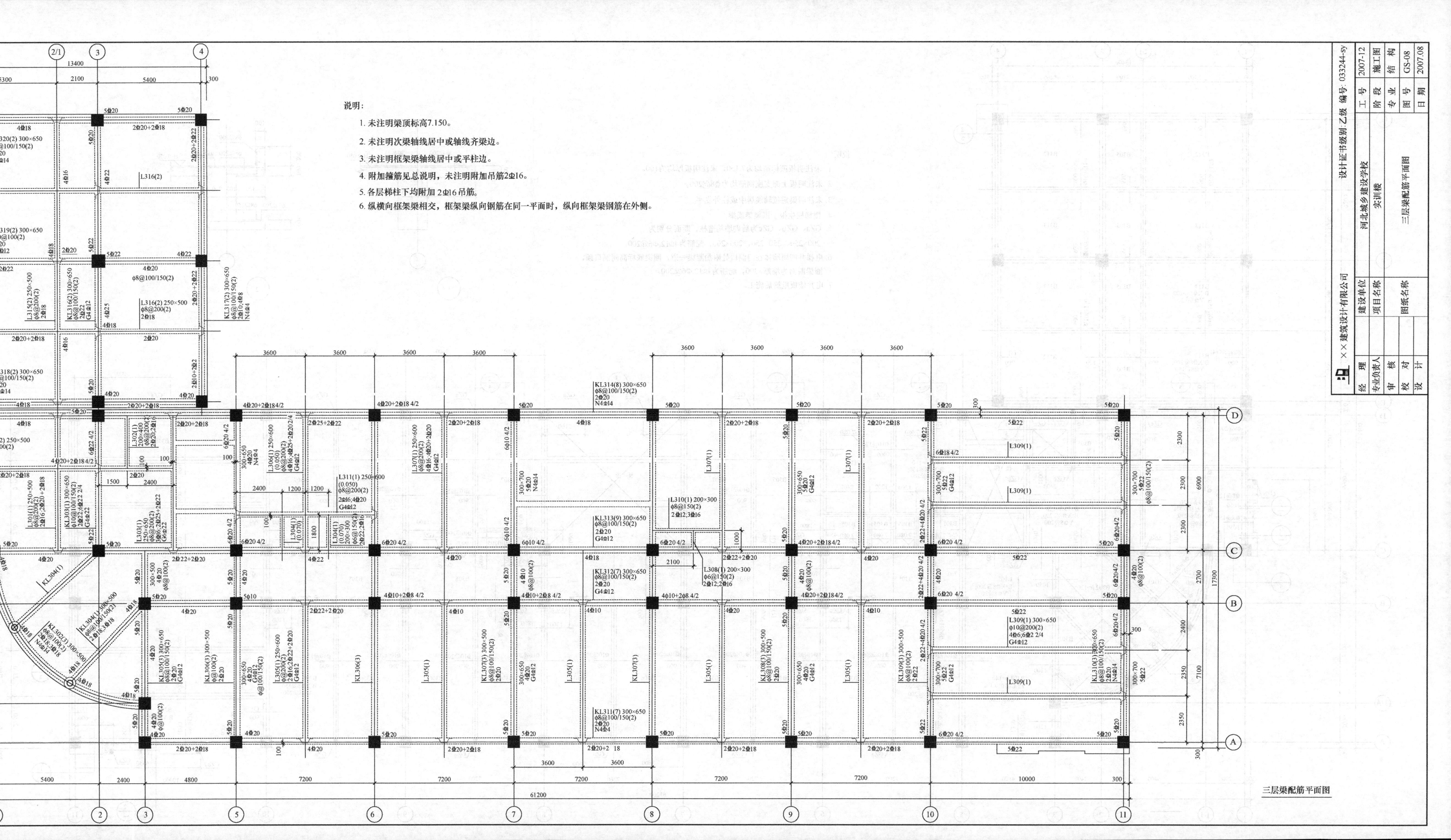
说明:
1. 未注明梁顶标高7.150。
2. 未注明次梁轴线居中或轴线齐梁边。
3. 未注明框架梁轴线居中或平柱边。
4. 附加箍筋见总说明，未注明附加吊筋2⌀16。
5. 各层梯柱下均附加 2⌀16 吊筋。
6. 纵横向框架梁相交，框架梁纵向钢筋在同一平面时，纵向框架梁钢筋在外侧。
三层梁配筋平面图
××建筑设计有限公司
设计证书级别: 乙级 编号: 033244-sy
经理
专业负责人
审核
校对
设计
建设单位
河北城乡建设学校
项目名称
实训楼
图纸名称
三层梁配筋平面图
工号 2007-12
阶段 施工图
专业 结构
图号 GS-08
日期 2007.08

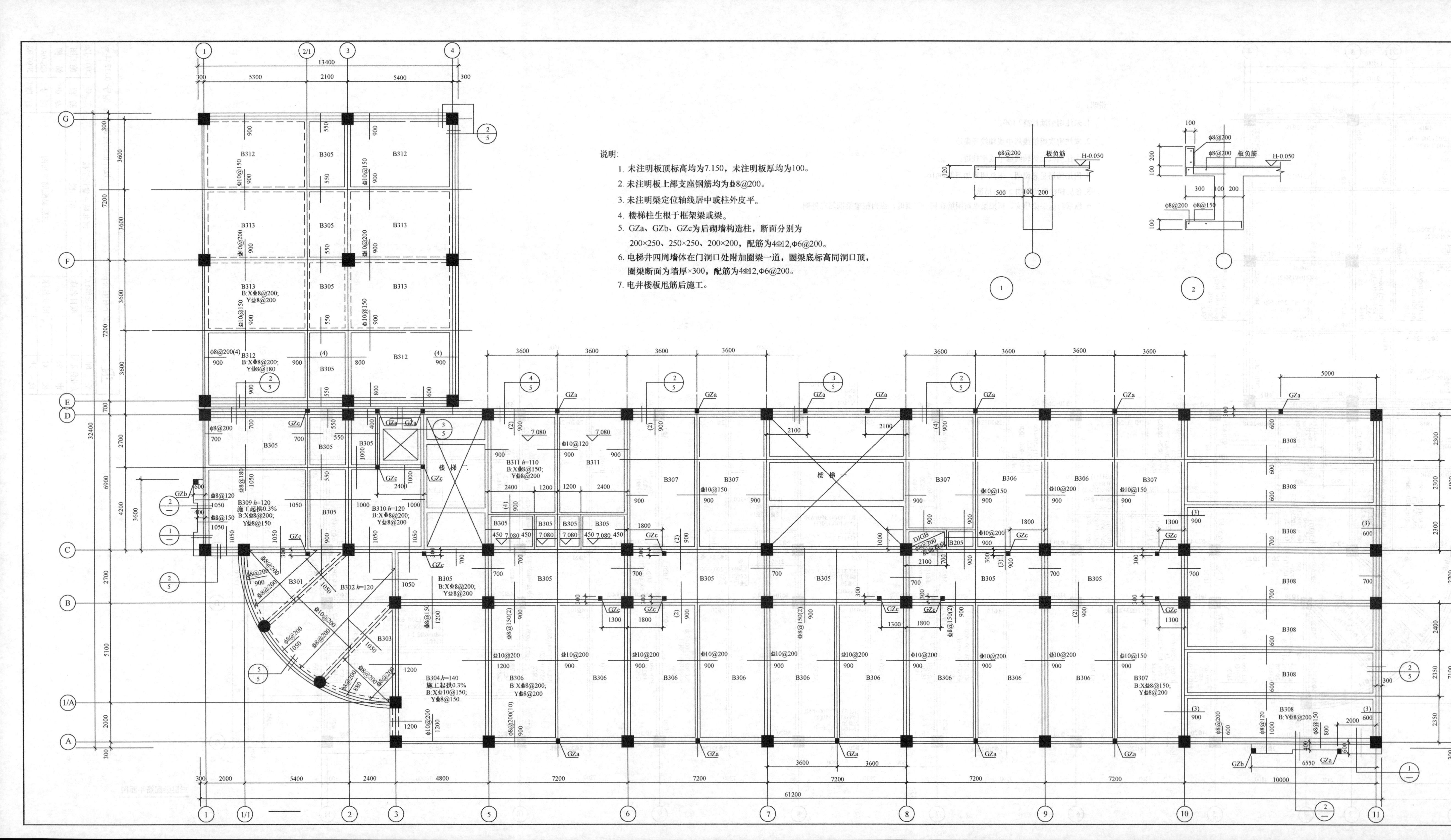

说明:
1. 未注明板顶标高均为7.150，未注明板厚均为100。
2. 未注明板上部支座钢筋均为ф8@200。
3. 未注明梁定位轴线居中或柱外皮平。
4. 楼梯柱生根于框架梁或梁。
5. GZa、GZb、GZc为后砌墙构造柱，断面分别为
200×250、250×250、200×200，配筋为4Φ12,φ6@200。
6. 电梯井四周墙体在门洞口处附加圈梁一道，圈梁底标高同洞口顶，
圈梁断面为墙厚×300，配筋为4Φ12,φ6@200。
7. 电井楼板甩筋后施工。
13400
61200
32400
楼梯
B312
B313
B305
B306
B307
B308
B309 h=120
施工起拱0.3%
B310 h=120
B311 h=110
B304 h=140
B302 h=120
B301
B303
GZa
GZb
GZc
板负筋
H-0.050

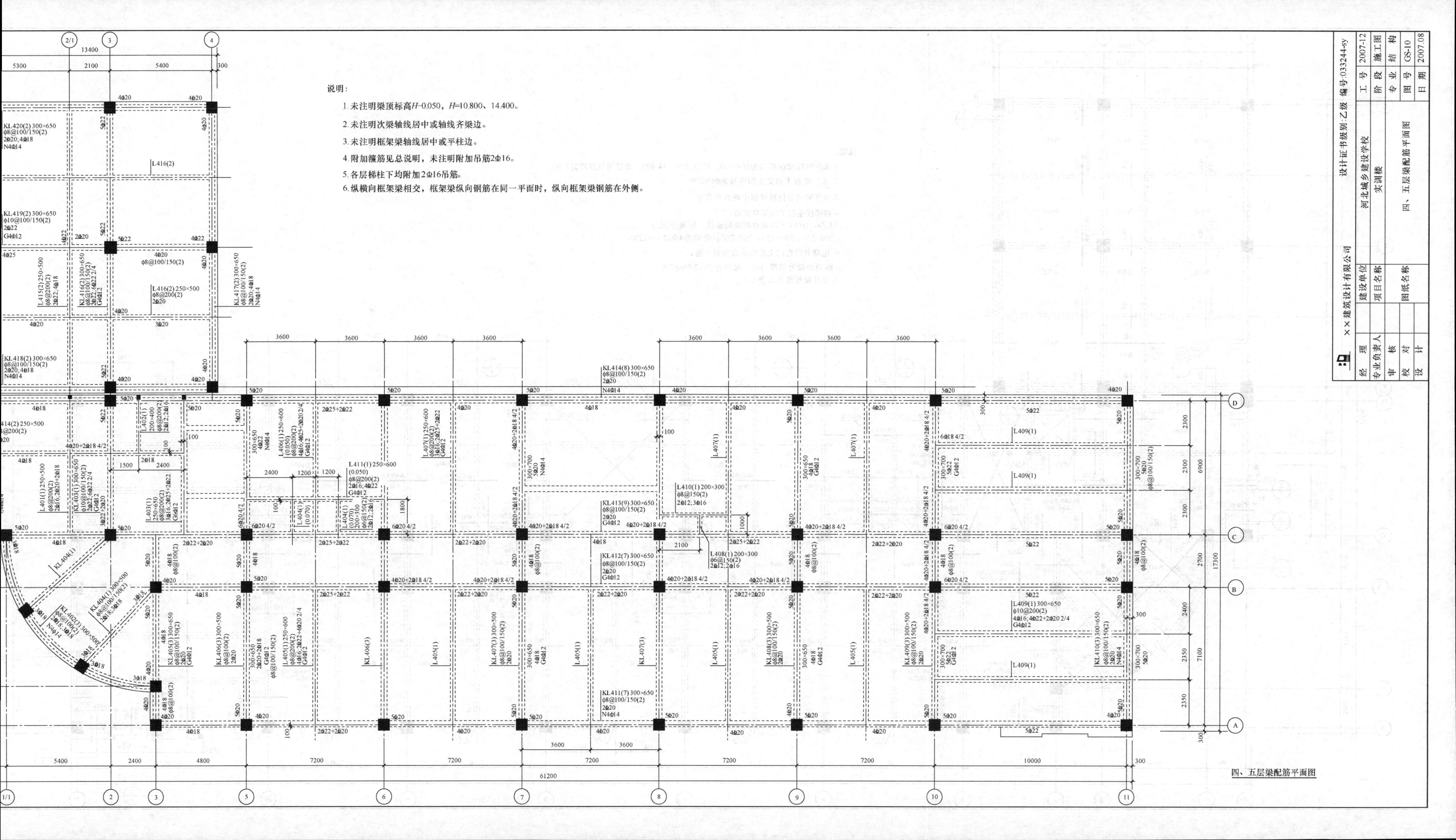
说明:
1.未注明梁顶标高H-0.050，H=10.800、14.400。
2.未注明次梁轴线居中或轴线齐梁边。
3.未注明框架梁轴线居中或平柱边。
4.附加箍筋见总说明，未注明附加吊筋2Φ16。
5.各层梯柱下均附加2Φ16吊筋。
6.纵横向框架梁相交，框架梁纵向钢筋在同一平面时，纵向框架梁钢筋在外侧。
四、五层梁配筋平面图
××建筑设计有限公司
设计证书级别:乙级 编号:033244-sy
建设单位 河北城乡建设学校
项目名称 实训楼
图纸名称 四、五层梁配筋平面图
工号 2007-12
阶段 施工图
专业 结构
图号 GS-10
日期 2007.08
经理
专业负责人
审核
校对
设计

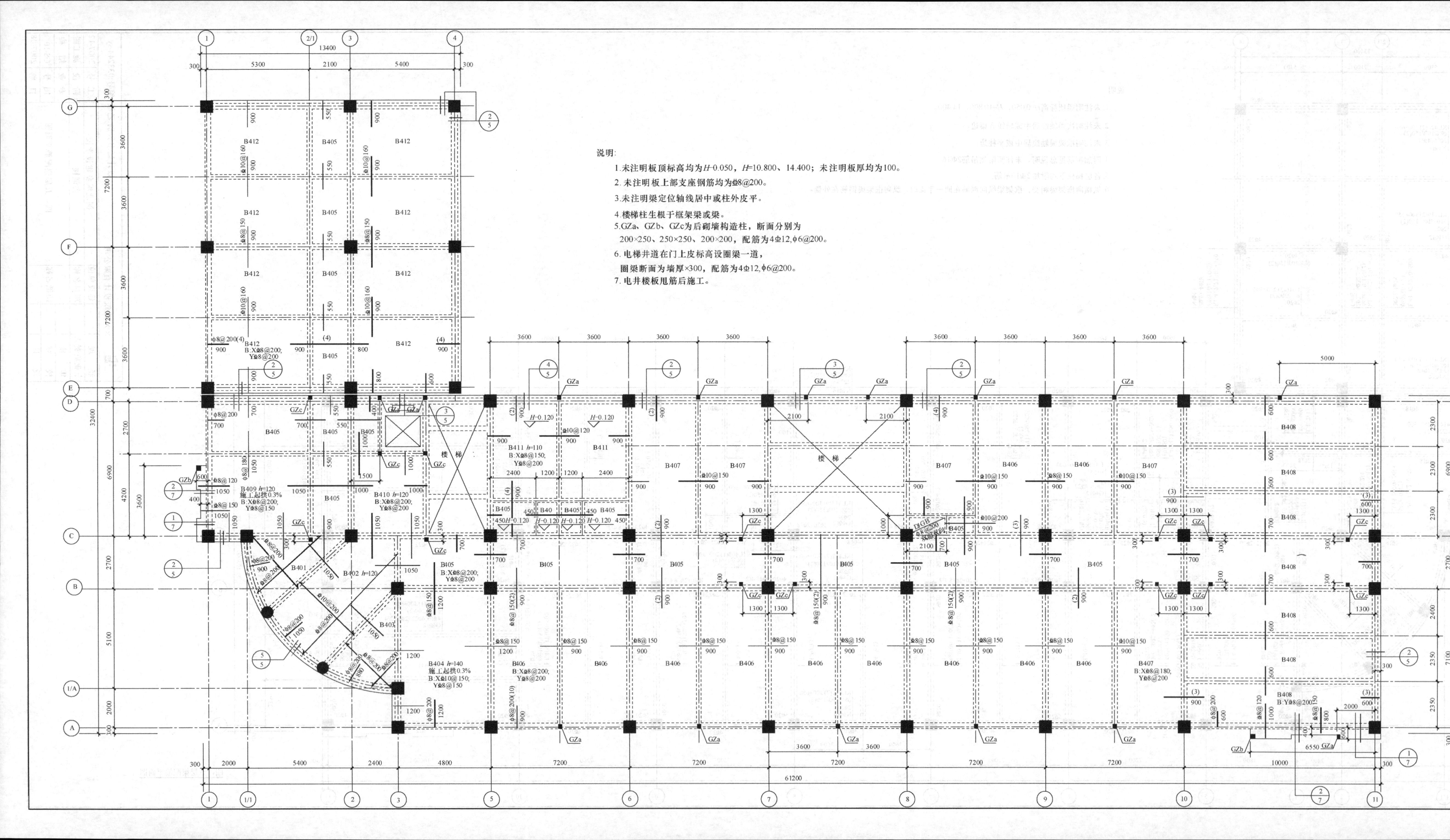
说明:
1.未注明板顶标高均为H-0.050，H=10.800、14.400；未注明板厚均为100。
2. 未注明板上部支座钢筋均为ф8@200。
3.未注明梁定位轴线居中或柱外皮平。
4.楼梯柱生根于框架梁或梁。
5.GZa、GZb、GZc为后砌墙构造柱，断面分别为
200×250、250×250、200×200，配筋为4ф12,ф6@200。
6. 电梯井道在门上皮标高设圈梁一道，
圈梁断面为墙厚×300，配筋为4ф12,ф6@200。
7. 电井楼板甩筋后施工。
楼梯
13400
61200
B409 h=120
施工起拱0.3%
B404 h=140
施工起拱0.3%
B:Xф10@150;
Yф8@150
B410 h=120
B411 h=110
B402 h=120
B401
B403
B405
B406
B407
B408
B412
GZa
GZb
GZc

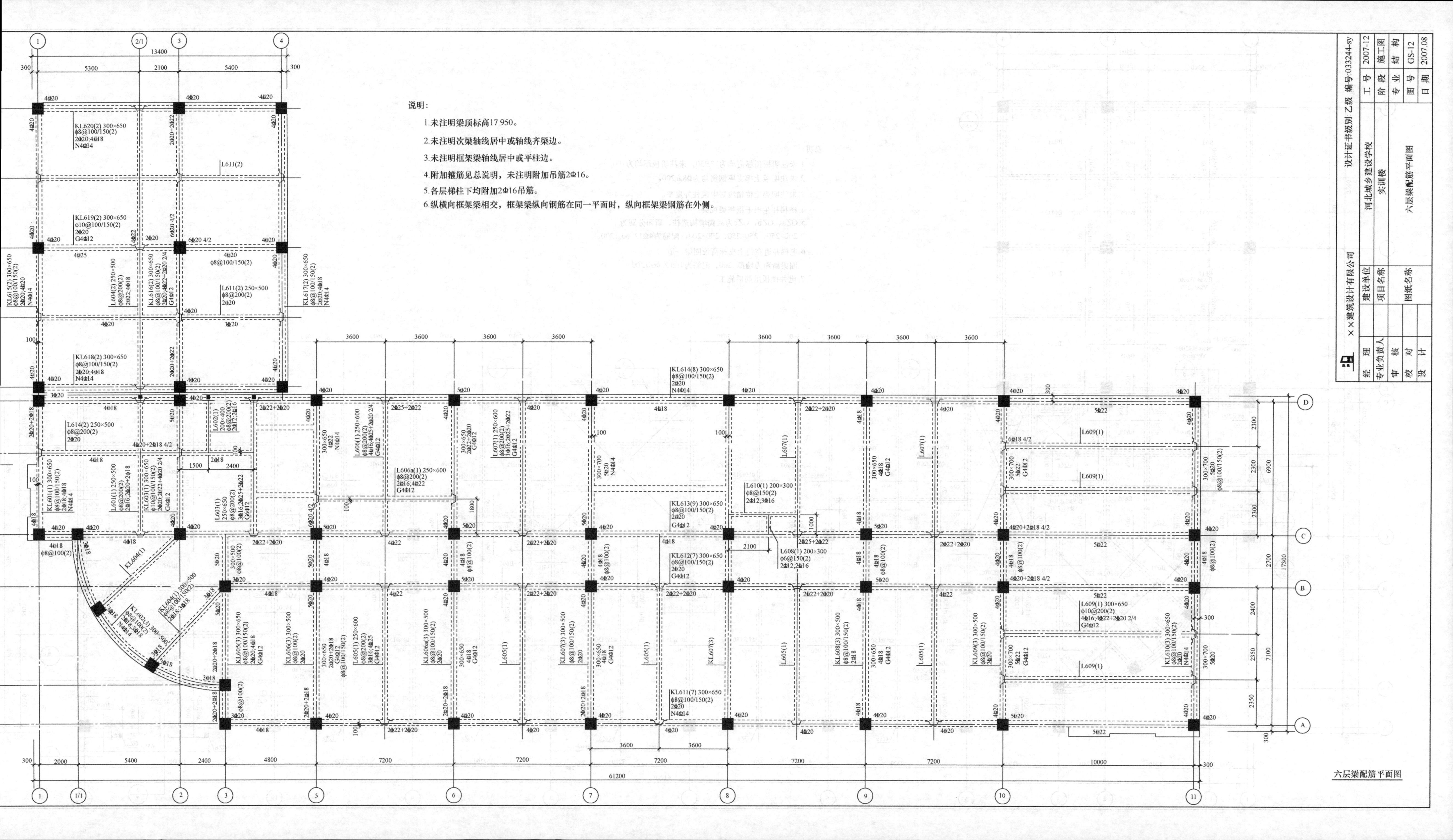

说明:
1.未注明梁顶标高17.950。
2.未注明次梁轴线居中或轴线齐梁边。
3.未注明框架梁轴线居中或平柱边。
4.附加箍筋见总说明，未注明附加吊筋2Φ16。
5.各层梯柱下均附加2Φ16吊筋。
6.纵横向框架梁相交，框架梁纵向钢筋在同一平面时，纵向框架梁钢筋在外侧。
××建筑设计有限公司
设计证书级别:乙级 编号:033244-sy
经理
专业负责人
审核
校对
设计
建设单位 河北城乡建设学校
项目名称 实训楼
图纸名称 六层梁配筋平面图
工号 2007-12
阶段 施工图
专业 结构
图号 GS-12
日期 2007.08
六层梁配筋平面图

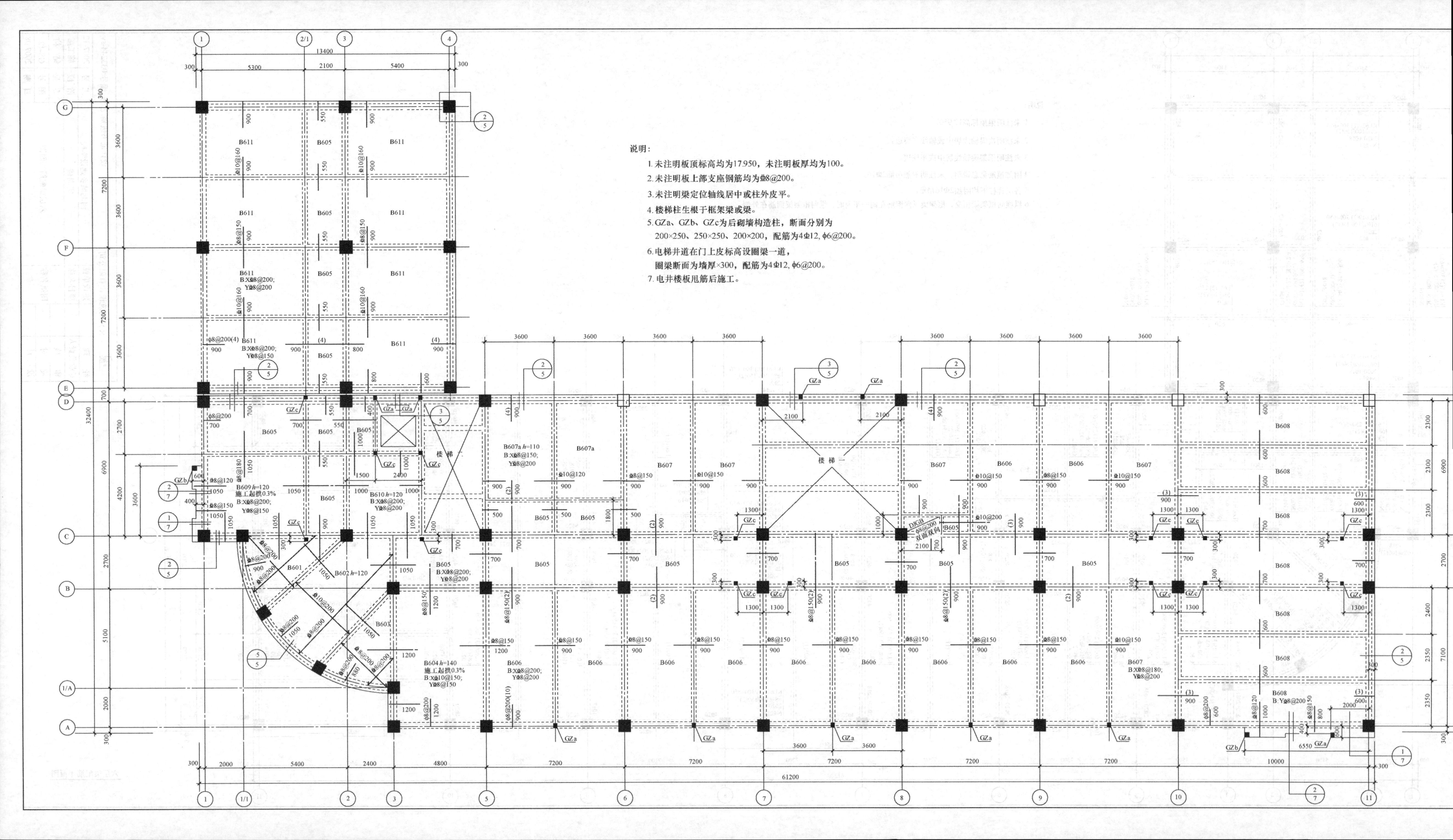
说明：
1. 未注明板顶标高均为17.950，未注明板厚均为100。
2. 未注明板上部支座钢筋均为⌀8@200。
3. 未注明梁定位轴线居中或柱外皮平。
4. 楼梯柱生根于框架梁或梁。
5. GZa、GZb、GZc为后砌墙构造柱，断面分别为
200×250、250×250、200×200，配筋为4⌀12，ϕ6@200。
6. 电梯井道在门上皮标高设圈梁一道，
圈梁断面为墙厚×300，配筋为4⌀12，ϕ6@200。
7. 电井楼板甩筋后施工。
楼梯一
楼梯二
13400
61200
32400

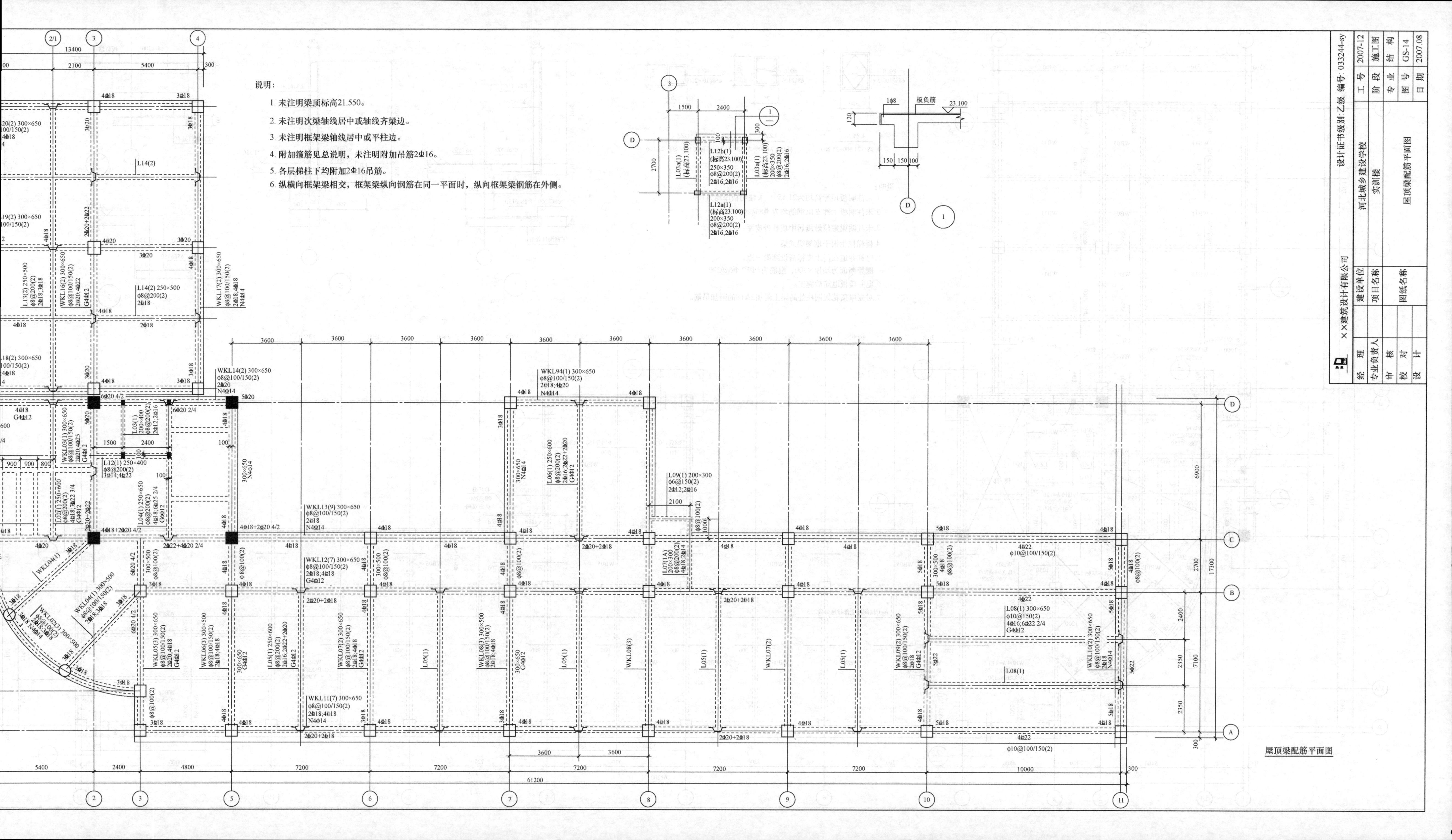
说明：
1. 未注明梁顶标高21.550。
2. 未注明次梁轴线居中或轴线齐梁边。
3. 未注明框架梁轴线居中或平柱边。
4. 附加箍筋见总说明，未注明附加吊筋2Φ16。
5. 各层梯柱下均附加2Φ16吊筋。
6. 纵横向框架梁相交，框架梁纵向钢筋在同一平面时，纵向框架梁钢筋在外侧。
屋顶梁配筋平面图
设计证书级别：乙级 编号：033244-sy
××建筑设计有限公司
经 理
专业负责人
审 核
校 对
设 计
建设单位 河北城乡建设学校
项目名称 实训楼
图纸名称 屋顶梁配筋平面图
工 号 2007-12
阶 段 施工图
专 业 结构
图 号 GS-14
日 期 2007.08

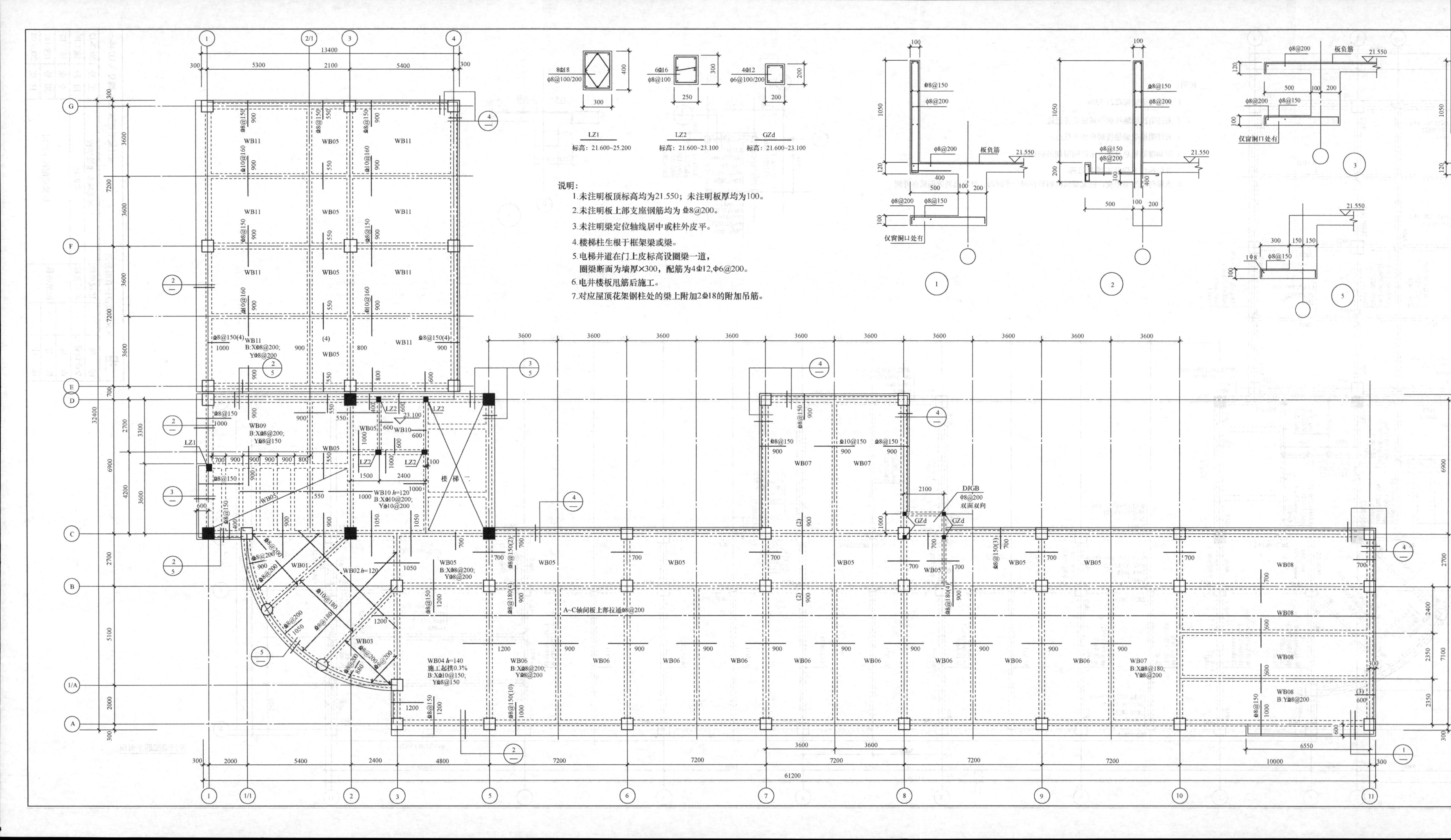
LZ1
标高：21.600~25.200
LZ2
标高：21.600~23.100
GZd
标高：21.600~23.100
说明：
1.未注明板顶标高均为21.550；未注明板厚均为100。
2.未注明板上部支座钢筋均为 ⌀8@200。
3.未注明梁定位轴线居中或柱外皮平。
4.楼梯柱生根于框架梁或梁。
5.电梯井道在门上皮标高设圈梁一道，
圈梁断面为墙厚×300，配筋为4⌀12，⌀6@200。
6.电井楼板甩筋后施工。
7.对应屋顶花架钢柱处的梁上附加2⌀18的附加吊筋。
板负筋
仅窗洞口处有
A~C轴间板上部拉通⌀8@200
楼梯二
施工起拱0.3%
双面双向

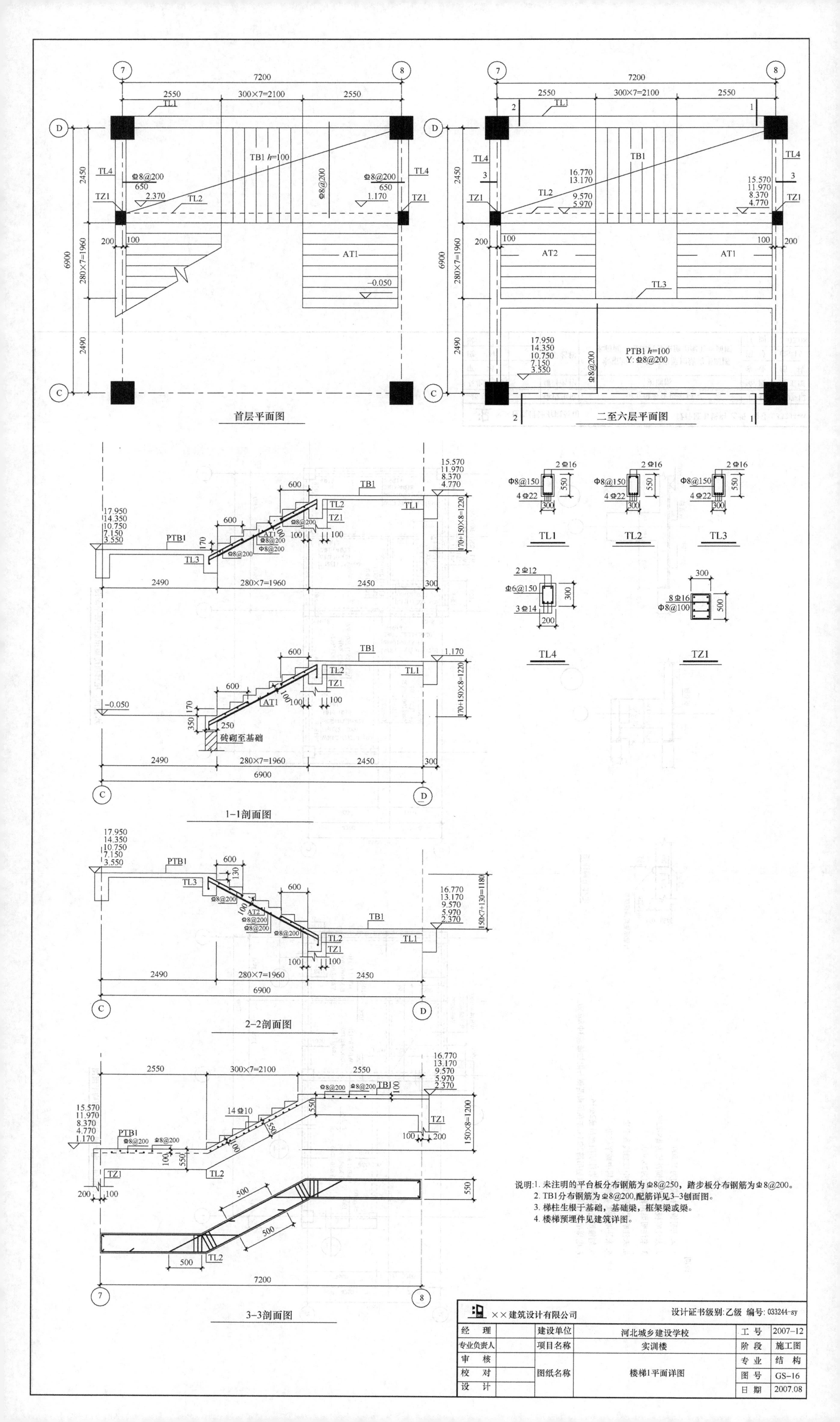
首层平面图
二至六层平面图
1-1剖面图
2-2剖面图
3-3剖面图
TL1
TL2
TL3
TL4
TZ1
TB1 h=100
PTB1 h=100
Y: ⌀8@200
AT1
AT2
砖砌至基础
说明:1. 未注明的平台板分布钢筋为⌀8@250，踏步板分布钢筋为⌀8@200。
2. TB1分布钢筋为⌀8@200,配筋详见3-3刨面图。
3. 梯柱生根于基础，基础梁，框架梁或梁。
4. 楼梯预埋件见建筑详图。
××建筑设计有限公司
设计证书级别:乙级 编号: 033244-sy
经 理
专业负责人
审 核
校 对
设 计
建设单位 河北城乡建设学校
项目名称 实训楼
图纸名称 楼梯1平面详图
工 号 2007-12
阶 段 施工图
专 业 结 构
图 号 GS-16
日 期 2007.08

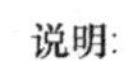

说明:

1. 未注明板顶标高均为25.800。
2. 未注明板上部支座钢筋均为ф8@200。
3. 未注明梁顶标高均为25.800。
4. 未注明次梁轴线居中或轴线齐梁边。
5. 未注明框架梁轴线居中或平柱边。
6. 加箍筋见总说明，未注明附加吊筋2Φ16。
7. 电梯吊钩处,梁上附加吊筋2Φ14,并在吊钩两侧各附加箍筋3Φ8@50。

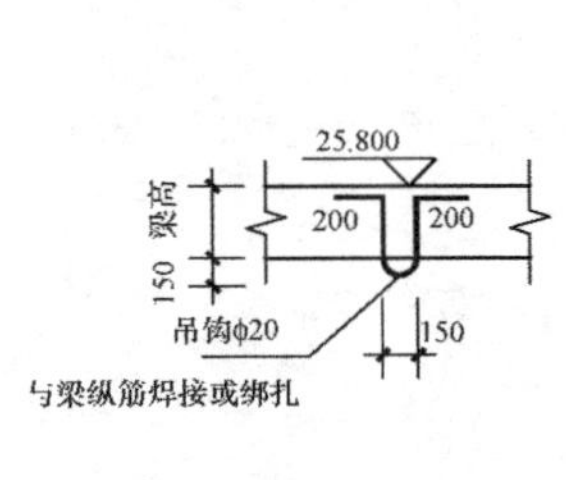

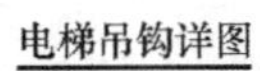

电梯吊钩详图

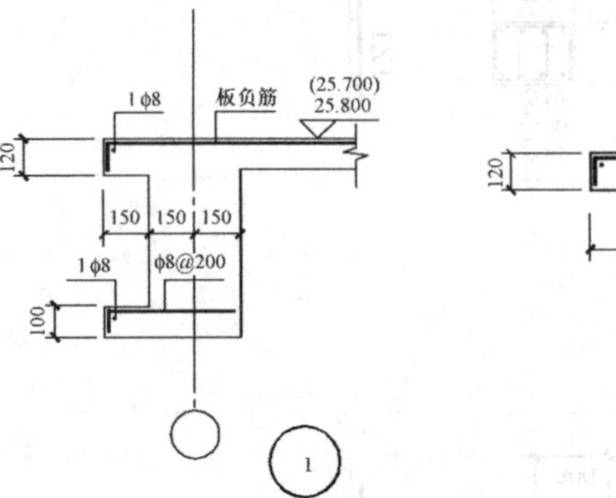

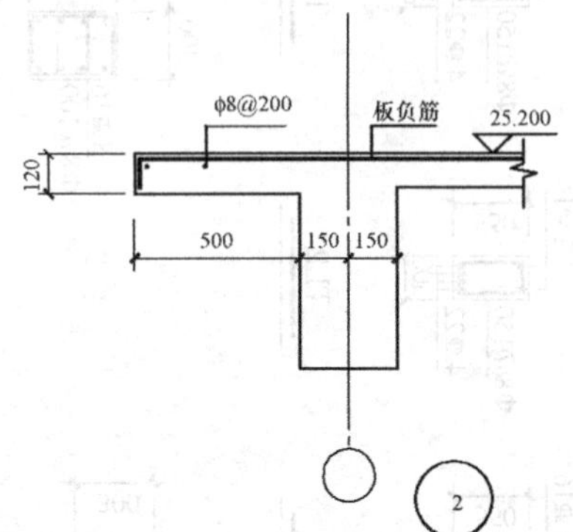

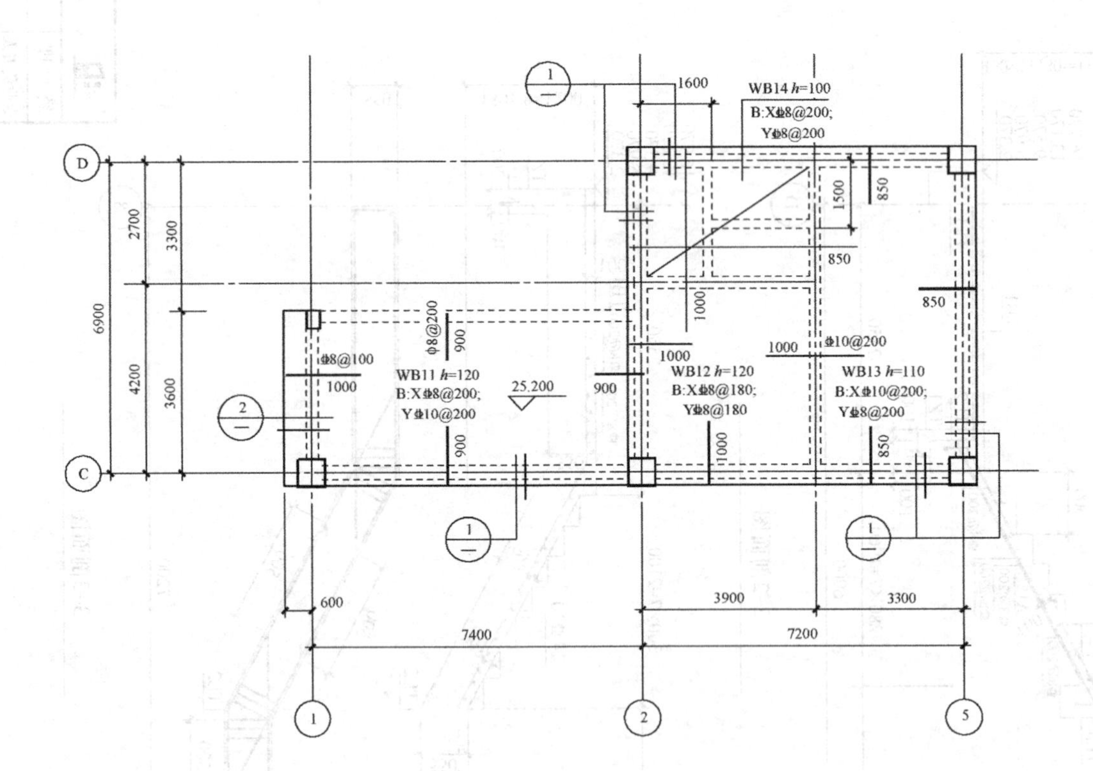

水箱间、电梯机房屋顶结构平面图

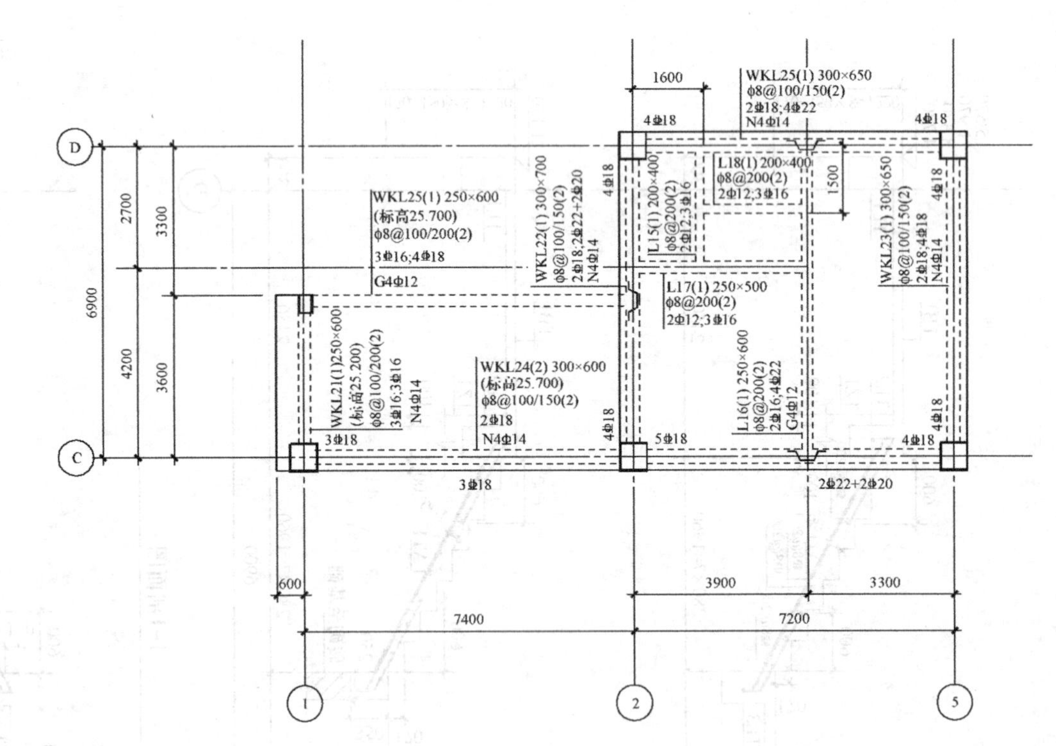

水箱间、电梯机房屋顶梁配筋平面图

××建筑设计有限公司	设计证书级别:乙级 编号:033244-sy		
经理	建设单位	河北城乡建设学校	工号 2007-12
专业负责人	项目名称	实训楼	阶段 施工图
审核	图纸名称	水箱间、电梯机房屋顶结构平面图 水箱间、电梯机房屋顶梁配筋平面图	专业 结构
校对			图号 GS-15
设计			日期 2007.08

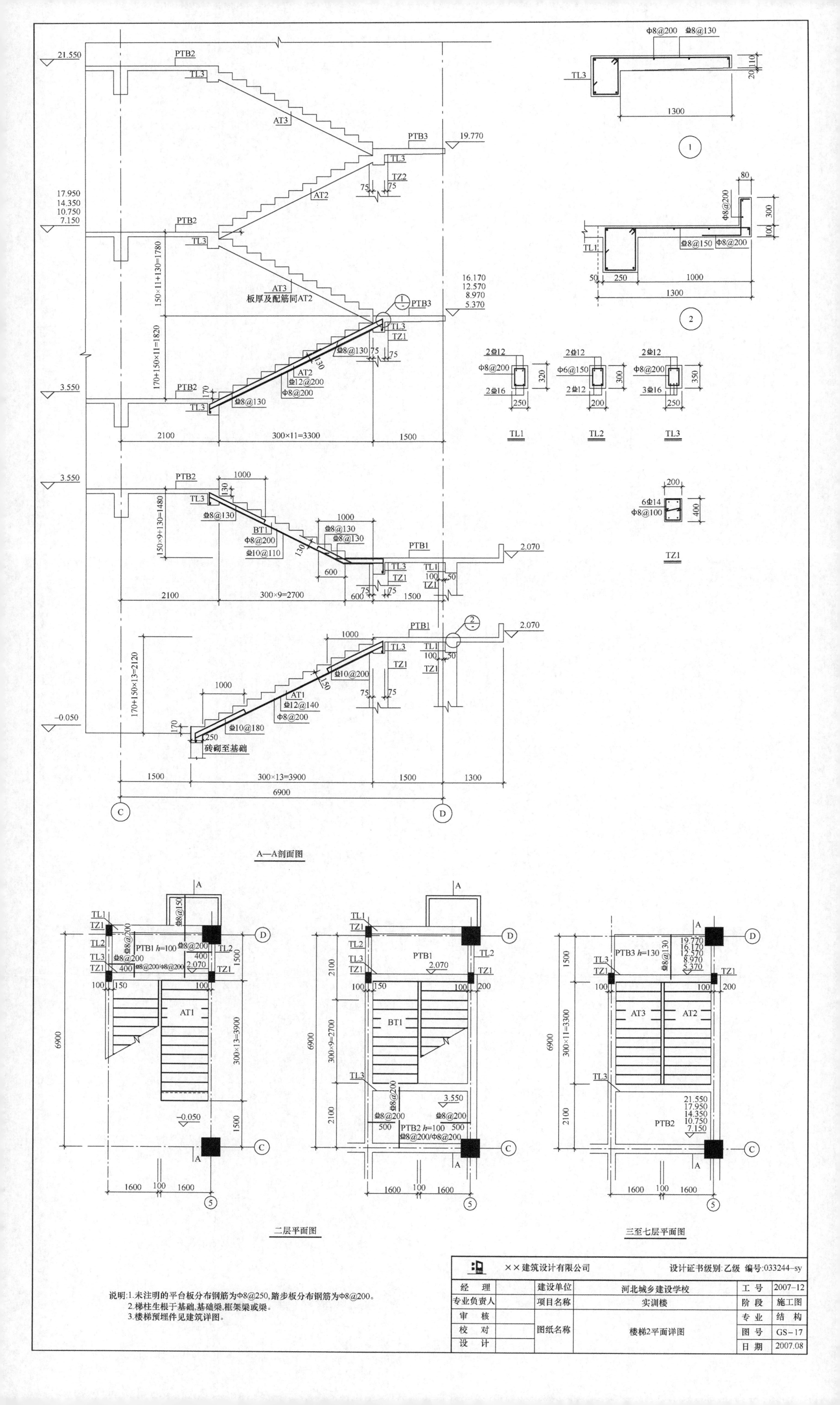
A—A剖面图
二层平面图
三至七层平面图
TL1
TL2
TL3
TZ1
PTB1
PTB2
PTB3
AT1
AT2
AT3
BT1
板厚及配筋同AT2
砖砌至基础
说明:1.未注明的平台板分布钢筋为Φ8@250,踏步板分布钢筋为Φ8@200。
2.梯柱生根于基础,基础梁,框架梁或梁。
3.楼梯预埋件见建筑详图。
××建筑设计有限公司
设计证书级别:乙级 编号:033244-sy
经理
专业负责人
审核
校对
设计
建设单位 河北城乡建设学校
项目名称 实训楼
图纸名称 楼梯2平面详图
工号 2007-12
阶段 施工图
专业 结构
图号 GS-17
日期 2007.08